Praktische Winke zum Studium der Statik

Praktische Winke zum Studium der Statik

Grundlagen · Anwendungen · Rechenkontrollen

Von

Dr.-Ing. habil. **Ernst Kohl**

o. Professor an der Technischen Hochschule Braunschweig

Mit 208 Abbildungen

Springer-Verlag

Berlin / Göttingen / Heidelberg

1957

ISBN-13: 978-3-642-49078-1 e-ISBN-13: 978-3-642-94707-0
DOI: 10.1007/978-3-642-94707-0

Softcover reprint of the hardcover 1st edition 1957

Vorwort

Unter dem Titel „Praktische Winke zum Studium der Statik und zur Anwendung ihrer Gesetze“ erschien erstmalig im Jahre 1910 und in vierter Auflage 1923 das Buch von ROBERT OTZEN, Geh. Reg.-Rat und Professor an der Technischen Hochschule Hannover, welches meinen Konsemestern aus der Zeit nach dem ersten Weltkrieg noch gut in Erinnerung sein wird. Der Springer-Verlag erwog schon vor einigen Jahren eine Neuauflage bzw. Neubearbeitung, doch mußte dieser Gedanke bald aufgegeben werden, da ein völlig neues Buch zu erwarten war, wenn der Entwicklung der Statik in vier Jahrzehnten Rechnung getragen werden sollte. Auch das schien etwas gewagt, da nach dem zweiten Weltkrieg bereits eine Reihe recht guter Lehrbücher über Statik erschienen ist. Wie aber schon in dem beibehaltenen Titel „Praktische Winke“ zum Ausdruck kommt und auch die Gliederung des Stoffes erkennen läßt, soll es sich nicht um ein Lehrbuch der Statik im üblichen Sinne handeln.

Bei dem vorgesehenen Umfang konnten unmöglich alle Gebiete in dem Maße berücksichtigt werden, wie man es von einem Lehrbuch erwartet. So wurde u. a. die Auflösung der Elastizitätsgleichungen recht kurz behandelt, und zu den Einflußlinien statisch unbestimmter Tragwerke sind nur einige allgemeine Hinweise gegeben worden, ohne auf ihre Ermittlung im einzelnen einzugehen. Vorausgesetzt werden Kenntnisse, über die der Studierende nach den Vorlesungen über Mechanik und Festigkeitslehre der ersten Semester hinreichend verfügt.

Die Darstellung ist z. T. recht knapp und beschränkt sich häufig auf das Grundsätzliche. An manchen Stellen ist auf eine strenge Beweisführung verzichtet und einer mehr anschaulichen Begründung der Vorzug gegeben worden. Andererseits wurde Wert darauf gelegt, insbesondere bei statisch unbestimmten Tragwerken, verschiedene Wege der Lösung aufzuzeigen und ihre Zusammenhänge zu beleuchten, um dadurch ein tieferes Verständnis und Eindringen in die Grundlagen zu ermöglichen. Aus diesem Grunde werden auch — im Gegensatz zu dem in den Lehrbüchern üblichen Aufbau — die Einflußlinien statisch bestimmter Tragwerke gleichzeitig in ihrer analytischen und kinematischen Ermittlung betrachtet. Aufgaben, deren Lösung in vielen Fällen recht ausführlich behandelt wird, sollen die Anwendung der Grundlagen vermitteln und deren Verständnis erleichtern. Die Beispiele wurden so gewählt, daß an ihnen die verschiedenen Lösungsmöglichkeiten gut verglichen werden können.

Da die besten Formeln nichts nützen, wenn sie falsch angewendet werden oder wenn Rechenfehler unterlaufen, wurde besonderer Wert darauf gelegt, immer wieder auf Möglichkeiten von Rechenkontrollen hinzuweisen und diese auch an den behandelten Beispielen durchzuführen.

Als Beispiel für die Berechnung nach der Theorie zweiter Ordnung wurde der querbelastete Balken mit Längskraft behandelt und gezeigt, wie sich über Differenzenrechnung und w-Gewichte äußerst einfache Formeln für die Maximalmomente ableiten lassen. Im letzten Abschnitt werden für räumliche Tragwerke beliebiger Gliederung allgemeine Stabilitätsbedingungen mitgeteilt, wie sie sich in Analogie zu den für ebene Tragwerke geltenden Gleichungen aufstellen lassen.

Dem Springer-Verlag bin ich für die angenehme Zusammenarbeit und die gute Ausstattung des Buches zu besonderem Dank verpflichtet.

Braunschweig, im November 1956

E. Kohl

Inhaltsverzeichnis

I. Die Stabilitätsbedingungen ebener Tragwerke und ihre Anwendung

1. Die Glieder eines Tragwerkes

Die Stabilitätsbedingungen geben Aufschluß über die zur inneren oder äußeren Stabilität erforderliche Anzahl von inneren bzw. inneren und äußeren Gliedern eines Tragwerkes. Sie können hergeleitet werden aus kinematischen Überlegungen oder durch Vergleich der Zahl der unbekannten statischen Größen, die in den Gliedern eines Tragwerkes auftreten, mit der Anzahl der zu ihrer Ermittlung zur Verfügung stehenden Gleichgewichtsbedingungen.

Innere Glieder eines Tragwerkes sind die *einfachen Stäbe* mit gerader Stabachse, die lediglich Zug- und Druckkräfte aufnehmen können, ferner die *biegesteifen Stäbe* mit gerader oder gekrümmter Stabachse und die *steifen Ecken*. Äußere Glieder sind die *Stützungen* und *Einspannungen*, über die die angreifenden Lasten auf die das Tragwerk stützenden Bauglieder — Widerlager, Pfeiler, Fundamente — abgegeben werden.

Innere statische Größen — auch Schnittgrößen oder Spanngrößen genannt — sind in einfachen Stäben die *Stabkräfte* S, in biegesteifen Stäben und steifen Ecken die *Längs-* oder *Normalkräfte* N, die *Biegemomente* M und die *Querkräfte* Q. Äußere statische Größen sind die *Stützkräfte* C und die *Einspannmomente* E.

Die Aufgabe der Statik besteht einmal in der Ermittlung der in den Gliedern eines Tragwerkes auftretenden statischen Größen (Gleichgewichtsaufgabe), zum andern in der Ermittlung der Formänderungen des Tragwerkes (Formänderungsaufgabe). In der Gleichgewichtsaufgabe stellt jeder einfache Stab, jede Stützung und jede Einspannung eine Unbekannte, jeder biegesteife Stab des ebenen Tragwerkes drei Unbekannte und jeder biege- und torsionssteife Stab des räumlichen Tragwerkes sechs Unbekannte, da hier zu der Normalkraft die Biegemomente um zwei Querschnittsachsen, die beiden Querkräfte für diese Achsrichtungen und ein Torsions- oder Drillmoment um die Stabachse hinzutreten.

Jede Stütze ist in der Lage, im gestützten Knotenpunkt (dem Auflager) eine Kraft in bestimmter Wirkungslinie zu übertragen; sie kann durch einen Stützstab ersetzt werden, dessen Achse mit dieser Wirkungslinie zusammenfällt. Ist in dem gestützten Punkt nur eine Stütze vorhanden, so liegt ein bewegliches Lager des ebenen Tragwerkes, ein Flächenlager des räumlichen Tragwerkes vor. Zwei Stützungen eines Knotenpunktes ergeben ein festes Lager des ebenen, ein Linienlager des räumlichen Tragwerkes mit zwei Unbekannten. Drei Stützungen eines Knotenpunktes, deren Wirkungslinien nicht in einer Ebene liegen, bilden ein festes Lager des räumlichen Tragwerkes mit drei Unbekannten. Mit einer Einspannung eines biegesteifen Stabes, durch die ein Einspannmoment in bestimmter Ebene übertragen werden kann, ist in den meisten Fällen ein festes Lager verbunden, so daß dann beim ebenen Tragwerk drei Unbekannte vorliegen. Im Raume können zu drei Stützungen noch drei Einspannungen treten, womit sich sechs Unbekannte ergeben. In den Stützpunkten können Verschiebungen und Verdrehungen bestimmter Größe eintreten. Ist ihre Größe mit den Stützwirkungen veränderlich, so liegt elastische Stützung vor.

2. Die innere Stabilität ebener Tragwerke

Jede starre Scheibe erfüllt die Bedingung der inneren Stabilität, daß die Knotenpunkte ihre gegenseitige Lage nur bei einer Änderung der Abmessungen der inneren Glieder ändern können. Die starre Scheibe kann aus s einfachen Stäben gebildet werden, die in k Knotenpunkten durch reibungslose Gelenke miteinander verbunden sind. Die Zahl der notwendigen Stäbe einer solchen Fachwerkscheibe beträgt

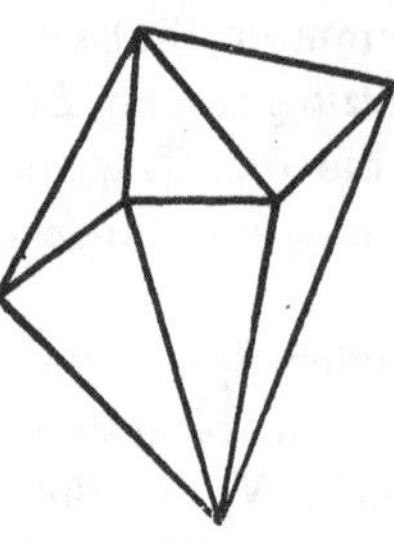

Abb. 1

$$s \geqq 2k - 3. \tag{1}$$

Ist $s > 2k - 3$, also $s = 2k - 3 + n$, so liegt innere statische Unbestimmtheit vor, da n *überzählige Glieder* vorhanden sind, d. h. n innere Glieder mehr als zur Stabilität erforderlich. Für die Scheibe in Abb. 1 ist $n = 2$.

Aus zwei in gleicher Ebene liegenden starren Scheiben I und II kann eine Scheibe dadurch gebildet werden, daß zwischen diesen Scheiben 3 Stäbe eingezogen werden, die sich aber nicht in einem Punkte schneiden dürfen, Abb. 2a. Werden die Stäbe nach Abb. 2b oder 2c eingezogen, so sind die Scheiben gegeneinander verschieblich und innere Stabilität ist nicht vorhanden, obwohl die Bedingung Gl. (1) erfüllt ist.

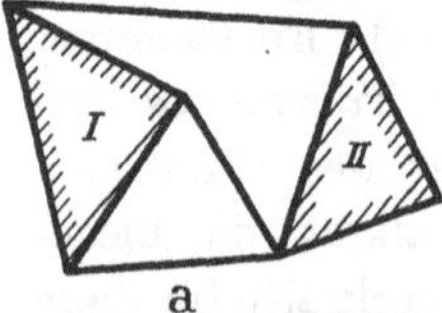

a

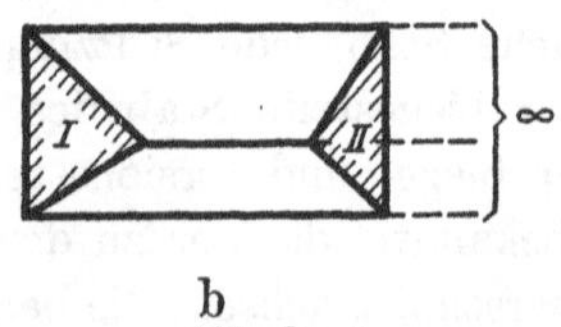

b

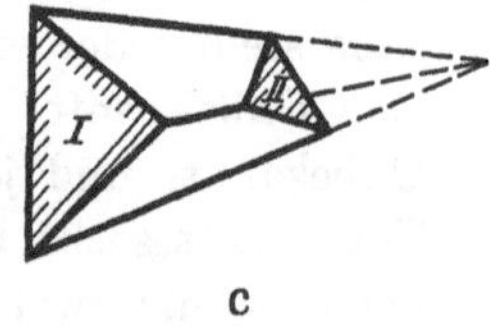

c

Abb. 2a–c

In einer Fachwerkscheibe können einzelne Stäbe entfernt und durch die gleiche Anzahl anderer Stäbe ersetzt werden, jedoch darf dieser Austausch nicht beliebig vorgenommen werden, wie aus Abb. 3 hervorgeht. Der Ersatz der Diagonalen D durch den Stab E führt in Abb. 3a

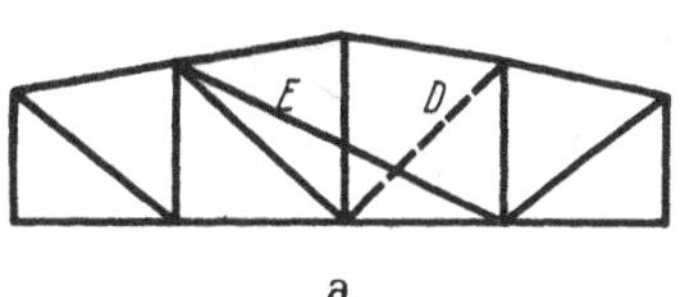

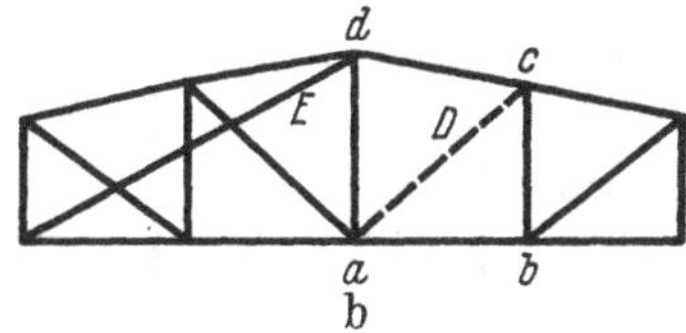

Abb. 3a u. b

wieder zu einer starren Scheibe, nicht aber in Abb. 3b. Hier erhält man zwei Scheiben, die durch zwei Stäbe miteinander verbunden sind (Gelenkviereck a—b—c—d), wobei in der linken Scheibe ein überzähliger Stab auftritt. Daraus und aus den zu Abb. 2 gemachten Einschrän-

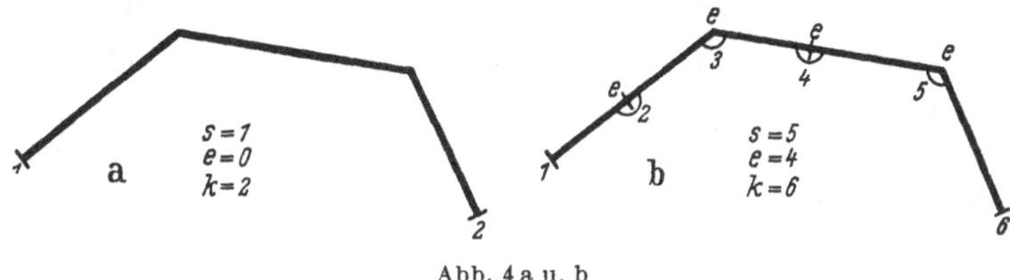

Abb. 4a u. b

kungen über die Anordnung der Stäbe geht hervor, daß die Bedingung $s \geqq 2k - 3$ eine zwar notwendige, aber noch nicht hinreichende Bedingung für die innere Stabilität darstellt, und daß diese gegebenenfalls besonders untersucht werden muß, worauf an anderer Stelle (Abschn. I.4) eingegangen wird.

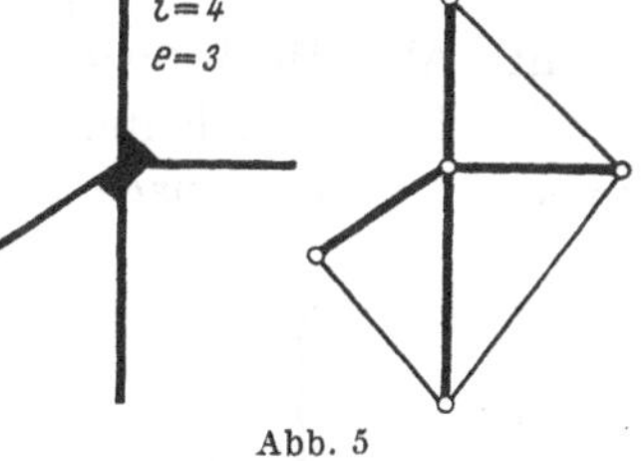

Abb. 5

Eine starre Scheibe kann auch aus s biegefesten Stäben und e steifen Ecken gebildet werden; sie muß dann der Bedingung

$$s + e \geqq 2k - 3 \qquad (2)$$

genügen. Diese ist mit $k = 2$ (Stabenden) und $e = 0$ für den einzelnen biegesteifen Stab (Abb. 4a) ebenso erfüllt wie Gl. (1) für den einzelnen einfachen Stab. In einem biegesteifen Stab dürfen weitere Knotenpunkte und damit auch steife Ecken in beliebiger Zahl und Lage angenommen werden, Abb. 4b. Sind in einem Knotenpunkt i Stäbe biegesteif miteinander verbunden, Abb. 5, so ist $e = i - 1$ die Zahl der steifen Ecken in diesem Knotenpunkt. Jede dieser steifen Ecken kann man sich durch einen einfachen Stab ersetzt denken, womit bei entsprechender Anordnung der Stäbe Gl. (2) in Gl. (1) übergeht, Abb. 5 und 6.

Bei der Abzählung der Stäbe und steifen Ecken wird man bestrebt sein, mit möglichst niedrigen Zahlen zu rechnen und daher nur diejenigen steifen Ecken und Knotenpunkte abzählen, die als solche gezählt

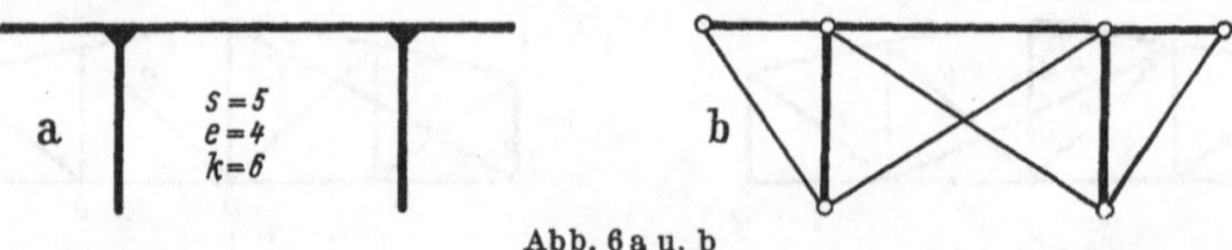

Abb. 6 a u. b

werden müssen. Dabei können auch Stäbe mit freien Enden (Kragarme) unberücksichtigt bleiben; mit jedem derartigen Kragarm entfällt dann ein Knotenpunkt und eine steife Ecke. So ergibt sich für den Rahmen nach Abb. 7

entweder $s = 12$; $e = 4 \cdot 3 = 12$; $k = 12$ (mit Kragarmen)

oder $s = 4$; $e = 4 \cdot 1 = 4$; $k = 4$ (ohne Kragarme),

d. h. die Zahl der vorhandenen Glieder übersteigt die Zahl der notwendigen um $n = 3$.

Für den geschlossenen Rahmen oder Ring (Abb. 8), wie er sich bei Fortfall der Kragarme aus Abb. 7 ergibt, kann auch mit *einer* steifen Ecke an beliebiger Stelle, also mit $s = 1$, $e = 1$, $k = 1$ gerechnet werden. Es ergibt sich dann aus $s + e = 2k - 3 + n$ wiederum $n = 3$. Werden in dem geschlossenen Rahmen 3 Glieder, etwa 3 steife Ecken, durch Einlegen von Gelenken ausgeschaltet, so ist mit $s = 3$, $e = 0$ und $k = 3$ noch innere Stabilität vorhanden, Abb. 9a. Das gilt auch, wenn durch einen Schnitt, Abb. 9b, 3 statische Größen (Normalkraft, Biegemoment und Querkraft) ausgeschaltet werden, dann ist $s = 1$, $e = 0$ und $k = 2$. Werden 3 Gelenke nach Abb. 9c angeordnet, so ist innere Stabilität

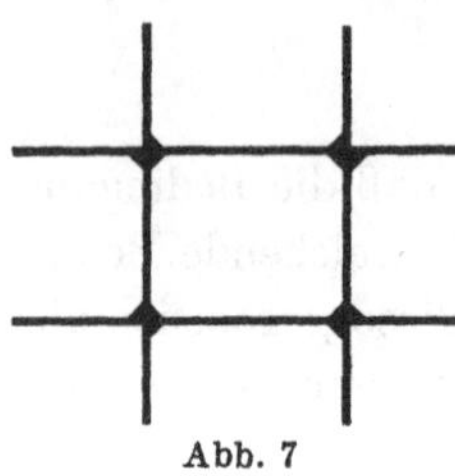
Abb. 7

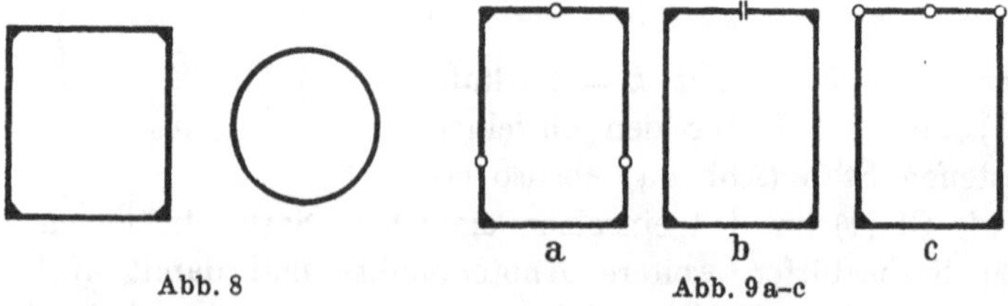

Abb. 8 Abb. 9a–c

nicht mehr vorhanden, obwohl Gl. (2) erfüllt ist. Sie stellt somit ebenfalls eine notwendige, aber nicht hinreichende Bedingung dar, was auch für alle folgenden Stabilitätsbedingungen gilt.

Ist eine Scheibe aus s_1 einfachen Stäben, s_2 biegesteifen Stäben und e steifen Ecken gebildet, so ist die Zahl der erforderlichen Glieder bestimmt durch

$$s_1 + s_2 + e = 2k - 3 + n \geqq 2k - 3. \tag{3}$$

Die Abzählung für die in Abb. 10 dargestellte Scheibe ergibt $s_1 = 4$, $s_2 = 12$, $e = 7$, und mit $k = 13$ ist $s_1 + s_2 + e = 23 = 2k - 3$. Auch hier können bei der Abzählung wieder die überstehenden Stabenden außer acht gelassen werden, dann fallen 4 steife Ecken und 4 Knotenpunkte fort; es wird $s_1 + s_2 + e = 4 + 8 + 3 = 15$ und $2k - 3 = 2 \cdot 9 - 3 = 15$.

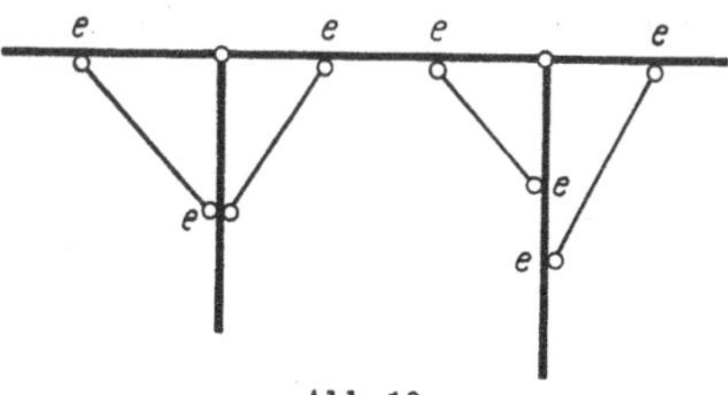

Abb. 10

Die Abb. 11 und 12 stellen ebenfalls starre Scheiben dar, in einem Fall statisch bestimmt, im andern Fall 2fach statisch unbestimmt. In Abb. 11 ist $s_1 = 11$, $s_2 = 6$, $e = 4$ und $k = 12$; es liegt also statische Bestimmtheit vor. In Abb. 12 wird mit $s_1 = 7$, $s_2 = 6$, $e = 4$ und $k = 9$ nach Gl. (3) $n = 2$ festgestellt.

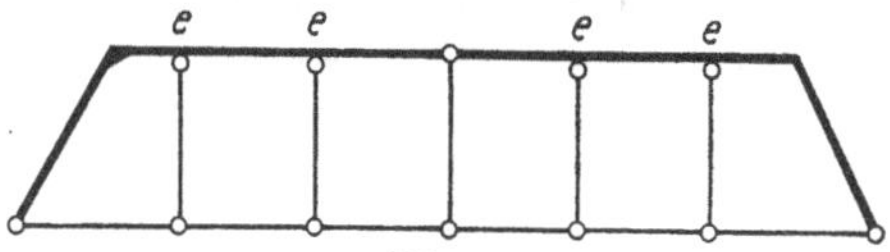

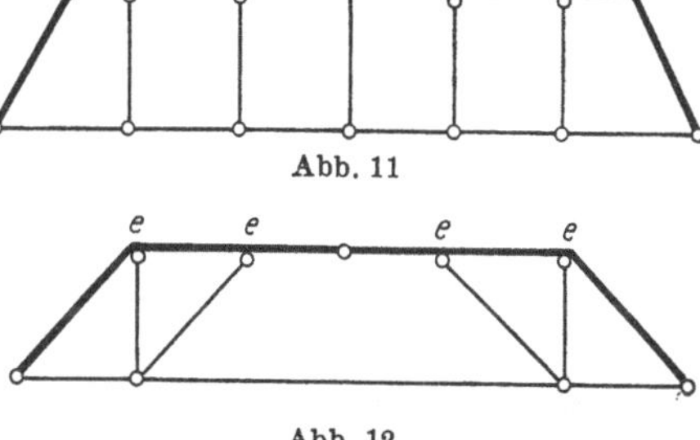

Abb. 11

Abb. 12

3. Die äußere Stabilität ebener Tragwerke

Zur ausreichenden Stützung einer starren Scheibe sind mindestens $a = 3$ Stützungen in ihrer Ebene erforderlich. Zu den unbekannten statischen Größen in inneren Gliedern treten a Unbekannte in äußeren Gliedern, zu deren Berechnung beim Fachwerk $2k$ Gleichgewichtsbedingungen zur Verfügung stehen, so daß sich

$$s + a \geqq 2k \quad \text{oder} \quad s + a = 2k + n \quad \text{mit} \quad a \geqq 3 \tag{4}$$

als Bedingung der äußeren oder vollkommenen Stabilität ergibt, bei welcher die Knotenpunkte ihre gegenseitige Lage und ihre Lage gegen feste Punkte der Ebene nur bei Änderungen der Abmessungen der inneren Glieder oder bei Verschiebungen der Stützpunkte ändern können.

In Tragwerken mit s_1 einfachen Stäben, s_2 biegesteifen Stäben und e steifen Ecken ist die Zahl der erforderlichen Glieder bei a_1 Stützungen und a_2 Einspannungen gegeben durch

$$s_1 + s_2 + e + a \geqq 2k \quad \text{oder} \quad s_1 + s_2 + e + a = 2k + n$$
$$\text{mit} \quad a = a_1 + a_2 \geqq 3. \tag{5}$$

Innere Glieder können stets durch äußere, und äußere Glieder durch innere ersetzt werden, solange $a \geqq 3$ erfüllt ist. Die Frage, ob ein Tragwerk brauchbar ist, wird durch die Gleichungen nicht beantwortet.

Eine weitere allgemeine Stabilitätsbedingung für ebene Tragwerke kann dadurch gewonnen werden, daß man sich sämtliche Stäbe geschnitten denkt. Da in einem solchen Schnitt i. a. drei Unbekannte (Normalkraft, Biegemoment und Querkraft) auftreten, so beträgt die Gesamtzahl der Unbekannten $a + 3s$. Für jeden Knotenpunkt mit den von ihm ausgehenden Stabstümpfen stehen die drei Gleichgewichtsbedingungen der starren Scheibe zur Verfügung, so daß die Bedingungen

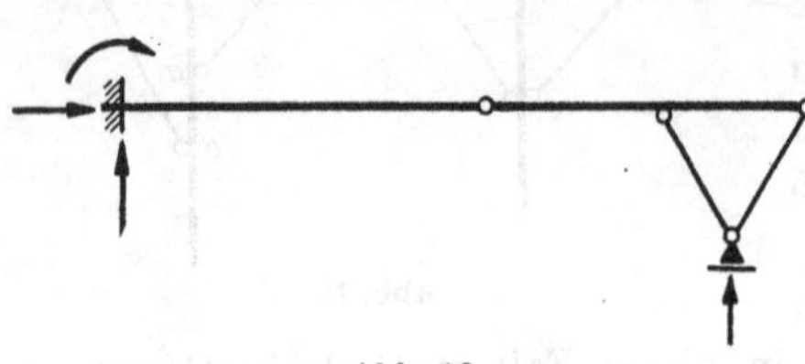
Abb. 13

$$a + 3s = 3k + n \geqq 3k$$
$$\text{mit} \quad a \geqq 3 \tag{6}$$
$$\text{und} \quad 3s \geqq 3\,(k-1)$$

für äußere bzw. innere Stabilität erfüllt sein müssen. Sind Gelenke vorhanden, so ist die linke Seite um die Zahl f der entfallenden steifen Ecken zu vermindern,

$$a + 3s - f \geqq 3k. \tag{7}$$

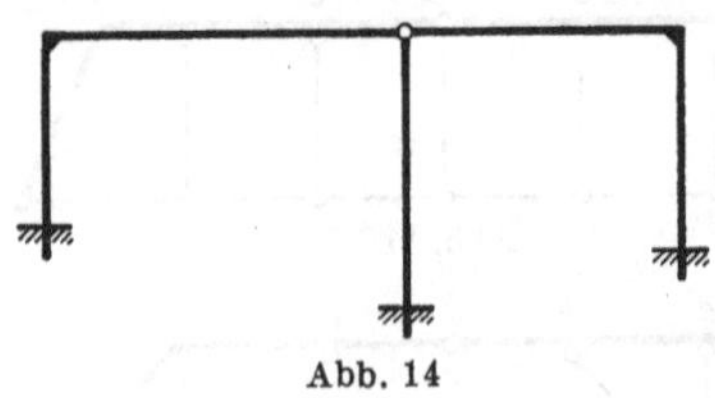
Abb. 14

Für das Tragwerk nach Abb. 13 ist bei Benutzung von Gl. (5) $s_1 = 2$, $s_2 = 3$, $e = 1$, $a_1 = 3$, $a_2 = 1$ und $k = 5$, und bei Benutzung von Gl. (7) ist $a = a_1 + a_2 = 4$, $s = 5$ und $f = 4$, also $a + 3s - f = 15 = 3k$. Bei der Abzählung nach Gl. (6) bzw. (7) ergeben sich i. a. höhere Zahlen.

Der Rahmen nach Abb. 14 ist 4fach statisch unbestimmt. Nach Gl. (5) ist $a = a_1 + a_2 = 6 + 3 = 9$, $s = 3$, $e = 0$ und $k = 4$, und nach Gl. (7), da durch das Gelenk zwei steife Ecken ausgeschaltet werden, also $f = 2$ zu setzen ist, wird $a + 3s - f = 9 + 9 - 2 = 16$ gegenüber $3k = 12$.

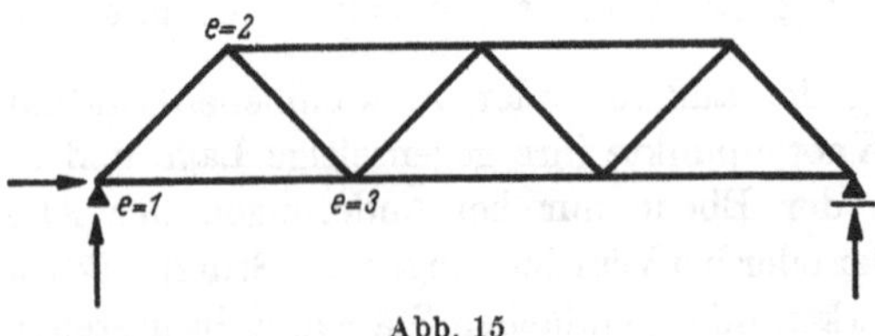

Abb. 15

In einem Fachwerkträger werden die Stäbe in den Knotenpunkten in der Regel biegesteif miteinander verbunden, so daß in Wirklichkeit ein hochgradig statisch unbestimmtes Tragwerk mit biegebeanspruchten Stäben vorliegt. Für das Fachwerk der Abb. 15 ist dann $s_1 = 0$, $s_2 = 11$,

$e = 15$, $a = 3$, $k = 7$, und es wird nach Gl. (5) $n = 29 - 14 = 15$; nach Gl. (6) $n = 36 - 21 = 15$. Werden in allen Knotenpunkten reibungslose Gelenke angenommen, so ist nach Gl. (5) $s_1 = 11$, $e = 0$, $s_2 = 0$ bzw. nach Gl. (7) $f = 15$ zu setzen.

Die Zahl der steifen Ecken eines Fachwerkes von k Knotenpunkten beträgt, wenn i die Anzahl der von einem Knoten ausgehenden Stäbe ist, $e = \sum_k (i-1) = \sum_k i - k$. Da in $\sum_k i$ jeder Stab zweimal gezählt wird, also $\sum_k i = 2s$ ist, wird

$$e = 2s - k. \tag{8}$$

Wenn somit in einem n_0-fach statisch unbestimmten Fachwerk die biegesteifen Bindungen in den Knotenpunkten berücksichtigt werden sollen, beträgt der Grad der statischen Unbestimmtheit

$$n = n_0 + 2s - k. \tag{9}$$

In Gl. (6) treten, wenn s_1 einfache, s_2 biegesteife Stäbe, k_1 Gelenke und k_2 steife Knoten vorkommen, an Stelle der $3s$ Unbekannten $s_1 + s_2 + e + k_2$ unbekannte innere statische Größen, während dann $2k_1 + 3k_2$ Gleichgewichtsbedingungen zur Verfügung stehen. Somit wird $s_1 + s_2 + e + k_2 + a \geqq 2k_1 + 3k_2$ oder in Übereinstimmung mit Gl. (5) $s_1 + s_2 + e + a \geqq 2(k_1 + k_2)$.

Allgemeine Gültigkeit hat auch die Stabilitätsbedingung

$$a + z \geqq 3s, \tag{10}$$

worin z die Zahl der unbekannten Zwischenreaktionen der in den k Knotenpunkten zusammengeführten Stäbe oder Scheiben bedeutet. Der Gesamtzahl der unbekannten Stütz- und Zwischenreaktionen stehen 3 Gleichgewichtsbedingungen für jeden Stab bzw. jede Scheibe gegenüber.

In einem Gelenkpunkt, von dem i Stäbe oder i Scheiben ausgehen, ist

$$z_1 = 2(i-1). \tag{11}$$

In einem steifen Knotenpunkt, in dem i steife Stäbe oder Scheiben zusammentreffen, ist

$$z_2 = 3(i-1). \tag{12}$$

Da ihre Summe über k_1 Gelenke und k_2 steife Knotenpunkte bei Beachtung der Gl. (8) $z = 2\sum_{k_1}(i-1) + 3\sum_{k_2}(i-1) = 2\sum_k(i-1) + e = 4s - 2k + e$ ist, so wird damit aus Gl. (10) wieder Gl. (5) und mit $e = 0$ die Gl. (4) gewonnen.

Die Bedingung Gl. (10) wird vorteilhaft bei Rahmentragwerken mit Gelenken angewandt, da unter s sowohl der einzelne Stab als auch eine starre Scheibe zu verstehen ist. Rechnet man bei dem Rahmen der Abb. 16 mit den Scheiben I bis IV zwischen den Gelenken, so ist $a = 4$, $z = 4 \cdot 2 = 8$ und $s = 4$. Zu wesentlich höheren Zahlen kommt man, wenn man die Zwischenreaktionen etwa in den steifen Knotenpunkten mitzählt, in denen der obere Rahmen mit dem unteren Riegel

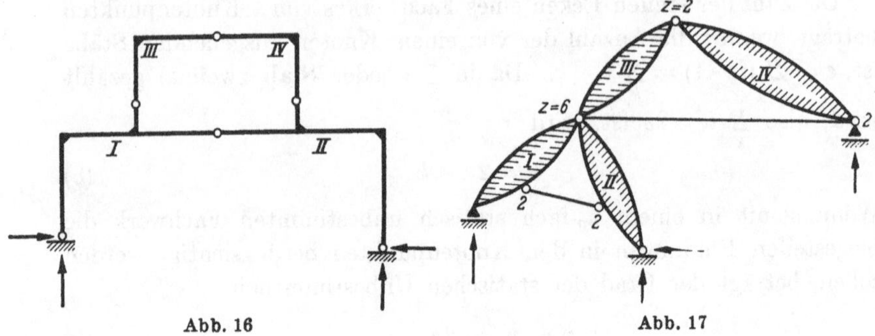

Abb. 16 Abb. 17

verbunden ist. Dann ist $a = 4$, $z = 4 \cdot 2 + 2 \cdot 3 \cdot 2 = 20$ und $s = 8$. Für das in Abb. 17 dargestellte System ist $a = 4$, $z = 4 \cdot 2 + 6 = 14$ und $s = 6$.

Da einzelne Scheiben mehr innere Glieder haben können als zur inneren Stabilität erforderlich sind, gibt die Abzählung in solchen Fällen keinen unmittelbaren Aufschluß über den Grad der Unbestimmtheit. Der errechnete Wert n ist um die Zahl der überzähligen Glieder der einzelnen Scheiben zu erhöhen. Das Tragwerk nach Abb. 17 ist nur dann statisch bestimmt, wenn die Scheiben I bis IV gerade die zur inneren Stabilität notwendigen Glieder aufweisen. Für das in Abb. 18 gegebene Tragwerk ist mit $a = 8$, $z = 8 \cdot 2 = 16$ und $s = 8$ die Bedingung $a + z = 3s$ erfüllt, doch liegt statische Unbestimmtheit vor, wenn in den Scheiben I bzw. II überzählige Glieder vorhanden sind. Abb. 19 stellt einen mehrstieligen und mehrgeschossigen Rahmen dar. Für die Abzählung nach Gl. (10) können die seitlichen Rahmen und der mittlere gelenkig angeschlossene Rahmen je als eine Scheibe angesehen werden. Es ist dann mit $s = 3$, $a = 4 \cdot 3 = 12$ und den Zwischenreaktionen in den

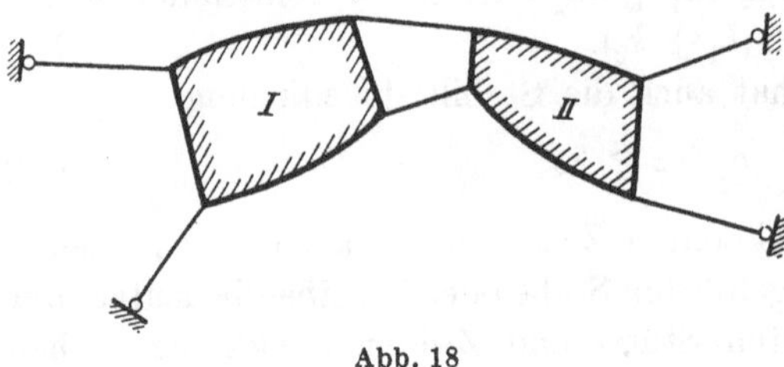

Abb. 18

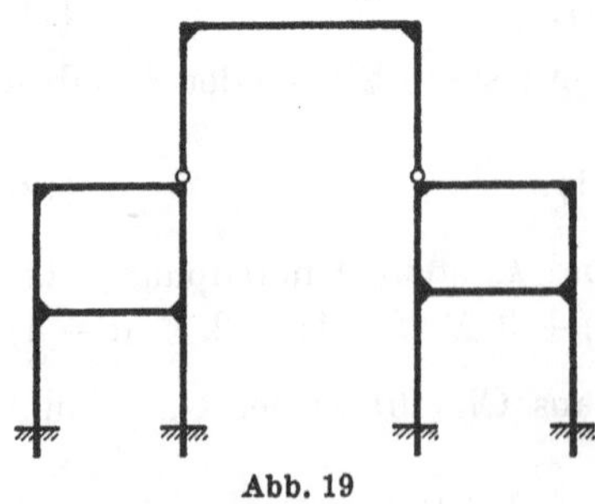

Abb. 19

beiden Gelenken $z = 2 \cdot 2 = 4$ die Unbestimmtheit $n = a + z - 3s = 7$, die sich aber durch die überzähligen inneren Glieder der seitlichen Rahmen um $2 \cdot 3 = 6$ auf $n = 13$ erhöht.

In vielen Fällen gewinnt man am schnellsten Aufschluß über den Grad der statischen Unbestimmtheit, indem man so viele Schnitte führt oder Gelenke einlegt oder Stützen und Einspannungen entfernt, bis ein eindeutig statisch bestimmtes Tragwerk übrigbleibt. Im Falle des zuletzt betrachteten Rahmens führen 4 Schnitte durch die Riegel der seitlichen Rahmen und Annahme eines Gelenkes im mittleren Riegel zur Ausschaltung von 13 Unbekannten. Aus dem Rahmen der Abb. 20 läßt sich ein statisch bestimmtes Tragwerk bilden, wenn die beiden

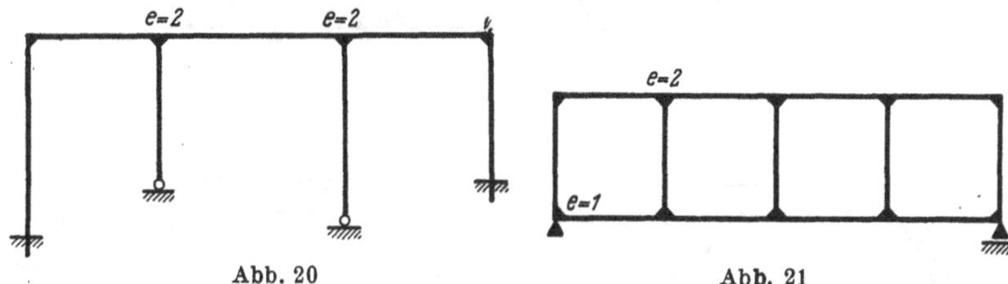

Abb. 20 Abb. 21

seitlichen Riegel durchschnitten werden und im mittleren ein Gelenk eingelegt wird, oder wenn alle äußeren Glieder bis auf die Stützung und Einspannung des linken Stieles ausgeschaltet werden, womit sich $n = 7$ ergibt. Die Abzählung ergibt

nach Gl. (5): $s = 5,\ e = 4,\ a = 10,\ k = 6,\ n = 19 - 12 = 7$
nach Gl. (6): $n = a + 3s - 3k = 10 + 15 - 18 = 7$
nach Gl. (10): $s = 1,\ z = 0,\ a = 10,\ n = a + z - 3s = 7$.

Der Rahmenträger nach Abb. 21 kann dadurch statisch bestimmt gemacht werden, daß 4 Pfosten durchschnitten werden, so daß sich $n = 12$ ergibt, was auch wieder durch Abzählung bestätigt wird.

Nach Gl. (5): $s = 11,\ e = 14,\ a = 3,\ k = 8,\ n = 28 - 2 \cdot 8 = 12$
nach Gl. (6): $n = 3 + 3 \cdot 11 - 3 \cdot 8 = 12$
nach Gl. (10): $s = 1,\ a = 3,\ z = 0$, also $n = a + z - 3s = 0$,

wobei zu bedenken ist, daß die Scheibe innerlich 12fach statisch unbestimmt ist.

Weitere Stabilitätsbedingungen, die an bestimmte Voraussetzungen für die Gliederung der Tragwerke geknüpft sind, bestehen für Gelenkträger, sowie Bogen- und Hängetragwerke.

Bestehen zwischen p Scheiben $p - 1$ Gelenke, in denen keine Biegemomente übertragen werden können, so lassen sich $p - 1$ *Gelenkbedingungen* $M_g = 0$ aufstellen. Da für die Gesamtheit der angreifenden äußeren Lasten und der Stützkräfte die drei Gleichgewichtsbedingungen hinzukommen, also insgesamt $p + 2$ Gleichungen zur Verfügung stehen, um die unbekannten Stützkräfte zu ermitteln, erfordert die Stabilität als Mindestzahl der Stützungen

$$a = p + 2. \tag{13}$$

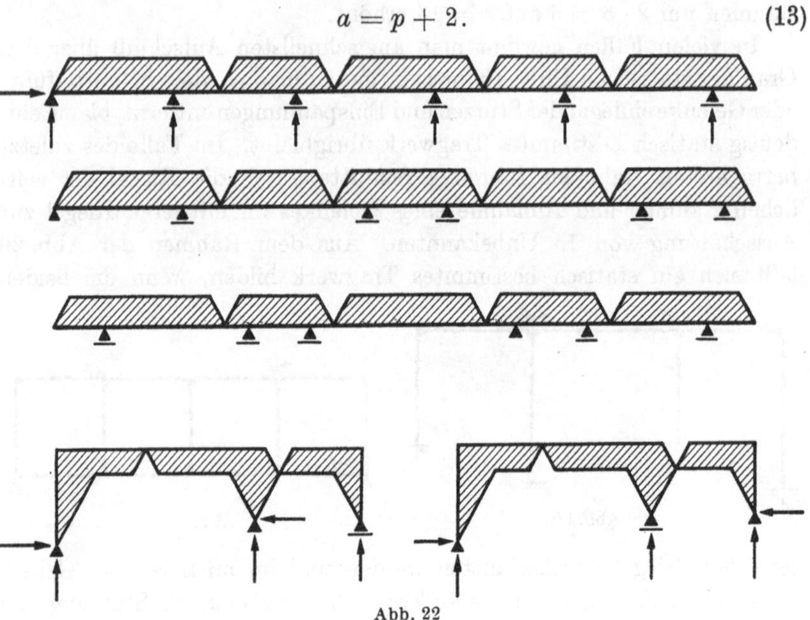

Abb. 22

Die Anordnung dieser Stützen ist jedoch nicht beliebig und muß so getroffen werden, daß zwischen zwei Stützungen höchstens zwei Gelenke

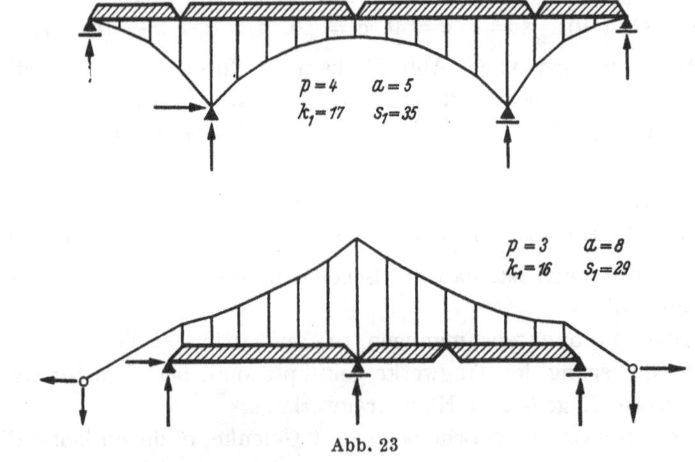

Abb. 23

liegen, und daß keine Scheibe mehr als drei Stützungen erhält. Für die Gelenkträger nach Abb. 22 sind verschiedene Möglichkeiten der Stützung angegeben.

Wird die erforderliche Mindestzahl von Stützungen angeordnet, so ist das Tragwerk äußerlich statisch bestimmt, jedoch gibt Gl. (13) wiederum keinen Aufschluß über den Grad der statischen Unbestimmtheit, wenn einzelne Scheiben überzählige Glieder enthalten. Für den in Abb. 19 dargestellten Rahmen ist $p = 3$ und $a = 12$. Es sind somit 7 überzählige Stützungen vorhanden; dazu kommen aber wieder die 6 überzähligen inneren Glieder in den beiden seitlichen Rahmen.

Sind an einen Scheibenzug von p Scheiben mit $p - 1$ Gelenken k_1 einfache Knotenpunkte durch s_1 einfache Stäbe angeschlossen, so treten zu den a Stützkräften s_1 Stabkräfte als neue Unbekannte, während die Zahl der verfügbaren Gleichungen sich um $2k_1$ Gleichgewichtsbedingungen für die angeschlossenen Knotenpunkte erhöht, so daß sich die Mindestzahl der Stützungen aus

$$a + s_1 = p + 2 + 2k_1 \tag{14}$$

bestimmen läßt. Beispiele dieser Art von Tragwerken sind in Abb. 23 wiedergegeben.

4. Kinematische Bedingungen der Stabilität

Die in den vorhergehenden Abschnitten angegebenen Stabilitätsbedingungen geben Aufschluß über die zur Stabilität erforderliche Mindestzahl an äußeren und inneren Gliedern. Sie ermöglichen aber keine Beurteilung der Brauchbarkeit eines Tragwerkes. Als weitere Bedingung ist stets die Forderung zu stellen, daß sich für jeden beliebigen Lastangriff eine eindeutige Lösung des Gleichgewichtszustandes ergibt. Das ist der Fall, wenn die Nennerdeterminante der Gleichungen, die zur Berechnung der statischen Größen aufzustellen sind, einen von Null verschiedenen Wert hat. Die Untersuchung dieser Nennerdeterminante ist jedoch i. a. nicht erforderlich, da in Zweifelsfällen durch kinematische Überlegungen Aufschluß über die Brauchbarkeit eines Tragwerkes gewonnen werden kann.

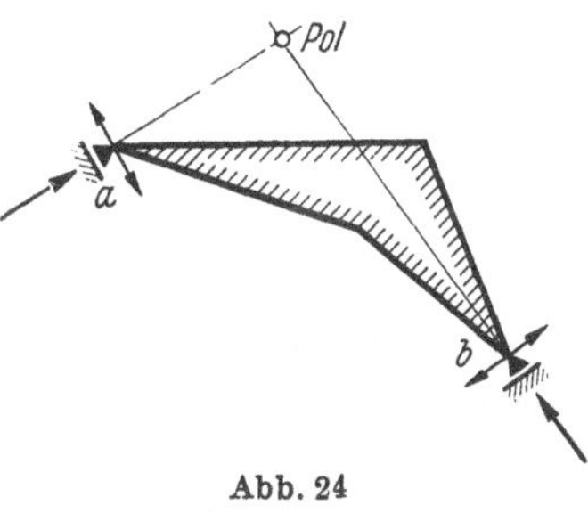

Abb. 24

Ist eine Scheibe in zwei Punkten a und b durch bewegliche Lager gestützt (Abb. 24), die Bedingung $a \geqq 3$ also nicht erfüllt, so können sich die Punkte a und b in der durch die Lagerführung festgelegten Richtung bewegen. Die Bewegung des Punktes a darf dabei, wenn es sich nur um kleine Bewegungen handelt, als Drehung um einen Punkt aufgefaßt werden, der auf der Normalen zur Bewegungsrichtung, d. h. auf der Wirkungslinie der Stützkraft liegt. Gleicherweise ist die Bewegung des Punktes b als Drehung um einen Punkt auf der Normalen zu seiner Bewegungsrichtung anzusehen. Durch den Schnittpunkt der beiden Normalen ist der Drehpunkt, der *Hauptpol* der Scheibe, bestimmt.

Ist eine Scheibe nur in einem Punkt durch ein festes Lager gestützt, so kann eine Drehung der Scheibe nur um diesen Punkt erfolgen; durch ein festes Lager ist also der Hauptpol der Scheibe bestimmt.

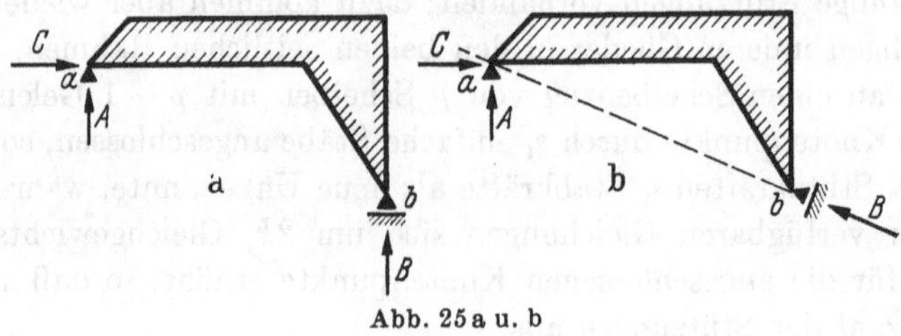

Abb. 25a u. b

Ist eine Scheibe in einem festen Lager a und einem beweglichen Lager b gestützt, so ergibt sich i. a. ein Widerspruch in der Lage des Poles, einerseits in a, andrerseits auf der Wirkungslinie von B, Abb. 25a, d. h. die Scheibe hat keinen Pol, sie liegt unverschieblich fest. Geht aber die Wirkungslinie von B durch den Punkt a, so liegt der Hauptpol wieder eindeutig fest. Die Scheibe kann sich um a drehen, obwohl die Bedingung $a = 3$ erfüllt ist; eine solche Stützung ist unbrauchbar, Abb. 25b. Auch drei bewegliche Lager, die so angeordnet sind, daß sich die Wirkungslinien der Stützkräfte in einem Punkt schneiden, Abb. 26, ergeben einen eindeutigen Pol der Scheibe und damit eine unbrauchbare Stützung.

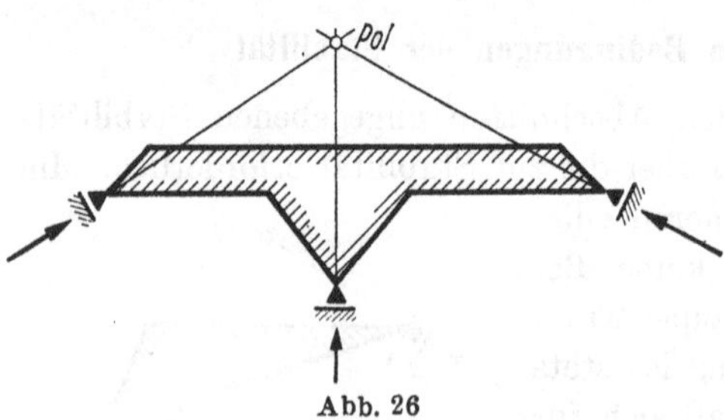

Abb. 26

Die Scheiben I und II der Abb. 27, gestützt in einem festen Lager in a, in einem beweglichen Lager in b, sind in g durch ein Gelenk miteinander verbunden. Zur Stabilität fehlt ein Glied, es liegt eine sogenannte *zwangläufige kinematische Kette* vor, für die der *Polplan* zu bestimmen ist, um daraus auf die Bewegung der Kette schließen zu können. Der Hauptpol (I) der Scheibe I liegt in a,

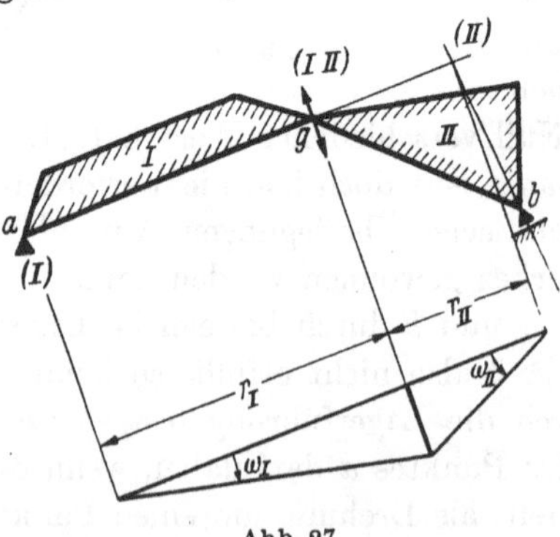

Abb. 27

Hauptpol (II) auf der Normalen zur Führung des Lagers b. Der Gelenkpunkt g kann sich als Punkt der Scheibe I nur lotrecht zum *Polstrahl*, der Verbindungslinie (I)–g bewegen. Da g aber auch der Scheibe II angehört, ist damit ein zweiter geometrischer Ort für den Hauptpol (II) normal zur Bewegungsrichtung von g gefunden. Der Punkt g, um den die gegenseitige Drehung der beiden Scheiben erfolgt, wird als *Nebenpol* $(I\ II)$ bezeichnet, und die Gerade (I)–$(I\ II)$ liefert einen geometrischen Ort für Hauptpol (II). Somit ergibt sich der für die Ermittlung der Pole wichtige Satz:

Die beiden Hauptpole zweier Scheiben und ihr Nebenpol liegen auf einer Geraden.

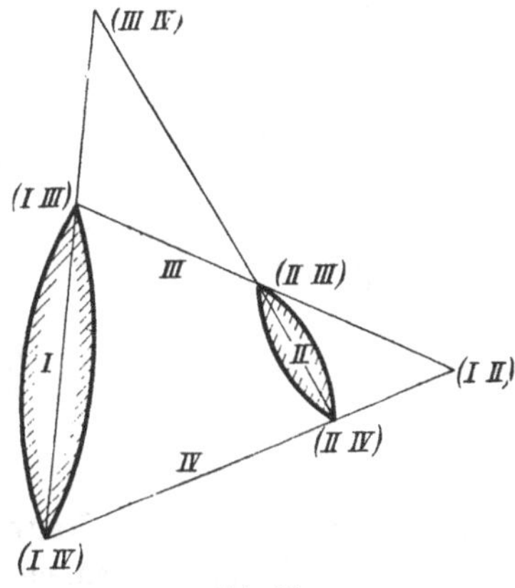

Abb. 28

Die Bewegung des Punktes g erfolgt als Drehung um (I) mit dem Drehwinkel ω_I, als Drehung um (II) mit dem Drehwinkel ω_{II} und hat, solange es sich um sehr kleine Verschiebungen handelt, die Größe

$$r_I\,\omega_I = r_{II}\,\omega_{II}, \tag{15}$$

wie Abb. 27 zu entnehmen ist.

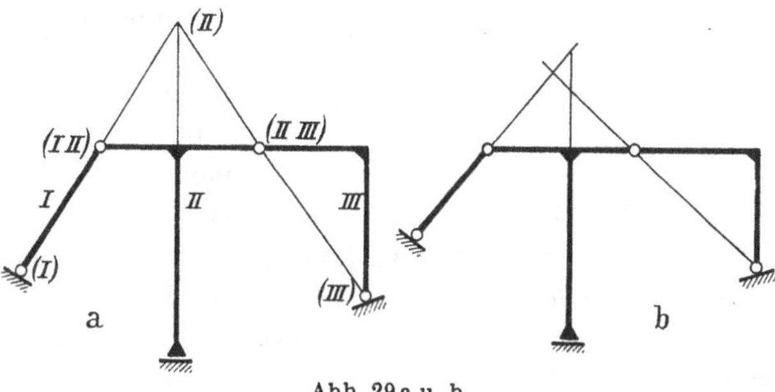

Abb. 29 a u. b

Sind zwei Scheiben I und II durch zwei Stäbe oder Scheiben III und IV miteinander verbunden, Abb. 28, so liegt der Nebenpol $(I\ II)$ im Schnittpunkt dieser Stäbe bzw. im Schnittpunkt der Verbindungsgeraden $(I\ IV)$–$(IV\ II)$ und $(I\ III)$–$(III\ II)$, wovon man sich leicht überzeugt, wenn man sich die Scheibe I zunächst festgehalten denkt, so daß $(I\ IV)$, $(I\ III)$ und $(I\ II)$ die Bedeutung von Hauptpolen haben. Gleicherweise wird der Nebenpol $(III\ IV)$ gefunden, und es ergibt sich ein weiterer für die Zeichnung des Polplanes wichtiger Satz:

Die drei Nebenpole dreier Scheiben liegen auf einer Geraden.

Eine zwangläufige Kette mit einem eindeutigen Polplan liegt in der Regel nur dann vor, wenn zur Stabilität eines Tragwerkes ein äußeres oder inneres Glied fehlt. Ist aber die zur Stabilität notwendige Anzahl von Gliedern vorhanden oder wird sie gar überschritten, und läßt sich

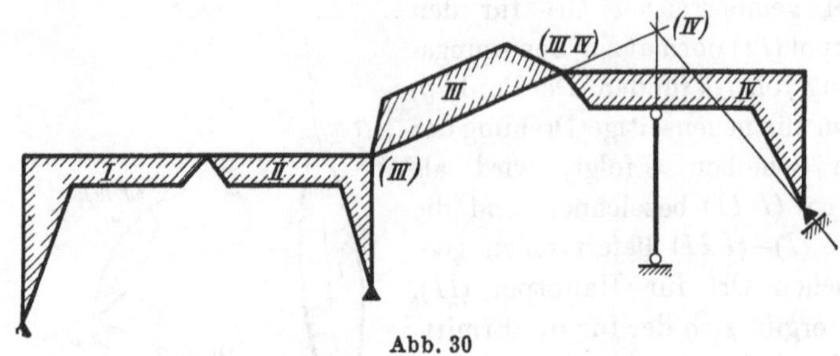

Abb. 30

trotzdem für das ganze Tragwerk oder einzelne Scheiben ein widerspruchsfreier Polplan zeichnen, so ist das ein Zeichen dafür, daß das ganze Tragwerk oder Teile desselben sich bewegen können. Ein solches Tragwerk ist unbrauchbar. Beispiele derartiger Systeme sind in den Abb. 29 bis 31 gegeben. Auch bei nur geringfügigem Widerspruch (Abbildung 29b) wird man von der Ausführung Abstand nehmen. In Abb. 30 läßt sich für die Scheiben *I* und *II* kein Polplan ohne Widersprüche zeichnen, wohl aber für die Scheiben *III* und *IV*. In Abb. 31 liegt Hauptpol (*I*) im festen Lager *a*. Hauptpol (*II*) ergibt sich im Schnittpunkt von (*I*)–(*I II*) mit der Auflagerlotrechten in *b* und gleicherweise (*III*) im Schnittpunkt von (*I*)–(*I III*) mit der Lotrechten zur Führung des Lagers *c*. Bei der vorhandenen Neigung der Stützstäbe *III* und *IV* fällt der Nebenpol (*II III*) gerade auf (*II*)–(*III*), und auch für die Pole (*I*), (*IV*) und (*I IV*) besteht kein Widerspruch.

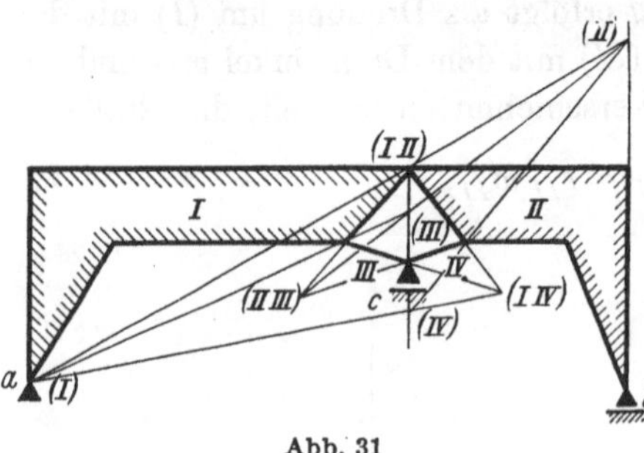

Abb. 31

II. Die Aufgaben der Statik

5. Die Gleichgewichtsaufgabe

Die Gleichgewichtsaufgabe erstreckt sich auf die Ermittlung der in den Gliedern eines Tragwerkes auftretenden statischen Größen, die durch gegebene Belastungen oder auch durch andere Einflüsse wie Temperaturänderungen und Stützenverschiebungen hervorgerufen werden.

Im allgemeinen werden zunächst die statischen Größen in den äußeren Gliedern (Stützkräfte C und Einspannmomente E) ermittelt, nachdem diese in einer bestimmten Richtung positiv wirkend angenommen worden sind. Sodann erfolgt die Bestimmung der statischen Größen in den inneren Gliedern.

Abb. 32

Beim Fachwerk treten in den einfachen Stäben mit gerader Stabachse Stabkräfte S auf, deren Wirkungslinien mit den Stabachsen zusammenfallen, was voraussetzt, daß diese Stäbe in den Knotenpunkten durch reibungslose Gelenke miteinander verbunden sind, und daß die Lasten ebenso wie die Stützkräfte nur in den Knotenpunkten dieses Fachwerkes angreifen. Die Stabkräfte werden in der Regel nach Abb. 32 als Zugkraft positiv und als Druckkraft negativ bezeichnet.

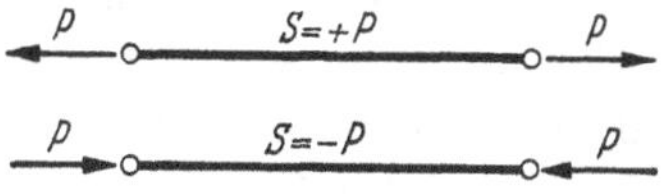

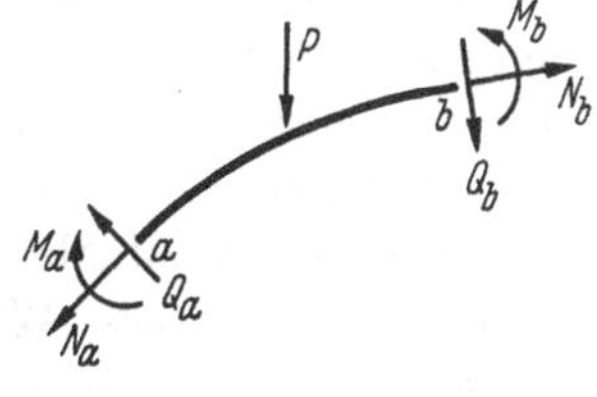

Abb. 33

In biegesteifen Stäben, die vermöge ihrer Biegesteifigkeit in der Lage sind, in der Tragwerksebene beliebig gerichtete Lasten zu übertragen, können in der Stabachse wirkende Längs- oder Normalkräfte N, in der Tragwerksebene wirkende Biegemomente M und Querkräfte Q, letztere lotrecht zur Stabachse, aufgenommen werden, Abb. 33. Diese gilt es zu ermitteln. Die positiven Werte dieser Größen werden i. a. für das Stabelement nach Abbildung 34 festgelegt. Die Festsetzung des Vorzeichens kann nach freiem Ermessen erfolgen; die Kennzeichnung wird durch Strichelung derjenigen Stabseite vorgenommen, auf der durch positiv eingeführte Biegemomente Zugspannungen auftreten. Nach Abb. 35 erzeugen somit positive Biegemomente am unteren Rande des Riegels und auf der Innenseite der Stiele Zugspannungen.

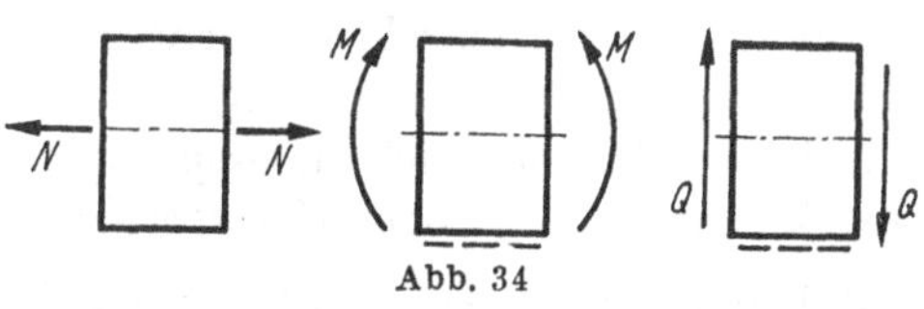

Abb. 34

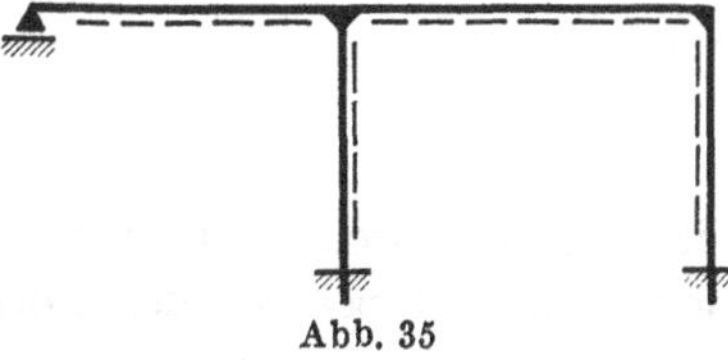
Abb. 35

Durch biege- und drillsteife Stäbe können Lasten in beliebiger Lage im Raum übertragen werden. Dann treten neben der Normalkraft N als Unbekannte der Gleichgewichtsaufgabe i. a. Biegemomente und Querkräfte in zwei Ebenen und ein Drillmoment T um die Stabachse auf. Biegesteife bzw. biege- und drillsteife Stäbe können in den Knotenpunkten durch Gelenke oder durch steife Ecken biegesteif und gegebenenfalls auch drillsteif miteinander verbunden werden. Im allgemeinsten Fall hat man mit 6 inneren statischen Größen — auch Schnitt- oder Spanngrößen genannt — des biege- und drillsteifen Stabes zu tun. Beim biegesteifen Stab des ebenen Tragwerkes beträgt deren Zahl drei, und der einfache Stab liefert nur eine Unbekannte.

Für die Lösung der Gleichgewichtsaufgabe stehen graphische und analytische Verfahren zur Verfügung. Sie bestehen in der Aufstellung und Lösung der Gleichgewichtsbedingungen. Liegt ein statisch unbestimmtes Tragwerk vor, so reichen die verfügbaren Gleichgewichtsbedingungen nicht aus; eine Lösung der Gleichgewichtsaufgabe ist dann nur im Zusammenhang mit der Formänderungsaufgabe möglich.

Nach Lösung der Gleichgewichtsaufgabe kann die Bemessung der einzelnen Glieder vorgenommen werden. Durch den zur Anwendung kommenden Baustoff werden Fragen aufgeworfen, die in das Gebiet der Festigkeitslehre gehören und hier nicht weiter verfolgt werden sollen. Der verwendete Baustoff spielt bei der Ermittlung der Unbekannten der Gleichgewichtsaufgabe nur insofern eine Rolle, als die ständige Last von ihm abhängig ist. Wenn allerdings der Einfluß von Stützenverschiebungen oder Temperaturänderungen, sowie Schwinden und Kriechen zu verfolgen sind, oder wenn Formänderungen ermittelt werden müssen, gehen weitere Baustoffeigenschaften in die Rechnung ein.

6. Die Formänderungsaufgabe

Mit den in den einzelnen Gliedern auftretenden statischen Größen sind zwangläufig Formänderungen der Glieder verbunden. In einem einfachen Stab ändert sich die ursprüngliche Stablänge s des spannungslosen Zustandes nach dem HOOKEschen Gesetz mit E als Elastizitätsmodul und F als Stabquerschnitt um $\Delta s = \frac{\sigma s}{E} = \frac{S s}{EF}$ im Sinne einer Verlängerung (positive Längenänderung), wenn S eine Zugkraft ist oder im Sinne einer Verkürzung (negative Längenänderung), wenn S eine Druckkraft ist. Auch eine Temperaturänderung um t° hat Längenänderungen zur Folge, so daß allgemein mit α_t als Temperaturdehnungsziffer

$$\Delta s = \frac{S s}{EF} + \alpha_t t s \tag{16}$$

wird. Gleicherweise wird für ein Stabelement von der Länge ds des biegesteifen Stabes bei der Normalkraft N und Temperaturänderung um t° in der Stabachse

$$\Delta ds = \frac{N\,ds}{E\,F} + \alpha_t t\,ds. \tag{17}$$

Biegemomente verbiegen den biegesteifen Stab. Die benachbarten Querschnitte eines Stabelementes, die im unverformten Zustand den

Winkel $d\varphi$ miteinander bilden, verdrehen sich gegeneinander um den Winkel $\Delta d\varphi$, Abb. 36. Die Dehnung im Abstand y von der Stabachse ist von der dort auftretenden Spannung und diese wieder von dem Biegemoment M abhängig, $\varepsilon = \frac{\sigma}{E} = \frac{M\,y}{E\,I}$ mit I als Flächenträgheitsmoment des Querschnittes. Mit $\frac{\varepsilon\,ds}{y} = \Delta d\varphi$ ergibt sich die gegenseitige

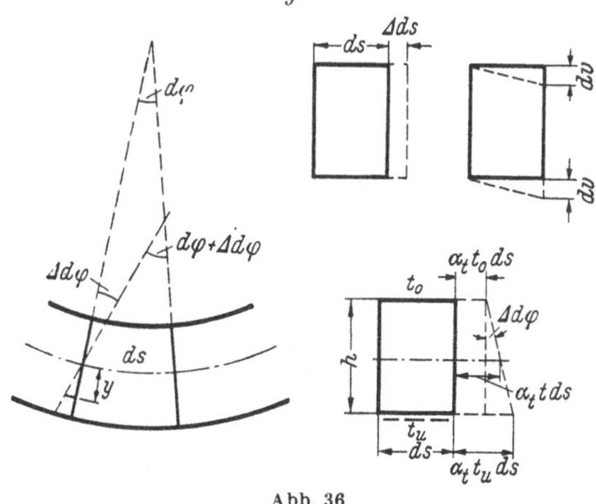

Abb. 36

Drehung daraus zu $\Delta d\varphi = \frac{M\,ds}{E\,I}$, der bekannten Beziehung zwischen Biegemomenten und Durchbiegung, wenn die Krümmung $\frac{\Delta d\varphi}{ds} = \frac{1}{\varrho} = -\frac{d^2y}{dx^2}$ gesetzt wird.

Treten an den Rändern des biegesteifen Stabes unterschiedliche Temperaturen auf, t_0 auf dem Druckrand und t_u auf dem Zugrand positiver Biegemomente, so ist auch damit eine gegenseitige Drehung benachbarter Querschnitte verbunden. Wird der Temperaturverlauf im Querschnitt geradlinig angenommen, so ist diese Drehung aus der Differenz der Längenänderungen der äußeren Fasern zu $\Delta d\varphi = \frac{\alpha_t\,(t_u - t_0)\,ds}{h}$ zu berechnen, und mit $\Delta t = t_u - t_0$ ergibt sich die gegenseitige Drehung insgesamt zu

$$\Delta d\varphi = \frac{M\,ds}{E\,I} + \alpha_t \frac{\Delta t}{h} ds. \tag{18}$$

Schließlich verursachen auch die Querkräfte eine Verformung des biegesteifen Stabes, und zwar in der Weise, daß sich benachbarte Querschnitte gegeneinander verschieben. Diese Verschiebung dv ist von dem Gleitmodul G des Baustoffes und von der Querschnittsform abhängig. Wird letztere durch einen Beiwert $\varkappa$ berücksichtigt, so ist

$$dv = \frac{Q\,ds}{\varkappa\,F\,G}. \tag{19}$$

Mit den Längenänderungen der Stäbe und den gegenseitigen Drehungen und Verschiebungen benachbarter Querschnitte sind nun zwangläufig Verschiebungen der Knotenpunkte des Tragwerkes verbunden. Diese geometrischen Größen, die Verschiebungskomponenten, allgemein mit u in waagrechter Richtung (x-Achse) und v in lotrechter Richtung (y-Achse) bezeichnet, sind die Unbekannten der Formänderungsaufgabe. Bei k Knotenpunkten beträgt deren Gesamtzahl $2k$.

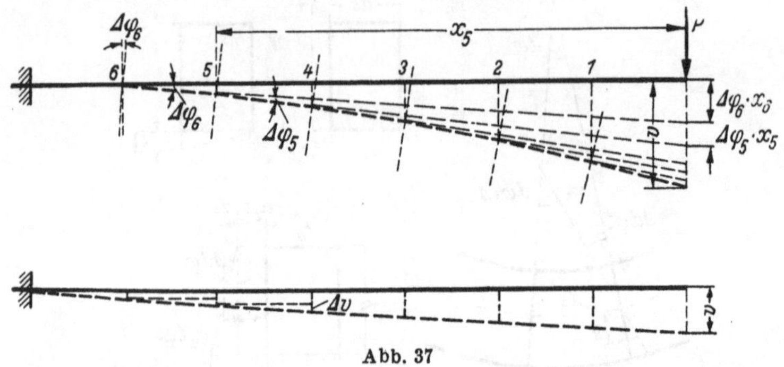

Abb. 37

Für einen einseitig eingespannten biegesteifen Stab (Abb. 37), der am freien Ende eine Einzellast trägt, ist z. B. die lotrechte Verschiebung des freien Endes aus der Formänderung der Einzelelemente durch die Summe $v = \Sigma \Delta\varphi \cdot x$ oder durch das Integral $v = \int\limits_0^l \frac{M\,dx}{E\,I}\,x$ zu ermitteln. Aus der Querkraft ergibt sich $v = \Sigma \Delta v$ oder $v = \int\limits_0^l \frac{Q\,dx}{\varkappa F G}$.

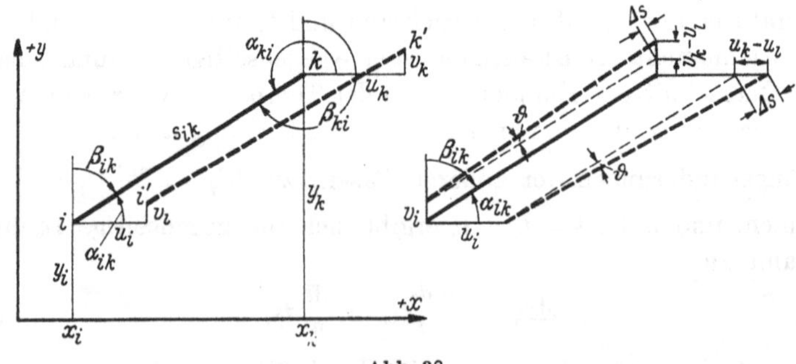

Abb. 38

Die Beziehungen zwischen den Stablängenänderungen Δs und den Verschiebungskomponenten u und v lassen sich an Hand der Abb. 38 leicht ermitteln. Gelangt der Stab i—k von der ursprünglichen Länge s_{ik} in die neue Lage $i' - k'$ mit der Länge $s_{ik} + \Delta s_{ik}$, so ist

$$(s_{ik} + \Delta s_{ik})^2 = (x_k + u_k - x_i - u_i)^2 + (y_k + v_k - y_i - v_i)^2$$

oder

$$s_{ik}^2 + 2s_{ik}\Delta s_{ik} + \Delta s_{ik}^2 = (x_k - x_i)^2 + (y_k - y_i)^2 + 2(x_k - x_i)(u_k - u_i) + 2(y_k - y_i)(v_k - v_i) + (u_k - u_i)^2 + (v_k - v_i)^2.$$

Die Längenänderungen Δs und i. a. auch die Verschiebungskomponenten u und v sind gegenüber den Stablängen so klein, daß ihre Quadrate vernachlässigt werden dürfen, so daß man nach Abzug von $s_{ik}^2 = (x_k - x_i)^2 + (y_k - y_i)^2$ die folgende Beziehung erhält:

$$\Delta s_{ik} = \frac{x_k - x_i}{s_{ik}}(u_k - u_i) + \frac{y_k - y_i}{s_{ik}}(v_k - v_i)$$

oder

$$\Delta s_{ik} = (u_k - u_i)\cos\alpha_{ik} + (v_k - v_i)\cos\beta_{ik}. \tag{20}$$

Es ist zweckmäßig, sich diese Beziehung an Hand der Abb. 38 klar zu machen, in der die Verschiebungen der Knotenpunkte auch getrennt, nur in x-Richtung und nur in y-Richtung, dargestellt sind. Hieraus sind auch die Stabdrehungen zu entnehmen, die mit Knotenpunktsverschiebungen u und v verbunden sind. Die Verschiebungen der Knotenpunkte nur in x-Richtung ergeben eine Rechtsdrehung, Verschiebungen nur in y-Richtung eine Linksdrehung von der Größe

$$\vartheta = +\frac{(u_k - u_i)\cos\beta_{ik}}{s_{ik}} \quad \text{bzw.} \quad \vartheta = -\frac{(v_k - v_i)\cos\alpha_{ik}}{s_{ik}}. \tag{21}$$

Die Gl. (20) läßt sich für jeden einfachen Stab anschreiben. Werden die linken Seiten dieser Gleichungen nach Gl. (16) durch die die Formänderung verursachenden Größen ausgedrückt, so ergeben sich die Verschiebungskomponenten u und v als Lösung dieser linearen Gleichungen. Ist in einem statisch bestimmten Fachwerk nicht mit Stützensenkungen zu rechnen, so ergeben sich a Verschiebungskomponenten der Stützpunkte zu Null, und es bestehen $s = 2k - a$ Gleichungen zur Berechnung der $2k - a$ Unbekannten u und v. In dem nachstehenden Beispiel ist diese Rechnung durchgeführt, obwohl die vollständige Lösung der Formänderungsaufgabe in den meisten Fällen nicht erforderlich ist. Ist mit Stützenverschiebungen zu rechnen, so sind diese — durch ihre Verschiebungskomponenten ausgedrückt — in die Rechnung einzuführen. Da die Formänderungsaufgabe durch die $2k$ Verschiebungskomponenten bestimmt ist, stehen zu ihrer Lösung bei statisch unbestimmten Tragwerken, in denen die Zahl der Glieder $2k + n$ beträgt, n Gleichungen mehr zur Verfügung als zur Lösung benötigt werden.

Beispiel. Für den in Abb. 39 dargestellten Fachwerkträger habe die Rechnung die eingetragenen Stablängenänderungen Δs (cm) ergeben. Da in diesen Symmetrie vorliegt, handelt es sich offenbar um einen symmetrischen Belastungsfall, der eine Reduktion der Unbekannten zuläßt. Doch soll davon kein Gebrauch gemacht werden, da sich die Gleichungen und ihre Lösung sehr einfach gestalten.

Für das feste Lager a und das bewegliche Lager b sind, wenn Stützenverschiebungen nicht angenommen werden, die Knotenpunktsverschiebungen $u_0 = v_0 = v_6 = 0$, so daß $2k - 3 = 14 - 3 = 11$ Verschiebungskomponenten zu bestimmen bleiben. Dazu werden die Gl. (20) für die einzelnen Stäbe der Reihe nach angeschrieben. Man erhält für die Gurtstäbe:

$$\begin{aligned}
&U_1: \quad u_2 - u_0 = +0{,}23, \quad \text{somit } u_2 = +0{,}23 \text{ cm}\\
&U_3: \quad u_4 - u_2 = +0{,}27, \quad \text{somit } u_4 = +0{,}50 \text{ cm}\\
&U_5: \quad u_6 - u_4 = +0{,}23, \quad \text{somit } u_6 = +0{,}73 \text{ cm}\\
&O_2: \quad u_3 - u_1 = -0{,}21\\
&O_4: \quad u_5 - u_3 = -0{,}21, \quad \text{somit } u_5 - u_1 = -0{,}42 \text{ cm};
\end{aligned}$$

ferner für die Diagonalstäbe:

$$\begin{aligned}
&D_1: \quad (u_1 - u_0)\cos \pi/4 + (v_1 - v_0)\cos \pi/4 = -0{,}27\\
&D_2: \quad (u_2 - u_1)\cos 7\pi/4 + (v_2 - v_1)\cos 3\pi/4 = +0{,}36\\
&D_3: \quad (u_3 - u_2)\cos \pi/4 + (v_3 - v_2)\cos \pi/4 = -0{,}10\\
&D_4: \quad (u_4 - u_3)\cos 7\pi/4 + (v_4 - v_3)\cos 3\pi/4 = -0{,}10\\
&D_5: \quad (u_5 - u_4)\cos \pi/4 + (v_5 - v_4)\cos \pi/4 = +0{,}36\\
&D_6: \quad (u_6 - u_5)\cos 7\pi/4 + (v_6 - v_5)\cos 3\pi/4 = -0{,}27.
\end{aligned}$$

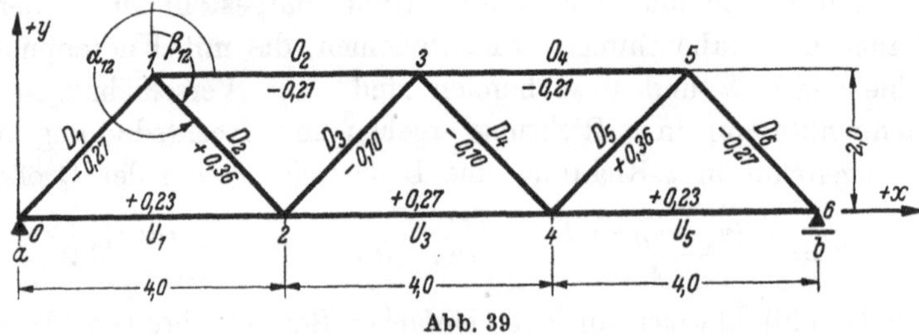

Abb. 39

Werden die bereits bekannten Werte u_0, u_2, u_4, u_6 sowie v_0 und v_6 eingesetzt, so ergeben sich die folgenden 8 Gleichungen:

$$\begin{aligned}
&1.\quad +u_1 - u_3 = +0{,}21\\
&2.\quad +u_3 - u_5 = +0{,}21\\
&3.\quad +u_1 + v_1 = -0{,}27 \cdot 1{,}414 = -0{,}382\\
&4.\quad +u_1 - v_1 + v_2 = -0{,}36 \cdot 1{,}414 + 0{,}23 = -0{,}279\\
&5.\quad +u_3 - v_2 + v_3 = -0{,}10 \cdot 1{,}414 + 0{,}23 = +0{,}089\\
&6.\quad +u_3 - v_3 + v_4 = +0{,}10 \cdot 1{,}414 + 0{,}50 = +0{,}641\\
&7.\quad +u_5 - v_4 + v_5 = +0{,}36 \cdot 1{,}414 + 0{,}50 = +1{,}009\\
&8.\quad +u_5 - v_5 = +0{,}27 \cdot 1{,}414 + 0{,}73 = +1{,}112
\end{aligned}$$

Die Addition der Gl. 3 bis 8 liefert

$$u_1 + u_3 + u_5 = 1{,}095;$$

mit $u_3 = u_1 - 0{,}21$ und $u_5 = u_1 - 0{,}42$ erhält man $u_1 = +0{,}575$ cm, damit $u_3 = +0{,}365$ cm $(= u_6/2)$ und $u_5 = +0{,}155$ cm.

Die lotrechten Verschiebungskomponenten werden nun der Reihe nach aus den Gleichungen 3 bis 8 berechnet zu

$$\begin{aligned}
v_1 &= -0{,}382 - 0{,}575 = -0{,}957 \text{ cm}\\
v_2 &= -0{,}279 - 0{,}575 - 0{,}957 = -1{,}811 \text{ cm}\\
v_3 &= +0{,}089 - 0{,}365 - 1{,}811 = -2{,}087 \text{ cm}\\
v_4 &= +0{,}641 - 0{,}365 - 2{,}087 = -1{,}811 \text{ cm } (= v_2)\\
v_5 &= -1{,}112 + 0{,}155 = -0{,}957 \text{ cm } (= v_1).
\end{aligned}$$

Die waagrechte Verschiebung des Lagers bei b ist gleich der Längenänderung des gesamten Untergurtes. Die mit der Durchbiegung verbundene rückläufige Bewegung des Punktes b ist demgegenüber vernachlässigbar klein.

7. Das Superpositionsgesetz

Tragwerke sind in der Regel für verschiedene Belastungsfälle, wie ständige Last, Nutzlast, Windlast, Schneelast zu untersuchen, die nicht gleichzeitig aufzutreten brauchen aber gleichzeitig auftreten können. Dazu treten andere Einflüsse, wie Temperaturänderungen, Stützenverschiebungen. Da es gilt, die statischen Größen der Gleichgewichtsaufgabe und die geometrischen Größen der Formänderungsaufgabe für das jeweils ungünstigste Zusammentreffen der verschiedenen Ursachen zu ermitteln, werden diese zunächst getrennt verfolgt. Das ist allerdings nur zulässig, wenn die auftretenden Formänderungen so klein sind, daß sie gegenüber den Abmessungen der einzelnen Glieder und des Systems zu vernachlässigen sind, da nur dann für die zeichnerische oder analytische Ermittlung der statischen und geometrischen Größen die Abmessungen des Systems im spannungslosen, unverformten Zustand zugrunde gelegt werden dürfen. Diese Voraussetzung wird als erfüllt angenommen; dann gilt das *Superpositionsgesetz*, wonach alle Einflüsse getrennt untersucht und zur Ermittlung der maximalen statischen und geometrischen Größen addiert werden dürfen.

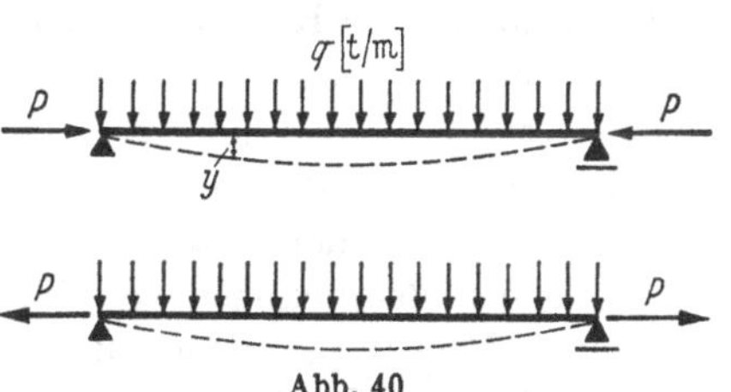

Abb. 40

Ist die Voraussetzung nicht erfüllt, so muß die Berechnung unter Berücksichtigung der mit der Belastung eintretenden Formänderung nach der *Theorie zweiter Ordnung* erfolgen. Daß dann das Superpositionsgesetz seine Gültigkeit verliert, kann man sich leicht an einem einfachen Balken klar machen, der außer Querbelastung noch eine Längskraft aufzunehmen hat, Abb. 40. Durch die Querbelastung treten Biegemomente auf, die eine bestimmte Durchbiegung y zur Folge haben. Die Druckkräfte P, in der Stabachse wirkend, erzeugen nun Biegemomente $P \cdot y$ gleichen Vorzeichens. Damit ist eine weitere Ausbiegung Δy verbunden, wodurch nun wieder das zusätzliche Biegemoment auf $P(y + \Delta y)$ und damit die Durchbiegung weiter anwachsen. Der tatsächliche Gleichgewichtszustand kann also nur ermittelt werden, wenn Quer- und Längsbelastung gleichzeitig wirkend angenommen werden. Wird die Belastung linear gesteigert, so nimmt die Durchbiegung nicht etwa in gleichem Maße, sondern stärker zu, so daß keine lineare Beziehung mehr zwischen Belastung und Formänderung besteht.

Besitzt der Balken nur geringe Biegesteifigkeit, so kann die genauere Berechnung notwendig werden. Wirken außer der Querbelastung Längs*zug*kräfte in der Stabachse, so vermindern diese die Biegemomente aus Querbelastung und damit auch die Durchbiegung. Während im ersten Fall die genauere Berechnung eine Frage der Sicherheit ist, ist sie im zweiten Fall eine Frage der Wirtschaftlichkeit. Die Berechnung wird im Abschn. VI durchgeführt.

III. Die Lösung der Gleichgewichtsaufgabe

8. Die Gleichgewichtsbedingungen

Für Kräfte und Drehmomente oder auch Kräftepaare in beliebiger Lage in einer Ebene bestehen die drei Gleichgewichtsbedingungen

$$\Sigma X = 0, \quad \Sigma Y = 0, \quad \Sigma M = 0, \tag{22}$$

d. h. die Summe der Kräfte in zwei Achsrichtungen und die Summe der Momente in bezug auf einen beliebigen Punkt der Ebene müssen zu Null werden, wenn Gleichgewicht bestehen soll. Die beiden ersten Bedingungen werden häufig auch $\Sigma H = 0$ und $\Sigma V = 0$ geschrieben, also Summe aller Kräfte in waagrechter Richtung und Summe aller Kräfte in lotrechter Richtung gleich Null. Die Bedingungen sind aber nicht an lotrecht zueinander stehende Achsrichtungen gebunden. Die Gleichungen $\Sigma H = 0$ und $\Sigma V = 0$ können auch als Momentengleichungen $\Sigma M = 0$ gedeutet werden, wenn der Drehpunkt in der Lotrechten bzw. in der Waagrechten im Unendlichen angenommen wird. An Stelle der Bedingungen Gl. (22) können auch drei Momentengleichungen $\Sigma M = 0$ in bezug auf drei beliebige, aber nicht auf einer Geraden liegende Punkte der Ebene treten, wovon häufig Gebrauch gemacht wird, da sich dadurch in vielen Fällen eine Vereinfachung der Lösung erreichen läßt. Man wird stets bestrebt sein, die Gleichungen so aufzustellen, daß jede Gleichung nur eine Unbekannte enthält.

Die Gleichgewichtsbedingungen gelten für die Gesamtheit der an einem Tragwerk angreifenden äußeren Lasten und Momente und der Widerstände in den äußeren Gliedern, den Stützkräften und Einspannmomenten. Sie gelten aber auch für jede einzelne starre Scheibe eines Tragwerkes und für jeden abgetrennten Teil einer solchen Scheibe, wenn die Zwischenreaktionen zwischen den Scheiben bzw. die inneren statischen Größen in den von einem Schnitt getroffenen Gliedern als äußere Wirkungen in die Rechnung eingeführt werden.

9. Das Gleichgewicht der äußeren Kräfte

Wird zunächst das Gleichgewicht an einer Scheibe betrachtet, so folgt aus den Gl. (22), daß unter der Wirkung von zwei Kräften Gleichgewicht nur bestehen kann, wenn die beiden Kräfte dieselbe Wirkungslinie, gleiche Größe und entgegengesetzte Richtung haben. Wirken drei Kräfte auf eine Scheibe, so ist Gleichgewicht nur möglich, wenn die drei Wirkungslinien sich in einem Punkte schneiden. Diese Bedingungen ermöglichen sehr häufig eine einfache und schnelle zeichnerische Lösung der Gleichgewichtsaufgabe. Sind die Voraussetzungen über die Wirkungslinien nicht erfüllt, so können zwar die Bedingungen $\Sigma X = 0$ und $\Sigma Y = 0$ erfüllt sein, jedoch ist dann $\Sigma M \neq 0$.

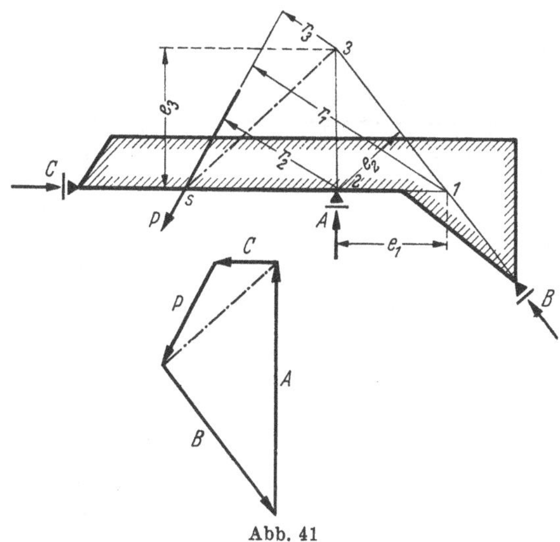

Abb. 41

Die Ermittlung der Stützkräfte A, B und C der in drei beweglichen Lagern gestützten Scheibe (Abb. 41) unter der Wirkung der angreifenden Last P als Einzellast oder als Resultierende einer Lastgruppe erfolgt analytisch durch Aufstellen der Momentengleichungen für die Schnittpunkte *1*, *2* und *3* je zweier Wirkungslinien der Stützkräfte, nachdem deren positiven Richtungen auf die Scheiben hinweisend festgelegt sind.

Aus $A\,e_1 - P\,r_1 = 0$ folgt $A = +\,P\,r_1/e_1$,
aus $B\,e_2 + P\,r_2 = 0$ folgt $B = -\,P\,r_2/e_2$,
aus $C\,e_3 + P\,r_3 = 0$ folgt $C = -\,P\,r_3/e_3$.

Die Ermittlung der Stützkräfte kann auch in der Weise erfolgen, daß aus der Momentengleichung um *2* zunächst B bestimmt wird, sodann führen $\Sigma V = 0$ und $\Sigma H = 0$ nacheinander zur Bestimmung von A und C.

Die zeichnerische Lösung ergibt sich aus der Überlegung, daß sich je zwei der vier auf die Scheibe wirkenden Kräfte zu einer Resultierenden zusammensetzen lassen. Für diese Resultierenden müssen die Gleichgewichtsbedingungen für zwei Kräfte an einer starren Scheibe erfüllt sein. Werden z. B. P und C in s, A und B in 3 zum Schnitt gebracht und in den Schnittpunkten zu ihren Resultierenden zusammengesetzt, so fällt die Wirkungslinie beider in die Verbindungslinie s—3. Im Punkt s muß Gleichgewicht bestehen zwischen P, C und der Resultierenden aus A und B und im Punkt 3 zwischen A, B und der Resultierenden aus P und C. Damit ergibt sich die zeichnerische Ermittlung der unbekannten Stützkräfte durch den Kräfteplan der Abb. 41 mit den auch durch die Rechnung gefundenen Vorzeichen.

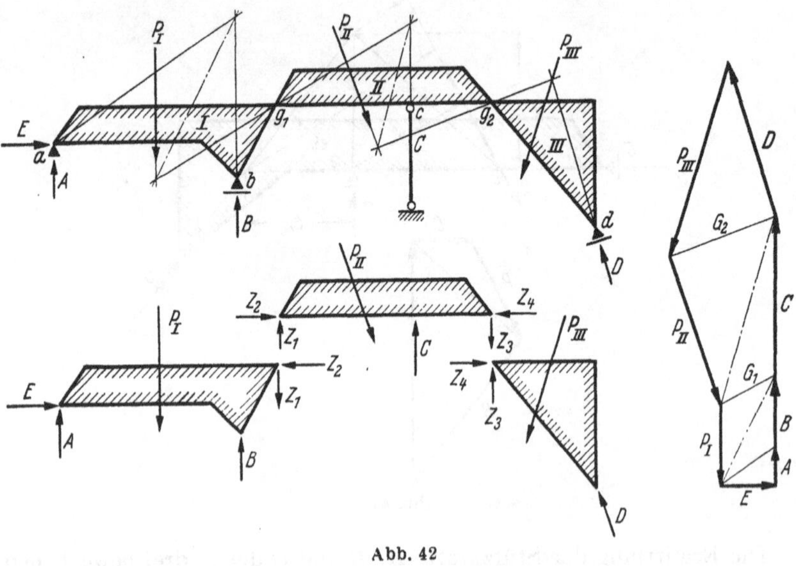

Abb. 42

In dem in Abb. 42 dargestellten Gelenkträger bestehen für die Gesamtheit der angreifenden Lasten und widerstehenden Stützkräfte wieder die drei Gleichgewichtsbedingungen, die 5 unbekannte Stützkräfte enthalten. Um hier zu einer Lösung zu kommen, werden zweckmäßig die einzelnen Scheiben betrachtet, da für jede die drei Gleichgewichtsbedingungen Gültigkeit haben, wenn die in den Gelenken wirkenden Zwischenreaktionen als Unbekannte eingeführt werden. Wird bei Scheibe *I* begonnen, so zeigt sich, daß hier zu den drei unbekannten Stützkräften noch die unbekannten Zwischenreaktionen Z_1 und Z_2 treten, zu deren Berechnung die verfügbaren drei Gleichungen nicht ausreichen. Das gilt auch für Scheibe *II*, bei welcher zur Stützkraft C vier unbekannte Zwischenreaktionen Z_1 bis Z_4 treten. An der Scheibe *III* dagegen treten nur drei Unbekannte auf, so daß sich hier D, Z_3 und Z_4 bestimmen lassen. Nach ihrer Ermittlung stößt man auch an Scheibe *II* nur noch auf drei Unbekannte, C, Z_1 und Z_2, und das gleiche trifft dann für Scheibe *I* zu.

Nun ist allerdings zur Ermittlung der Stützkräfte die Kenntnis der Zwischenreaktionen nicht erforderlich, wenn man die sogenannten *Gelenkbedingungen* einführt, die besagen, daß in den Gelenken kein Biegemoment aufgenommen werden kann. Infolgedessen müssen sämtliche Lasten und Stützkräfte, welche die nach einer Seite eines Gelenkes anschließenden Scheiben belasten, in bezug auf den Gelenkpunkt das Moment Null ergeben. Von rechts beginnend enthält die Gelenkbedingung für g_2 nur D als Unbekannte. Nach deren Bestimmung kann aus der Gelenkbedingung für g_1 die Stützkraft C ermittelt werden, und die Momentengleichung um a führt zur Berechnung von B. Weiterhin ist A aus $\Sigma V = 0$ oder aus $M_b = 0$ (Momentengleichung um b) und E aus $\Sigma H = 0$ zu bestimmen, wobei sich die Gleichungen über sämtliche das Tragwerk belastenden und stützenden Kräfte erstrecken, soweit diese Beiträge liefern. Weist E durch den Gelenkpunkt g_1, oder ist E vorweg bestimmt, so ergibt sich A schneller aus der Gelenkbedingung (g_1) für die nur an Scheibe I angreifenden Kräfte.

Die graphische Bestimmung der Stützkräfte ergibt sich aus der oben genannten Bedingung für die Wirkungslinien von drei Kräften, die an einer Scheibe angreifen, und ist im Kräfteplan der Abb. 42 durchgeführt. Ausgehend von Scheibe III wird D sowie die Gelenkkraft G_2 gefunden. Letztere wird mit P_{II} zum Schnitt gebracht und mit dieser zur Resultierenden zusammengesetzt. Es folgt dann die Ermittlung von C und G_1 an Scheibe II, und die Resultierende aus G_1 und P_I führt an Scheibe I zur Bestimmung von B, A und E.

10. Die Stabkräfte des Fachwerkes

Sind die Stützkräfte einer Fachwerkscheibe bzw. die Zwischenreaktionen zu anschließenden Scheiben bekannt, und wird durch die

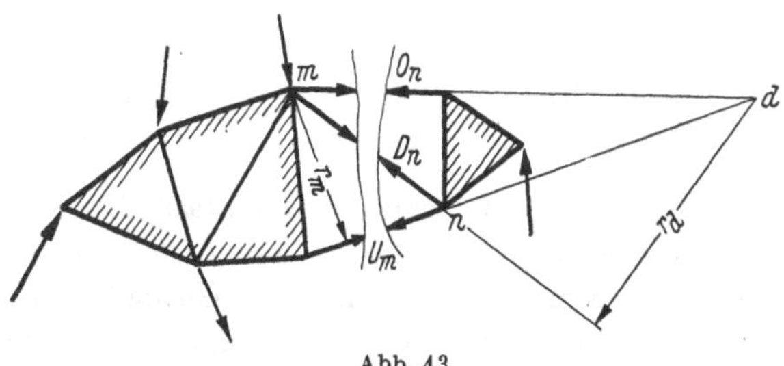

Abb. 43

Scheibe ein Schnitt gelegt (Abb. 43), so gelten wieder für beide Teilscheiben die drei Gleichgewichtsbedingungen. Sofern durch den Schnitt nur drei einfache Stäbe getroffen werden, ermöglichen sie die Ermittlung der Schnittgrößen S durch Aufstellen von drei Momentengleichungen für die sogenannten Bezugspunkte, das sind die Schnittpunkte je zweier

Stäbe (RITTERscher Schnitt). Die Bezugspunkte für U_m, O_n und D_n sind die Knotenpunkte m und n und der Schnittpunkt d der Gurtstäbe. Die unbekannten Stabkräfte werden dabei als Zugkräfte positiv — auf den Schnitt hinweisend — in die Rechnung eingeführt. Jede Stabkraft ergibt sich aus

$$S_i = \pm \frac{M_i}{r_i}, \tag{23}$$

wenn M_i das Moment aus allen an der Teilscheibe wirkenden äußeren Lasten und Stützkräften in bezug auf i und r_i der lotrechte Abstand des Stabes i vom Bezugspunkt i ist. Da die Schnittkräfte aus dem Gleichgewicht jeder Teilscheibe bestimmt werden können, wird man ihre Ermittlung an derjenigen Teilscheibe vornehmen, bei der die Rechnung oder Zeichnung am schnellsten zum Ziele führt; das ist in Abb. 43 die rechte Teilscheibe, an der nur *eine* äußere Kraft wirkt. Im übrigen deckt sich die Lösung vollständig mit den zu Abb. 41 gemachten Ausführungen über das Gleichgewicht äußerer Kräfte an einer starren Scheibe.

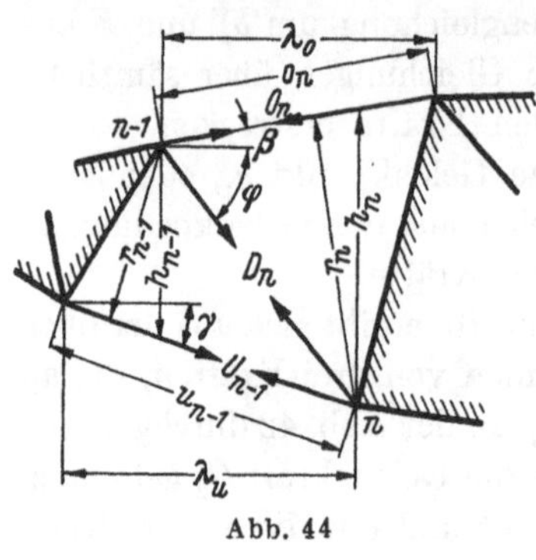

Abb. 44

In Gl. (23) werden zur Berechnung der Stabkräfte in den Gurtstäben zweckmäßig die Trägerhöhen sowie die Stablängen und deren Horizontalprojektionen eingeführt. Mit Bezug auf Abb. 44 wird

$$M_n + O_n r_n = 0 \quad \text{und} \quad M_{n-1} - U_{n-1} r_{n-1} = 0.$$

Mit $r_n = h_n \cos\beta$ und $r_{n-1} = h_{n-1} \cos\gamma$ erhält man

$$\left.\begin{aligned} O_n &= -\frac{M_n}{r_n} = -\frac{M_n}{h_n \cos\beta} = -\frac{M_n}{h_n}\frac{o_n}{\lambda_0} \\ U_{n-1} &= +\frac{M_{n-1}}{r_{n-1}} = +\frac{M_{n-1}}{h_{n-1}\cos\gamma} = +\frac{M_{n-1}}{h_{n-1}}\frac{u_{n-1}}{\lambda_u}. \end{aligned}\right\} \tag{24}$$

Die Gl. (23) versagt für die Berechnung von Stabkräften in Füllungsstäben (den Diagonalen oder Schrägstäben und den Vertikalen, Lotrechten oder Pfosten), wenn die geschnittenen Gurtstäbe einander parallel sind, und sie ist auch dann weniger geeignet, wenn der Schnittpunkt der Gurtstäbe sich zeichnerisch nur ungenau bestimmen läßt und gerechnet werden muß. Gleichungen, welche die Benutzung dieses Schnittpunktes entbehrlich machen, gewinnt man für die Diagonalen an Hand der Abb. 45, indem man die Momentengleichungen für die Punkte $(n-1)$ auf dem geschnittenen U-Stab oder (n) auf dem geschnittenen O-Stab aufgestellt, so daß die lotrechten Komponenten von O_n und D_n

bzw. von U_{n-1} und D_n durch die Bezugspunkte weisen. Wird mit $M_{(n-1)}$ das Moment aller an der linken Scheibe angreifenden äußeren Kräfte bezeichnet, wobei rechtsdrehende Momente positiv einzuführen sind, so erhält man

$$M_{(n-1)} + (O_n \cos\beta + D_n \cos\varphi)\, h_{n-1} = 0,$$

und für die rechte Scheibe wird mit $M_{(n)}$ als Moment aller äußeren Kräfte (linksdrehend positiv)

$$M_{(n)} - (U_{n-1} \cos\gamma + D_n \cos\varphi)\, h_n = 0.$$

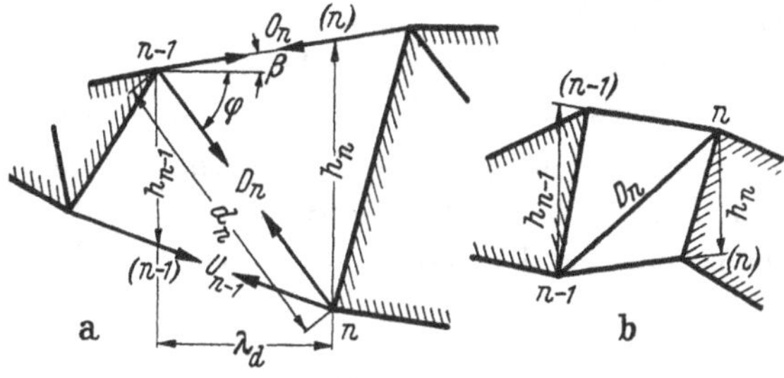

Abb. 45 a u. b

Wird in diesen Gleichungen $O_n = -\dfrac{M_n}{h_n \cos\beta}$ und $U_{n-1} = +\dfrac{M_{n-1}}{h_{n-1}\cos\gamma}$ gesetzt, so ist

$$D_n \cos\varphi = \frac{M_n}{h_n} - \frac{M_{(n-1)}}{h_{n-1}} = \frac{M_{(n)}}{h_n} - \frac{M_{n-1}}{h_{n-1}},$$

und mit $\cos\varphi = \dfrac{\lambda_d}{d_n}$ erhält man die endgültigen Gleichungen

$$D_n = \left(\frac{M_n}{h_n} - \frac{M_{(n-1)}}{h_{n-1}}\right)\frac{d_n}{\lambda_d} = \left(\frac{M_{(n)}}{h_n} - \frac{M_{n-1}}{h_{n-1}}\right)\frac{d_n}{\lambda_d}. \tag{25}$$

In dieser Gleichung erscheinen die Momente aus äußeren Lasten auf Punkte n und $(n-1)$ der unteren Gurtung oder auf Punkte (n) und $n-1$ der oberen Gurtung bezogen. Das Vorzeichen von D ergibt sich aus der Differenz der durch die Trägerhöhe dividierten Biegemomente, wenn diejenigen Momente positiv eingeführt werden, die Zugkräfte in *der* Gurtung erzeugen, die als untere angesehen wird. Die Ableitung der Gl. (25) ist für eine linkssteigende Diagonale erfolgt. Bei rechtssteigender Diagonale (Abb. 45 b) mit unterem Endpunkt $n-1$ und oberem Endpunkt n erscheint an erster Stelle das Moment auf den unteren Endpunkt $n-1$ oder den ihm entsprechenden Punkt $(n-1)$ der oberen Gurtung und an zweiter Stelle das Moment auf den Punkt (n) der unteren Gurtung bzw. n der oberen Gurtung bezogen. Für das Vorzeichen ist die Reihenfolge der Momente entscheidend. Wird das in der Klammer an erster Stelle stehende Moment mit M_u bezeichnet, da es sich immer auf den unteren Endpunkt der Diagonalen oder den ihm entsprechenden Punkt der oberen Gurtung bezieht, und wird das an zweiter Stelle stehende Moment, das dem oberen Endpunkt der Diagonalen entspricht, mit M_o bezeichnet, so kann an Stelle der Gl. (25) allgemein für links- und rechtssteigende Diagonalen

$$D = \left(\frac{M_u}{h_u} - \frac{M_o}{h_o}\right)\frac{d}{\lambda_d} \tag{26}$$

geschrieben werden, wenn h_u und h_o die Trägerhöhen am unteren und oberen Endpunkt der Diagonalen sind. In der Anwendung ist nur darauf zu achten, daß die Momente aus äußeren Lasten stets auf Punkte der *gleichen* Gurtung zu beziehen sind. Die Zeiger u und o legen lediglich die Reihenfolge fest, die das Vorzeichen von D bestimmt.

Die in die Rechnung eingeführte Trägerhöhe h stimmt nicht mit der wirklichen Trägerhöhe überein, wenn die Punkte (u) bzw. (o) auf die Verlängerung der Gurtstäbe fallen, wie es z. B. in Abb. 45b der Fall ist.

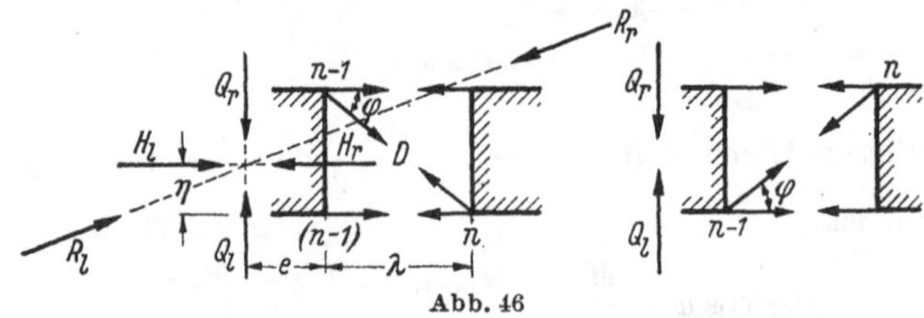

Abb. 46

Sind alle angreifenden Lasten und Stützkräfte lotrecht, so ist $M_{(n)} = M_n$ und $M_{(n-1)} = M_{n-1}$, und in diesem Fall kann somit unter M_u und M_o das Moment für den unteren bzw. oberen Endpunkt der Diagonalen verstanden werden.

Bei parallel verlaufenden Gurtstäben des geschnittenen Feldes ergibt sich durch Einführung der Querkraft eine einfache Beziehung aus der Gleichgewichtsbedingung $\Sigma V = 0$. Wird mit Q_l die lotrechte Komponente der Resultierenden R_l aller an der linken Teilscheibe angreifenden Lasten und mit Q_r die der rechten Teilscheibe bezeichnet, so fallen Q_l und Q_r mit entgegengesetztem Richtungssinn in die gleiche Wirkungslinie und haben gleiche Größe, Abb. 46. Man erhält für linkssteigende Diagonalen

$$Q_l - D\sin\varphi = 0 \quad \text{oder} \quad Q_r - D\sin\varphi = 0$$

und für rechtssteigende Diagonalen

$$Q_l + D\sin\varphi = 0 \quad \text{oder} \quad Q_r + D\sin\varphi = 0$$

und damit allgemein

$$D = \pm\, Q/\sin\varphi = \pm\, Q\, d/h. \tag{27}$$

Die resultierenden waagrechten Komponenten H_l und H_r aller an den Teilscheiben angreifenden Lasten haben ebenfalls gleiche Wirkungslinie, gleiche Größe und entgegengesetzte Richtung. Die Momente aus angreifenden Lasten in bezug auf u und (o) sind

$$M_u = Q\,(e + \lambda) + H\,\eta\,,$$
$$M_{(o)} = Q\,e + H\,\eta\,.$$

Somit ist $M_u - M_{(o)} = Q\,\lambda$ oder

$$\frac{M_u - M_{(o)}}{\lambda} = Q$$

für linkssteigende Diagonalen. Entsprechend wird $\frac{M_u - M_{(o)}}{\lambda} = -Q$ für rechtssteigende Diagonalen. Damit ergibt sich auch aus Gl. (26) mit $h_u = h_o = h$ wieder Gl. (27).

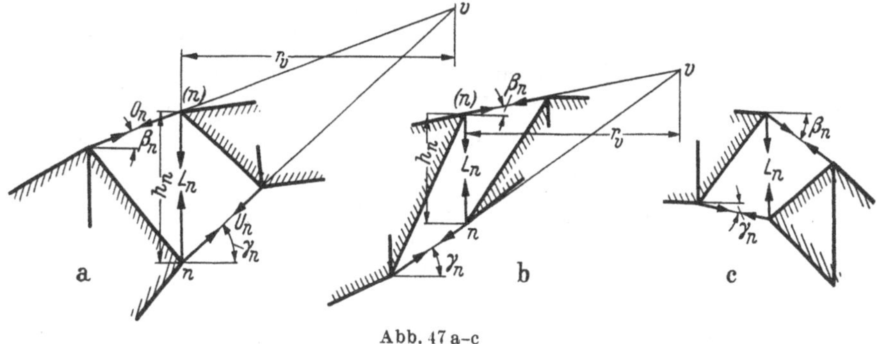

Abb. 47 a–c

Um für die Lotrechten entsprechende Beziehungen zu erhalten, wird ebenfalls die Gleichgewichtsbedingung $\Sigma\,V = 0$ benutzt. Mit Bezug auf Abb. 47 ist:

bei linkssteigenden Diagonalen (47a):

$$M_v + L_n\,r_v = 0 \quad \text{oder} \quad Q_l + L_n + O_n \sin\beta_n + U_n \sin\gamma_n = 0,$$

bei rechtssteigenden Diagonalen (47b):

$$M_v - L_n\,r_v = 0 \quad \text{oder} \quad Q_l - L_n + O_n \sin\beta_n + U_n \sin\gamma_n = 0\,.$$

Mit $O_n = -\frac{M_n}{h_n \cos\beta_n}$ und $U_n = +\frac{M_{(n)}}{h_n \cos\gamma_n}$ wird

$$L_n = \mp \frac{M_v}{r_v} = \mp Q_l \pm \frac{M_n}{h_n} \operatorname{tg}\beta_n \mp \frac{M_{(n)}}{h_n} \operatorname{tg}\gamma_n\,, \tag{28}$$

wobei das obere Vorzeichen bei linkssteigenden, das untere Vorzeichen bei rechtssteigenden Diagonalen gilt. Die Neigung der Gurtungen ist von maßgeblichem Einfluß auf die Größe der Stabkräfte in Vertikalstäben. Nach Abb. 47c ergibt sich z. B.

$$L_n = +\,Q_l + \frac{M_n}{h_n} \operatorname{tg}\beta_n - \frac{M_{(n)}}{h_n} \operatorname{tg}\gamma_n\,.$$

Zum gleichen Ergebnis führt Gl. (28), wenn man die Winkel β und γ mit negativem Vorzeichen einführt, bei rechtssteigenden Gurtstäben also deren Neigungswinkeln das positive Vorzeichen gibt.

Für ausschließlich lotrechte Lasten ist $M_n = M_{(n)}$, und Gl. (28) vereinfacht sich zu

$$L_n = \mp Q_l \pm \frac{M_n}{h_n} (\operatorname{tg} \beta_n - \operatorname{tg} \gamma_n). \tag{29}$$

Sind außerdem die Gurtstäbe des geschnittenen Feldes parallel, so wird

$$L_n = \mp Q, \tag{30}$$

was sich für waagrechte Gurtungen auch wieder unmittelbar aus $\Sigma V = 0$, Abb. 48 ergibt.

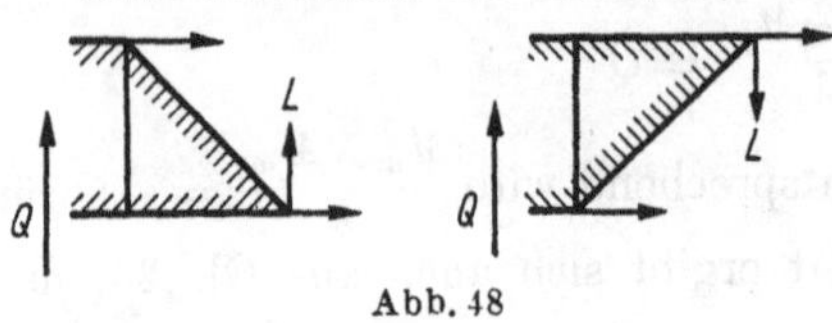

Abb. 48

Wird in einem Fachwerk ein Schnitt um einen Knotenpunkt derart geführt, daß alle von dem Knoten ausgehenden Stäbe getroffen werden, so wirken in ihm außer angreifenden äußeren Lasten die Schnittkräfte dieser Stäbe. Es gelten für den Knotenpunkt die beiden Gleichgewichtsbedingungen $\Sigma X = 0$ und $\Sigma Y = 0$. Mit den Komponenten $P \cos \alpha$ und $P \sin \alpha$ der äußeren Lasten und den Komponenten $S_n \cos \alpha_n$ und $S_n \sin \alpha_n$ der Stabkräfte in den geschnittenen Stäben erhält man mit Bezug auf Abb. 49

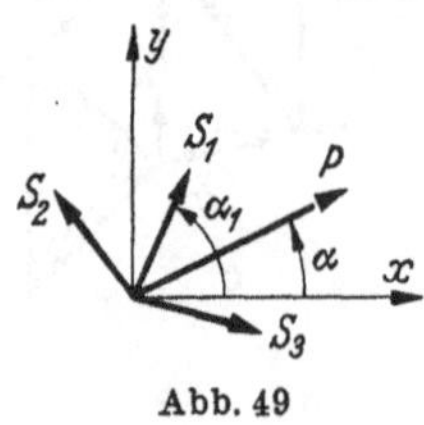

Abb. 49

$$\left.\begin{aligned} \Sigma P \cos \alpha + \Sigma S_n \cos \alpha_n = 0 \\ \Sigma P \sin \alpha + \Sigma S_n \sin \alpha_n = 0. \end{aligned}\right\} \tag{31}$$

Diese Gleichungen können unmittelbar zur Berechnung der Stabkräfte benutzt werden, häufig werden sie auch zur Kontrolle der auf anderem Wege ermittelten Stabkräfte herangezogen. Bei k Knoten-

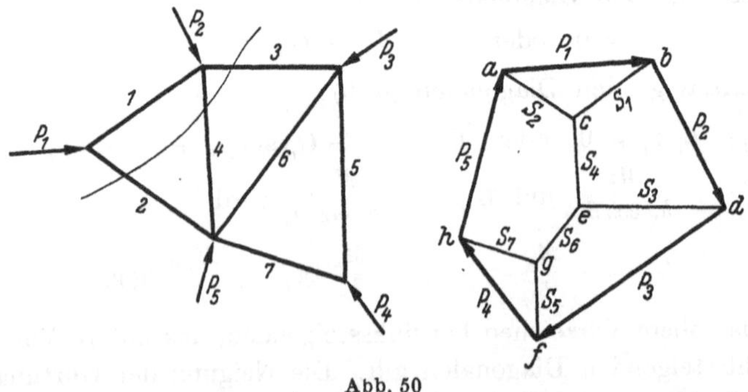

Abb. 50

punkten eines Fachwerks bestehen insgesamt $2k$ solcher Gleichgewichtsbedingungen, deren Zahl bei statischer Bestimmtheit mit derjenigen der Unbekannten der Gleichgewichtsaufgabe übereinstimmt. Bei Fachwerken, die in einfachster Weise durch zweistäbigen Anschluß von Knotenpunkten gebildet sind, läßt sich die Berechnung durch wiederholte Lösung von zwei Gleichungen mit zwei Unbekannten durchführen.

Durch einen *Kräfteplan* — Cremonaplan — wird die Lösung dieser Gleichungen von Punkt zu Punkt fortschreitend zeichnerisch durchgeführt. In Abb. 50 sind die Stabkräfte in der Reihenfolge ihrer Ermittlung beziffert. Damit im Kräfteplan jede Kraft nur einmal erscheint, ist darauf zu achten, daß die Kräfteermittlung an jedem Knotenpunkt im gleichen Umfahrungssinn vorgenommen wird. Legt man einen Schnitt durch das Fachwerk, so müssen an jeder Teilscheibe wieder die Gleichgewichtsbedingungen erfüllt sein. Einem Schnitt durch die Stäbe *2*, *3* und *4* entsprechen die geschlossenen Kraftecke *a—b—d—e—c—a* und *a—c—e—d—f—h—a*.

11. Beispiele

In den nachstehenden Rechnungen wird die Anwendung der Gl. (23) bis (31) an einigen einfachen Beispielen gezeigt. Der Aufbau der Formeln legt es häufig nahe, die Berechnung in einer Tabelle durchzuführen, wie

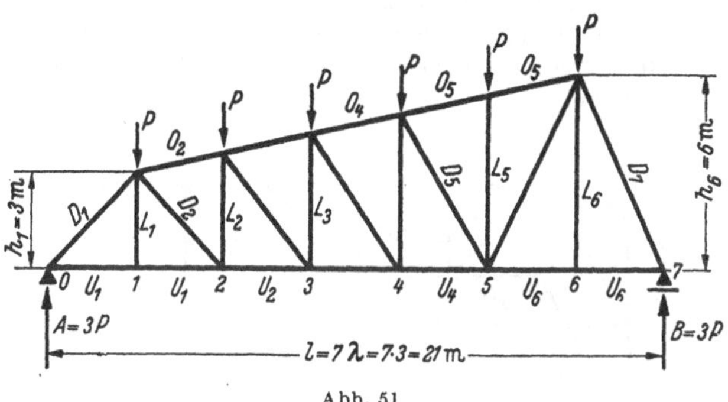

Abb. 51

sie zum 1. Beispiel gegeben ist. Verschiedene Möglichkeiten der Berechnung werden im 2. und 3. Beispiel für waagrechten Lastangriff angegeben, und in den beiden letzten Beispielen werden Parallelträger mit geneigten Gurtungen unter lotrechter Belastung behandelt, wobei die Pfosten lotrecht in der Trägerebene bzw. normal zur Gurtung angeordnet sind.

1. Beispiel. Fachwerkträger mit geneigtem Obergurt (Abb. 51). Lastangriff durch lotrechte Lasten P gleicher Größe in den Obergurtknotenpunkten. Die Berechnung wird in einer Tabelle für $P = 1$ durchgeführt. Die Systemmaße h_n, o_n, d_n werden in die Tabelle eingetragen. Die Gurtkräfte ergeben sich nach Gl. (24), die Diagonalkräfte nach Gl. (26). Die Lotrechten L_1, L_5 und L_6 sind unmittelbar nach Gl. (31) anzugeben und für die übrigen L-Stäbe wird Gl. (29) mit $\operatorname{tg}\beta = 0{,}2$ und $\operatorname{tg}\gamma = 0$ benutzt. Die Biegemomente M_n aus äußeren Lasten werden vorweg ermittelt:

$$M_1 = 3 \cdot 3 = 9, \quad M_2 = 3 \cdot 6 - 1 \cdot 3 = 15, \quad M_3 = 3 \cdot 9 - 1 \cdot 6 - 1 \cdot 3 = 18.$$

Gurtstäbe

n	h_n	o_n	M_n	M_n/h_n	U_n	O_n
1	3,0		9	3,0	+ 3,0	—
2	3,6	3,06	15	4,167	+ 4,167	− 4,25
3	4,2	3,06	18	4,286	+ 4,286	− 4,372
4	4,8	3,06	18	3,75	+ 3,75	− 3,825
5	5,4	3,06	15	2,778	—	− 2,834
6	6,0		9	1,5	+ 1,5	—

Füllungsstäbe

n	d_n	$M_u/h_u - M_o/h_o$	d_n/λ	D_n	Q_l	$M_n/h_n \cdot \operatorname{tg}\beta$	L_n
1	4,243	− 3,0	1,414	− 4,242			0
2	4,243	+ 1,167	1,414	+ 1,65	+ 2	0,833	− 1,167
3	4,686	+ 0,119	1,562	+ 0,186	+ 1	0,857	− 0,143
4	5,162	− 0,536	1,721	− 0,922	0	0,75	+ 0,75
5	5,66	− 0,972	1,887	− 1,834			− 1
6	6,708	+ 1,278	2,236	+ 2,858			0
7	6,708	− 1,5	2,236	− 3,354			—

Bei der Berechnung der Lotrechten ist zu beachten, ob Lasten im Obergurt oder Untergurt angreifen, da entsprechend dem zu führenden Schnitt sich unterschiedliche Werte Q_l ergeben. Im vorliegenden Fall würde, wenn alle Lasten in den Untergurtknoten angreifen, $L_1 = L_6 = +1$; $L_5 = 0$; $L_2 = -1 + 0{,}833 = -0{,}167$; $L_3 = +0{,}857$ und $L_4 = +1 + 0{,}75 = +1{,}75$.

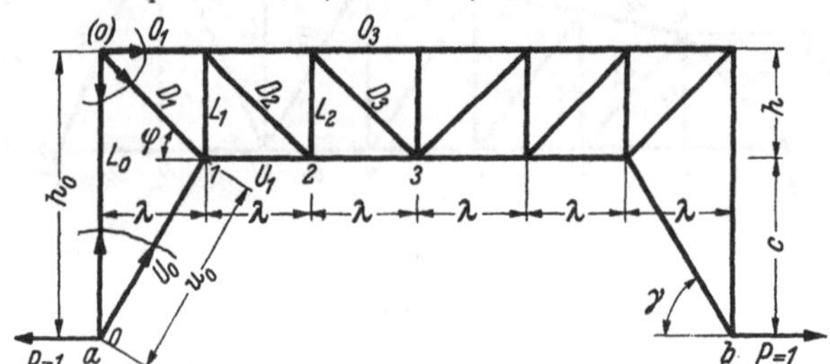

Abb. 52

2. Beispiel. Symmetrischer Fachwerkträger (Abb. 52), Lastangriff durch waagrechte Einzellasten $P = 1$ in den Stützpunkten a und b. Lotrechte Stützkräfte treten nicht auf.

Die Kraft im Untergurtstab U_0 ergibt sich nach Gl. (24) (Schnitt durch L_0, U_0) zu

$$U_0 = \frac{1 \cdot h_0}{h_0} \cdot \frac{u_0}{\lambda} = + u_0/\lambda$$

oder nach Gl. (31) aus $U_0 \cos\gamma - 1 = 0$ zu

$$U_0 = + 1/\cos\gamma = + u_0/\lambda .$$

Für den gleichen Schnitt liefert das Moment um Punkt 1 die Stabkraft

$$L_0 = -1 \cdot c/\lambda .$$

$\Sigma V = 0$ gibt $L_0 + U_0 \cdot \sin\gamma = 0$, somit $L_0 = -\operatorname{tg}\gamma = -c/\lambda$.

Die Formel für Vertikalstäbe Gl. (28) bei linkssteigenden Diagonalen liefert mit $Q = 0$ ebenfalls $L_0 = -\frac{1 \cdot h_0}{h_0} \operatorname{tg} \gamma$.

Zur Berechnung von D_1 wird ein Schnitt durch O_1, D_1 und U_0 gelegt. Gl. (26) ergibt, wenn die Momente M_u und M_o auf die Knotenpunkte der Obergurtung bezogen werden,

$$D_1 = \left(\frac{1 \cdot h_0}{h} - \frac{1 \cdot h_0}{h_0}\right) \frac{d_1}{\lambda} = + \frac{c}{h} \cdot \frac{d_1}{\lambda}.$$

Das Ergebnis wird einfacher erhalten, wenn die Momente auf die Punkte *1* und *o* des Untergurts bezogen werden, da $M_o = 0$ ist. Die Diagonalen D_2 und D_3 sind spannungslos, da bei gleichbleibender Trägerhöhe h die Momente $M_u = M_o$ sind; das gleiche ist aus Gl. (27) zu schließen, da $Q = 0$ ist. Sind die Diagonalen spannungslos, so können auch in den Lotrechten L_1 und L_2 keine Kräfte auftreten, was wiederum durch Gl. (30) bestätigt wird.

Für die Obergurtstäbe erhält man $O_1 = O_2 = O_3 = -1 \cdot c/h$ und für die Untergurtstäbe $U_1 = U_2 = +1 \cdot h_0/h$.
Kontrolle für Obergurtknoten (*o*):

$$\Sigma H = O_1 + D_1 \cos \varphi = -c/h + c/h \cdot d_1/\lambda \cdot \lambda/d_1 = 0$$

$$\Sigma V = L_0 + D_1 \sin \varphi = -c/\lambda + c/h \cdot d_1/\lambda \cdot h/d_1 = 0.$$

3. Beispiel. Fachwerkträger mit Kragarm (Abb. 53). Für den angenommenen Lastfall wird A aus der Momentengleichung um Stützpunkt b zu $A = 6 \cdot 10/12 = 5\,\text{t}$,

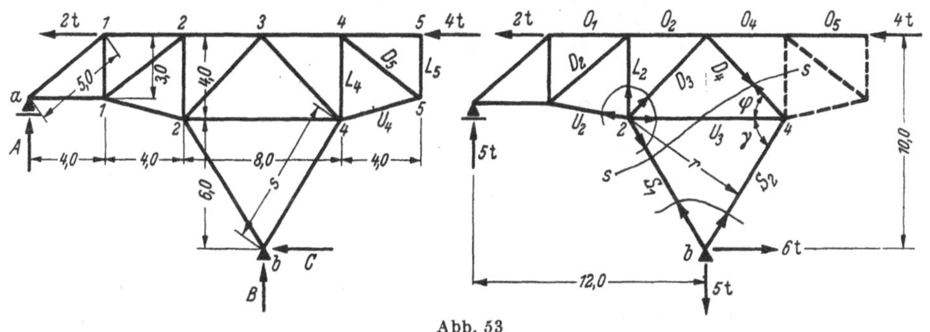

Abb. 53

und aus $\Sigma V = 0$ wird $B = -5\,\text{t}$ ermittelt. Die waagrechte Stützkraft ergibt sich zu $C = -6$ t. Die Stäbe U_4, D_5, L_5 und L_4 sind spannungslos; $O_4 = O_5 = -4$t.

$$O_1 = -(5 \cdot 4 - 2 \cdot 3):3 = -14/3; \quad O_2 = -(5 \cdot 8 - 2 \cdot 4):4 = -8$$

$$U_1 = +5 \cdot 4:3 = +20/3; \quad U_2 = +\frac{5 \cdot 8}{4}\,\frac{u_2}{4} = +2{,}5\,u_2$$

$$L_1 = +5; \quad L_2 = +5 - \frac{5 \cdot 8}{4}\,\frac{1}{4} = +2{,}5$$

$$D_1 = -\frac{5 \cdot 4}{3}\,\frac{5}{4} = -25/3; \quad D_2 = \left(\frac{5 \cdot 4}{3} - \frac{5 \cdot 8}{4}\right)\frac{5}{4} = -25/6.$$

Es folgt die Berechnung von D_4 aus der Momentengleichung um Punkt *2* des Untergurtes (Schnitt *s*–*s* durch D_4, U_3, S_1) für die linke oder rechte Scheibe:

$$5 \cdot 8 - 6 \cdot 4 + D_4 \cdot 4\sqrt{2} = 0 \quad \text{oder} \quad 5 \cdot 4 - 6 \cdot 6 - D_4 \cdot 4\sqrt{2} = 0.$$

Daraus wird $D_4 = -2\sqrt{2}$ und $D_3 = +2\sqrt{2}$ gefunden.

Zur Ermittlung von U_3 werden zweckmäßig zunächst die Stabkräfte in den Stützstäben S_1 und S_2 berechnet. Für den Auflagerpunkt b liefern $\Sigma H = 0$ und $\Sigma V = 0$ die beiden Gleichungen

$$S_1 \cdot 4/s - S_2 \cdot 4/s - 6 = 0 \quad \text{und} \quad S_1 \cdot 6/s + S_2 \cdot 6/s - 5 = 0$$

mit der Lösung $S_1 = 7s/6$ und $S_2 = -s/3$. Die Stabkräfte können auch aus Momentengleichungen um die Punkte *2* und *4* des Untergurtes gewonnen werden (Schnitt durch S_1 und S_2): Mit $r = 8 \cdot 6/s$ folgt

aus $-5 \cdot 4 + 6 \cdot 6 + S_2 \cdot r = 0$ die Stabkraft $S_2 = -16s/48 = -s/3$ und
aus $5 \cdot 4 + 6 \cdot 6 - S_1 \cdot r = 0$ die Stabkraft $S_1 = +56s/48 = +7s/6$.

Nunmehr kann U_3 berechnet werden. Aus $\Sigma H = 0$ für den Knotenpunkt *4*:

$$U_3 + D_4 \cos\varphi + S_2 \cos\gamma = U_3 - 2\sqrt{2}\,\frac{1}{2}\sqrt{2} - \frac{s}{3}\,\frac{4}{s} = 0,$$

oder aus $\Sigma H = 0$ für den Schnitt s–s folgt $U_3 = +10/3$.

Kontrolle für Untergurtknoten *2*:

$$\Sigma H = U_2 \frac{4}{u_2} - D_3 \frac{1}{2}\sqrt{2} - U_3 - S_1 \frac{4}{s} = 2{,}5 \cdot 4 - 2 - \frac{10}{3} - \frac{7}{6} \cdot 4 = 0$$

$$\Sigma V = U_2 \frac{1}{u_2} + D_3 \frac{1}{2}\sqrt{2} + L_2 - S_1 \frac{6}{s} = 2{,}5 + 2 + 2{,}5 - \frac{7}{6} \cdot 6 = 0.$$

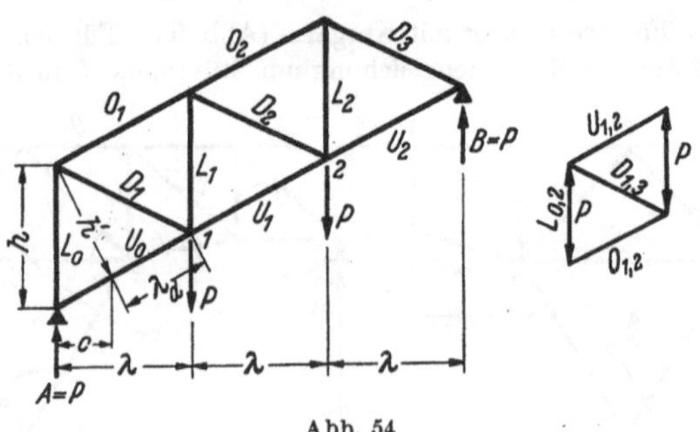

Abb. 54

4. Beispiel. Parallelträger mit geneigten Gurtungen nach Abb. 54, lotrechte Lasten P in den Untergurtknoten *1* und *2*.

Es wird $L_0 = -P$, ferner führt der Schnitt durch O_1, L_1 und U_1 zu $L_1 = 0$ und der Schnitt durch das rechte Feld zu $L_2 = +P$.

Nach Gl. (26) wird

$$D_1 = \frac{P\lambda}{h}\,\frac{d}{\lambda} = \frac{Pd}{h}, \quad \text{ferner} \quad D_3 = -\frac{P\lambda}{h}\,\frac{d}{\lambda} = -\frac{Pd}{h}$$

und schließlich

$$D_2 = \left(\frac{P \cdot 2\lambda - P\lambda}{h} - \frac{P\lambda}{h}\right)\frac{d}{\lambda} = 0,$$

worauf auch schon aus $L_1 = 0$ geschlossen werden konnte.

Die Berechnung kann auch mit der Trägerhöhe h' durchgeführt werden, dann ist sowohl für die Diagonalen wie für die Lotrechten Gl. (26) anzuwenden. Die Gleichung für D_1 würde lauten:

$$D_1 = \left(\frac{P\lambda}{h'} - \frac{Pc}{h'}\right)\frac{d}{\lambda_d} = \frac{Pd}{h'\lambda_d}(\lambda - c) = \frac{Pd}{h}.$$

Die Berechnung mit h' bringt für die Füllungsstäbe keine Vereinfachung, wohl aber für die Gurtstäbe, die unmittelbar aus M_n/h'_n zu ermitteln sind. Für die Diagonalstäbe besteht weiter die Möglichkeit, von Gl. (27) Gebrauch zu machen, wenn man die Querkräfte normal zur Gurtung in die Rechnung einführt. Für das erste Feld ist dann $Q = \frac{P h'}{h}$, und es wird

$$D_1 = \frac{P h'}{h} \frac{d}{h'} = \frac{P d}{h}.$$

Im zweiten Feld ergibt sich mit der zur Gurtung normalen Querkraft $Q = 0$ wiederum für L_1 und D_2 die Stabkraft zu Null. Schließlich sei noch auf den für den vorliegenden Lastfall sehr einfachen Kräfteplan hingewiesen, aus dem auch die Formeln für die Stabkräfte sofort abgelesen werden können.

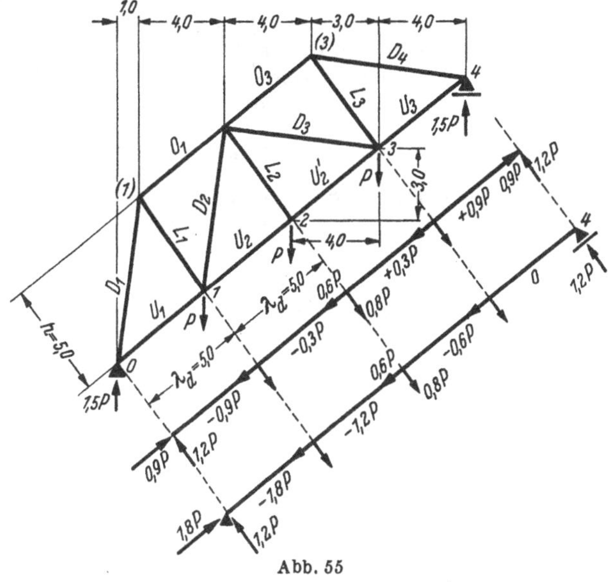

Abb. 55

5. Beispiel. Parallelträger mit geneigten Gurtungen nach Abb. 55, lotrechte Lasten in den Untergurtknoten. Die Pfosten sind normal zur Gurtung angeordnet. Aus den Biegemomenten $M_1 = M_3 = 1{,}5\,P \cdot 4$ wird $O_1 = O_3 = -1{,}2\,P$ berechnet. Aus $M_{(1)} = 1{,}5\,P \cdot 1$ und $M_{(3)} = 1{,}5\,P \cdot 7$ erhält man

$$U_1 = +\,0{,}3\,P \quad \text{und} \quad U_3 = +\,2{,}1\,P.$$

Ein Schnitt durch O_1, D_2, U_2 führt zu

$$U_2 = (1{,}5\,P \cdot 5 - P \cdot 1) : 5 = +\,1{,}3\,P$$

und ein Schnitt durch O_3, D_3, U_2' zu

$$U_2' = (1{,}5\,P \cdot 5 - P \cdot 1 + P \cdot 3) : 5 = +\,1{,}9\,P.$$

Die Stabkräfte in den Diagonalen ergeben sich mit $d/\lambda_d = \sqrt{2}$ zu

$$D_1 = D_4 = -\frac{1{,}5\,P \cdot 4}{5}\sqrt{2} = -\,1{,}2\,P\sqrt{2}$$

$$D_2 = D_3 = \frac{1{,}5\,P \cdot 4 - (1{,}5\,P \cdot 8 - P \cdot 4)}{5}\sqrt{2} = -\,0{,}4\,P\sqrt{2}\,.$$

Einfacher erfolgt ihre Ermittlung auch hier wieder nach Gl. (27), wenn die Querkraft normal zur Gurtung in die Rechnung eingeführt wird. Sie beträgt nach den Abmessungen der Abb. 55 im ersten und vierten Feld $Q_1 = 1{,}2P$ und $Q_4 = -1{,}2P$, im zweiten und dritten Feld $Q_2 = 0{,}4P$ und $Q_3 = -0{,}4P$. Mit diesen ergeben sich auch die Stabkräfte in den Pfosten $L_1 = L_3 = +1{,}2P$, während L_2 aus dem Gleichgewicht an Knoten *2* zu $L_2 = +0{,}8P$ gefunden wird. Die *quer* zur Gurtneigung wirkenden Komponenten der angreifenden Lasten ergeben einen symmetrischen Belastungsfall mit den Stabkräften $U_1 = U_3 = +1{,}2P$ und $U_2 = U_2' = +1{,}6P$. Die in die Gurtneigung fallenden Komponenten von P sind nur auf die U-Stäbe von Einfluß und ergeben für diese der Reihe nach die Stabkräfte $-0{,}9P$, $-0{,}3P$, $+0{,}3P$ und $+0{,}9P$, so daß man mit den aus symmetrischer Last gefundenen Werten insgesamt wieder die oben errechneten endgültigen Stabkräfte erhält. Wird das Lager in *4* nicht waagrecht, sondern in Gurtneigung verschieblich angenommen, so ändern sich nur die Stabkräfte in den U-Stäben entsprechend den in Abb. 55 eingetragenen Werten $-1{,}8P$, $-1{,}2P$, $-0{,}6P$, 0 aus den in die Gurtneigung fallenden Komponenten.

12. Die Schnittgrößen des biegesteifen Stabes

Wird durch einen biegesteifen Stab eines Tragwerkes an der Stelle v ein Schnitt geführt, so sind an der Schnittstelle Normalkraft N_v,

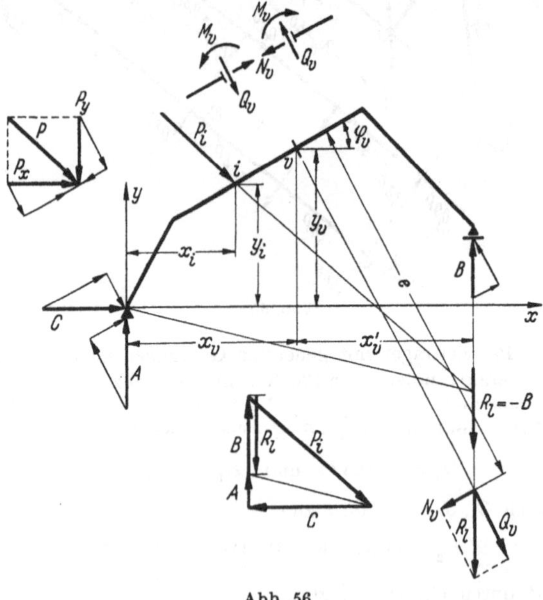

Abb. 56

Biegemoment M_v und Querkraft Q_v mit positiven Vorzeichen als Unbekannte einzuführen. Zu ihrer Berechnung werden an den Teilscheiben die angreifenden Lasten und Stützkräfte oder deren Resultierende durch ihre Komponenten in Richtung der Stabachse in v und normal dazu ersetzt und die Gleichgewichtsbedingungen für diese Achsrichtungen sowie $\Sigma M = 0$ für v aufgestellt. Mit Bezug auf Abb. 56 wird für die linke Scheibe

$$A \sin \varphi_v + C \cos \varphi_v - P_{iy} \sin \varphi_v + P_{ix} \cos \varphi_v + N_v = 0$$
$$A \cos \varphi_v - C \sin \varphi_v - P_{iy} \cos \varphi_v - P_{ix} \sin \varphi_v - Q_v = 0$$
$$A\, x_v - C\, y_v - P_{iy}\,(x_v - x_i) - P_{ix}\,(y_v - y_i) - M_v = 0$$

und für die rechte Scheibe

$$B \sin \varphi_v - N_v = 0$$
$$B \cos \varphi_v + Q_v = 0$$
$$B\, x'_v - M_v = 0.$$

Daraus ergeben sich die unbekannten Schnittgrößen zu

$$\left.\begin{aligned} N_v &= -(A - P_{iy}) \sin \varphi_v - (C + P_{ix}) \cos \varphi_v = B \sin \varphi_v \\ Q_v &= (A - P_{iy}) \cos \varphi_v - (C + P_{ix}) \sin \varphi_v = -B \cos \varphi_v \\ M_v &= A\, x_v - C\, y_v - P_{iy}\,(x_v - x_i) - P_{ix}\,(y_v - y_i) = B\, x'_v . \end{aligned}\right\} \quad (32)$$

Die Resultierende R der an der linken Scheibe angreifenden Kräfte A, C und P_i ergibt sich zu $R_l = -B$ in der Wirkungslinie der Stützkraft B mit den Komponenten N_v und Q_v. Als Belastung der linken Scheibe ergeben diese eine positive Normalkraft, eine negative Querkraft und ein positives Moment in Übereinstimmung mit den aus dem Gleichgewicht der rechten Scheibe ermittelten Größen nach Gl. (32). Die Normalkraft N_v ist die parallel zur Tangente an die Stabachse in v wirkende Seitenkraft der Resultierenden aller auf einer Seite von v angreifenden Kräfte, die Querkraft Q_v ist die in v normal zur Stabachse wirkende Seitenkraft dieser Resultierenden, und das Biegemoment M_v ist das Moment dieser Resultierenden, $M_v = R\, r_v = R_l\, x'_v$, oder der Normalkraft, $M_v = N_v\, e$, in bezug auf den Punkt v der Stabachse, wobei die Vorzeichen nach Abb. 34 und 35 zu bestimmen sind.

Greift eine Einzellast in v an, so kann nicht von der Normalkraft und Querkraft *in* v gesprochen werden; es ist dann zu unterscheiden zwischen den Werten unmittelbar links und rechts von v.

Wird aus einem ebenen Tragwerk zwischen den Knotenpunkten $n-1$ und n ein biegesteifer gerader Stab von der Länge s_n herausgeschnitten, Abb. 57, so treten an beiden Stabenden je drei Unbekannte auf: 2 Normalkräfte, N_{n-1} und N_n, 2 Querkräfte, Q_{n-1} und Q_n, und 2 Biegemomente, M_{n-1} und M_n. Nur wenn drei dieser Größen bekannt sind, können die restlichen ermittelt werden. In den Stabilitätsbedingungen Gl. (2) und (5) sind die Normalkraft und die Biegemomente in den steifen Ecken als Unbekannte der Gleichgewichtsaufgabe gezählt. Werden dementsprechend die Normalkraft an einem Stabende, etwa

N_{n-1}, und die Biegemomente M_{n-1} und M_n als bereits bekannt angesehen, so ist aus $N_{n-1} - N_n + P_N = 0$ die Normalkraft

$$N_n = N_{n-1} + P_N \tag{33}$$

zu berechnen. Die Momentengleichungen um n bzw. $n-1$ lauten:

$$Q_{n-1} s_n + M_{n-1} - M_n - P_Q b = 0 \quad \text{und} \quad Q_n s_n + M_{n-1} - M_n + P_Q a = 0,$$

woraus folgt

$$\begin{aligned} Q_{n-1} &= \frac{M_n - M_{n-1}}{s_n} + P_Q \frac{b}{s_n} \\ Q_n &= \frac{M_n - M_{n-1}}{s_n} - P_Q \frac{a}{s_n}. \end{aligned} \tag{34}$$

Sobald hiernach die Schnittgrößen in $n-1$ und n sämtlich berechnet sind, lassen sich diese auch für jeden Punkt zwischen $n-1$ und n ermitteln.

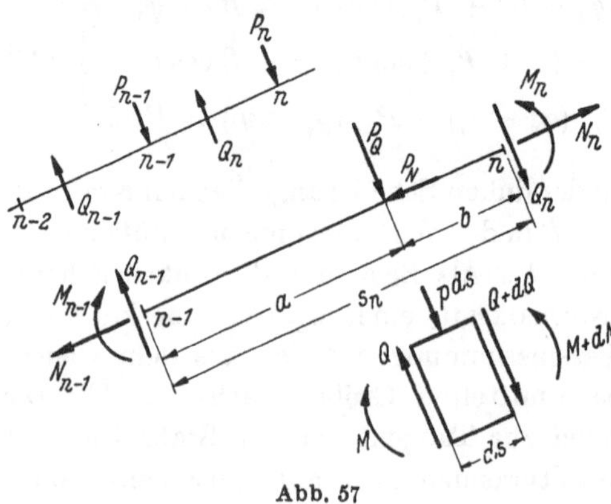

Abb. 57

Aus den Gl. (34) ergibt sich

$$Q_n - Q_{n-1} = -P_Q, \tag{35}$$

wodurch das Gleichgewicht der normal zur Stabachse wirkenden Kräfte ausgedrückt wird. Sofern äußere quer zur Stabachse gerichtete Lasten P_{n-1} und P_n nur in den Punkten $n-1$ und n angreifen, ist die Querkraft in dem nach dem rechten Knotenpunkt bezeichneten Feld n

$$Q_n = Q_{n-1} - P_{n-1} = \frac{M_n - M_{n-1}}{s_n}. \tag{36}$$

Mit Hilfe dieser Gleichung läßt sich die Querkraft am einfachsten berechnen, wenn die Stabendmomente bekannt sind.

Beim Übergang zum Stabelement von der Länge ds, Abb. 57, gehen die Gl. (35) und (36) über in die bekannten Beziehungen zwischen Belastung, Querkraft und Biegemoment

$$\frac{dQ}{ds} = -p \quad \text{und} \quad \frac{dM}{ds} = Q, \tag{37}$$

woraus sich weiter

$$\frac{d^2M}{ds^2} = -p \tag{38}$$

ergibt.

Wird aus einem ebenen Tragwerk ein Knotenpunkt herausgeschnitten, in dem mehrere Stäbe biegesteif miteinander verbunden sind, so gelten für diesen wieder die drei Gleichgewichtsbedingungen. Sie lauten nach Festlegung der Vorzeichen für positive Biegemomente (Zugspannungen an den gestrichelten Rändern) z. B. für den in Abb. 58 betrachteten Knotenpunkt

$$N_1 + Q_2 - N_3 \cos\varphi_3 - Q_3 \sin\varphi_3 - Q_4 = 0,$$

$$Q_1 - N_2 + N_3 \sin\varphi_3 - Q_3 \cos\varphi_3 + N_4 = 0,$$

$$M_1 + M_2 - M_3 - M_4 = 0.$$

Wirken auf den Knotenpunkt unmittelbar äußere Lasten oder Momente, so gehen diese mit in die Gleichgewichtsbedingungen ein. Es ist ratsam, mit Hilfe dieser Gleichungen stets die auf irgendeinem Wege gefundenen inneren statischen Größen der im Knotenpunkt zusammentreffenden Glieder zu überprüfen.

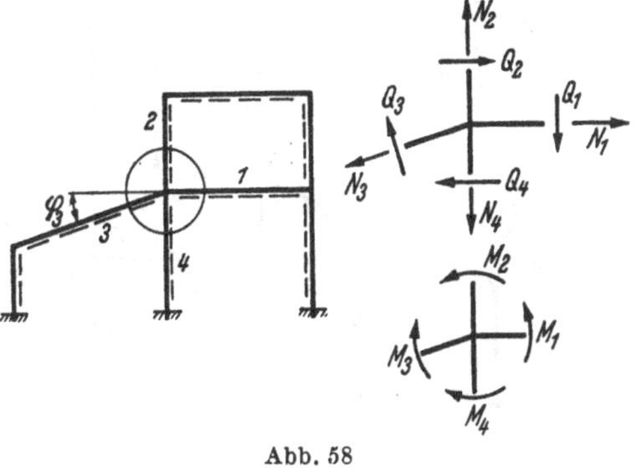

Abb. 58

13. Beispiele

In den folgenden Beispielen werden die Gleichgewichtszustände einfacher Rahmentragwerke erörtert. In der Regel werden zunächst die Stützkräfte und sodann die inneren statischen Größen ermittelt. Häufig können diese aber auch angegeben werden, ohne alle äußeren Unbekannten vorweg zu bestimmen.

1. Beispiel. Zweistieliger Rahmen mit beweglichem Lager in a und festem Lager in b, Abb. 59.

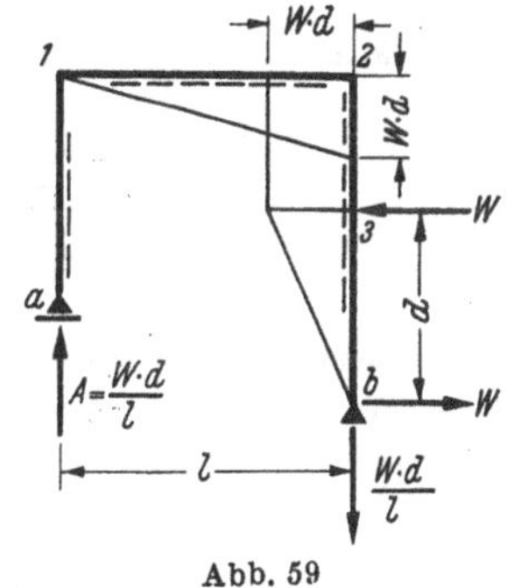

Abb. 59

Die angreifende waagerechte Last W erzeugt im festen Lager eine waagrechte Stützkraft von gleicher Größe. Das Gleichgewicht der äußeren Kräfte verlangt ein mit dem linksdrehenden Kräftepaar $W\,d$ im Gleichgewicht stehendes, rechtsdrehendes Kräftepaar aus den lotrechten Stützkräften, die sich somit zu $A = -B = W\,d/l$ ergeben. Die waagrechte Stützkraft W erzeugt im rechten Pfosten ein linear auf $M_3 = W\,d$ anwachsendes Biegemoment. Zwischen den Punkten *3* und *2* hat das Biegemoment die konstante Größe $W\,d$, und es muß im Riegel von $M_2 = W\,d$ auf $M_1 = 0$ linear abfallen, da im linken Pfosten keine Momente auftreten.

Aus $(M_2 - M_1)/l$ ergibt sich die Querkraft im Riegel zu $W\,d/l = A$. Im linken Pfosten, sowie zwischen *2* und *3* im rechten Pfosten ist $Q = 0$, und unterhalb Punkt *3* ist $Q = -W = (M_b - M_3)/d$. Als Normalkräfte ergeben sich $N = \mp W\,d/l$ im linken bzw. rechten Pfosten und $N = 0$ im Riegel.

2. Beispiel. Für den in Abb. 60 dargestellten zweistieligen Rahmen ergibt eine gleichmäßig verteilte Last $w\ t/m$ für den rechten Rahmenstiel parabelförmig verlaufende Biegemomente mit den Eckwerten

$$M_{2u} = - w \cdot 6 \cdot 3 = -18\,w \quad \text{und} \quad M_{2o} = -4{,}5\,w.$$

Das Gleichgewicht in *2* verlangt nach Festsetzung der Vorzeichen für positive Biegemomente

$$M_{2l} + M_{2o} - M_{2u} = 0, \quad \text{somit} \quad M_{2l} = -18\,w + 4{,}5\,w = -13{,}5\,w.$$

Die angreifende waagrechte Last $w(6+3) = 9\,w$ hat im festen Lager a die waagrechte Stützkraft gleicher Größe $H = 9\,w$ zur Folge, womit sich $M_1 = -18\,w$ ergibt. Zwischen Punkt *1* und *2* verlaufen die Biegemomente geradlinig.

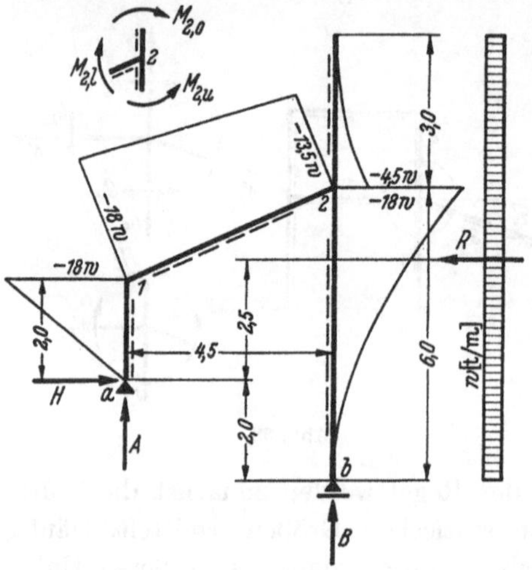

Abb. 60

Aus dem Eckmoment

$$M_{2l} = A \cdot 4{,}5 - H \cdot 4 = -13{,}5\,w$$

kann auf

$$A = \frac{1}{4{,}5}(-13{,}5 + 36)\,w = +5\,w$$

geschlossen werden. Das Ergebnis wird bestätigt durch das Gleichgewicht der äußeren Kräfte, denn die Resultierende $R = 9w$ der angreifenden Lasten ergibt mit der waagrechten Stützkraft $H = 9w$ das linksdrehende Kräftepaar $9w \cdot 2{,}5$, dem ein rechtsdrehendes Kräftepaar gleicher Größe aus den lotrechten Stützkräften $A = -B = \frac{1}{4{,}5} \cdot 9 \cdot 2{,}5w = 5w$ das Gleichgewicht halten muß.

Querkräfte: zwischen a und *1*: $Q = -9w$
zwischen b und *2*: linear anwachsend von 0 auf $6w$
oberhalb *2*: linear wachsend von 0 auf $-3w$ in Punkt *2*
im Riegel: mit s_{12} als Länge des Riegels am einfachsten aus

$$Q = \frac{-13{,}5 + 18}{s_{12}}\,w = +\frac{4{,}5}{s_{12}}\,w.$$

3. Beispiel. (Abb. 61) Durch die angreifende Last W im beweglichen Lager a ist der Verlauf der Biegemomente im Stiel a bestimmt, $M_1 = -W\,h_a$. Im Riegel verläuft das Moment linear mit dem Gelenkpunkt als Nullpunkt und dem Eckmoment

$$M_{2l} = -\frac{M_1}{l_a}\,l_b = +\,W\,h_a\,l_b/l_a.$$

Die Resultierende aus W und A in a muß durch den Gelenkpunkt gehen, $M_g = 0$; aus dem Kräfteplan oder aus der Gelenkbedingung

$$A\,l_a - W\,h_a = 0$$

ergibt sich
$$A = +\,W\,h_a/l_a.$$

Da die Lager a und c horizontal verschieblich sind und in b ein festes Lager besteht, wird hier die waagrechte Stützkraft $D = W$, wodurch wieder der lineare

Verlauf der Biegemomente im Stiel b mit dem Größtwert

$$M_{2u} = -W h_b$$

gefunden wird. Das Gleichgewicht der Momente am Knotenpunkt 2 führt zu

$$M_{2r} = M_{2l} - M_{2u} = \frac{W h_a l_b}{l_a} + W h_b .$$

Aus diesem Moment, welches linear auf $M_3 = 0$ abnimmt, kann auf die Stützkraft

$$C = \frac{W}{l_2}\left(h_a \frac{l_b}{l_a} + h_b\right)$$

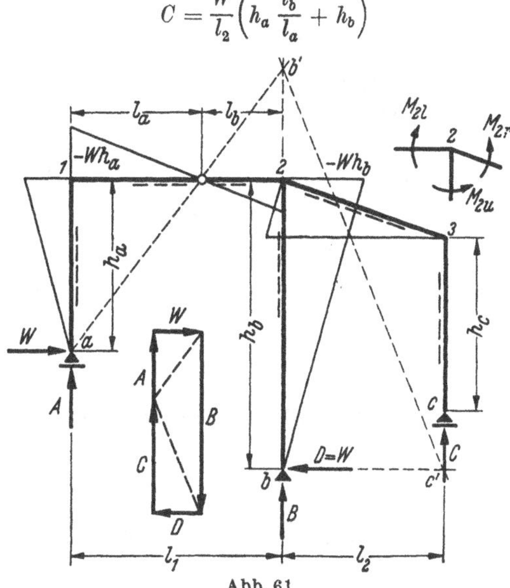

Abb. 61

geschlossen werden, und schließlich ist aus $\Sigma V = 0$ die lotrechte Stützkraft $B = -A - C$. Aus dem Kräfteplan der äußeren Kräfte können die Stützkräfte ebenfalls entnommen werden. Die Resultierende aus A und W wird mit B in b' zum Schnitt gebracht. Das Gleichgewicht verlangt, daß auch die Resultierende aus D und C (Schnittpunkt c') durch b' weist. Aus der Ähnlichkeit des aus D und C gebildeten Kraftecks mit dem Dreieck $b - b' - c'$ folgt die dann oben gefundene Größe von C. Sollen die Stützkräfte vorweg bestimmt werden, so ergibt die Momentengleichung um b:

$$A l_1 + W(h_b - h_a) - C l_2 = 0,$$

und nach Kenntnis von $A = W \frac{h_a}{l_a}$ ist wieder

$$C = \frac{W}{l_2}\left(\frac{h_a}{l_a} l_1 + h_b - h_a\right) = \frac{W}{l_2}\left(h_b + h_a \frac{l_b}{l_a}\right)$$

bestimmt.

14. Beziehungen zwischen Belastung, Querkraft und Biegemoment und ihre Anwendung

Die bereits bekannten Beziehungen zwischen Belastung, Querkraft und Biegemoment können auch aus der Gleichgewichtslage eines durch

Einzellasten belasteten Seiles abgeleitet werden. Mit den Seilkräften S der Abb. 62 bestehen am Knoten n die Gleichgewichtsbedingungen

$$S_n \cos\alpha_n - S_{n+1} \cos\alpha_{n+1} = 0,$$

$$S_n \sin\alpha_n - S_{n+1} \sin\alpha_{n+1} - P_n = 0.$$

Wird die Resultierende aller links von n wirkenden lotrechten Lasten mit Q_n bezeichnet, so gilt weiterhin

$$Q_n - S_n \sin\alpha_n = 0.$$

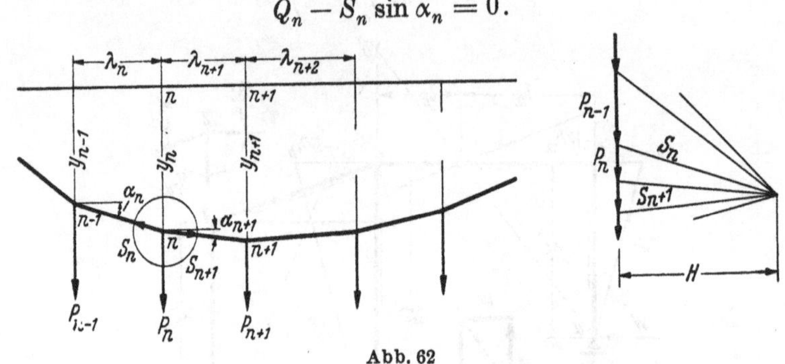

Abb. 62

Die erste dieser Gleichungen ergibt die Horizontalkomponente des Seilzuges

$$S_n \cos\alpha_n = S_{n+1} \cos\alpha_{n+1} = H.$$

Damit erhält man aus der zweiten und dritten Gleichung

$$H(\operatorname{tg}\alpha_n - \operatorname{tg}\alpha_{n+1}) = P_n$$

und

$$Q_n - H \operatorname{tg}\alpha_n = 0$$

oder

$$H\left(\frac{y_{n+1} - y_n}{\lambda_{n+1}} - \frac{y_n - y_{n-1}}{\lambda_n}\right) = -P_n$$

und

$$H\,\frac{y_n - y_{n-1}}{\lambda_n} = Q_n$$

für die Gleichgewichtslage des Seiles.

$$\left.\begin{aligned} &\text{Nach Gl. (36) gilt für Feld } n\text{:} \quad \frac{M_n - M_{n-1}}{\lambda_n} = Q_n \\ &\qquad \text{und für Feld } n+1\text{:} \quad \frac{M_{n+1} - M_n}{\lambda_{n+1}} = Q_{n+1}, \\ &\text{somit ist } \frac{M_{n+1} - M_n}{\lambda_{n+1}} - \frac{M_n - M_{n-1}}{\lambda_n} = Q_{n+1} - Q_n = -P_n. \end{aligned}\right\} \quad (39)$$

Diese Gleichungen stimmen vollkommen mit den Bedingungen für die Gleichgewichtslage des Seiles überein, wenn $M_n = H\,y_n$ gesetzt wird. Darauf beruht die auf zeichnerischem Wege durchführbare Ermittlung der Biegemomente mit Hilfe des Seilecks. Werden die Lasten in gleichen Abständen $\lambda_n = \lambda_{n+1} = \lambda$ angenommen, so ergibt sich die Differenzengleichung

$$\frac{M_{n+1} - 2\,M_n + M_{n-1}}{\lambda} = -\,P_n,$$

woraus bei immer kleiner werdendem λ wieder die Differentialgleichung (38) gewonnen wird.

Man kann von den Gl. (39) unmittelbar Gebrauch machen, um die Biegemomente zu ermitteln. Der Knick des Seilecks bzw. des Momentenpolygons in n ist durch die Größe von P_n gegeben. Aus Gl. (39) ist zu folgern:

$$(M_n - M_{n-1})\frac{\lambda_{n+1}}{\lambda_n} - (M_{n+1} - M_n) = P_n\,\lambda_{n+1}.$$

An Stelle des durch P_n gegebenen Winkels wird die Auftragung des Polygons zweckmäßig mit den Ordinaten $P_n\,\lambda_{n+1}$ auf der Lotrechten durch $n+1$ oder auf der Lotrechten im Abstand x_n mit den Ordinaten $P_n\,x_n$ vorgenommen, Abb. 63.

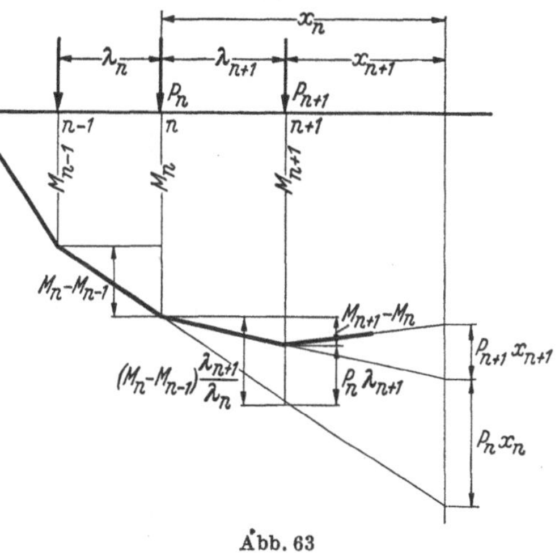

Abb. 63

Zur Ermittlung der Biegemomente für den in Abb. 64 gegebenen einfachen Balken unter lotrechten Einzellasten wird willkürlich von der Polygonseite *3—4* als Nulllinie ausgegangen. Der Knick in *4* ist bestimmt durch die Ordinate

$$P_4\,\lambda_5 = 2 \cdot 2 = 4$$

auf der Lotrechten durch *5* oder besser durch $2 \cdot 5 = 10$ auf der Lotrechten durch den Auflagerpunkt b, und der Knick in *5* ergibt sich durch die Ordinate $6 \cdot 3 = 18$ auf der Lotrechten durch b mit der Polygonseite *4—5* als Nullinie. Gleicherweise werden die Polygonseiten *3—2*, *2—1* und *1—a* durch die Ordinaten $2 \cdot 5 = 10$; $5 \cdot 4 = 20$ und $4 \cdot 2{,}5 = 10$ auf der Lotrechten durch a gefunden.

Die Randbedingungen für die Biegemomente ($M = 0$ in a und b) bestimmen die endgültige Nullinie a—b. Die Biegemomente an beliebiger Stelle können aus der Zeichnung abgegriffen oder berechnet werden. So wird

$$M_3 = \frac{40}{12} \cdot 7 + \frac{28}{12} \cdot 5 = 35\,\text{mt} \qquad \text{und} \qquad M_4 = \frac{40}{12} \cdot 5 + \frac{28}{12} \cdot 7 = 33\,\text{mt}.$$

Aus den Momenten M_3 und M_4 kann auf die Querkraft in Feld 4 geschlossen werden:

$$Q_4 = \frac{M_4 - M_3}{\lambda_4} = \frac{33 - 35}{2} = -1\,\text{t}.$$

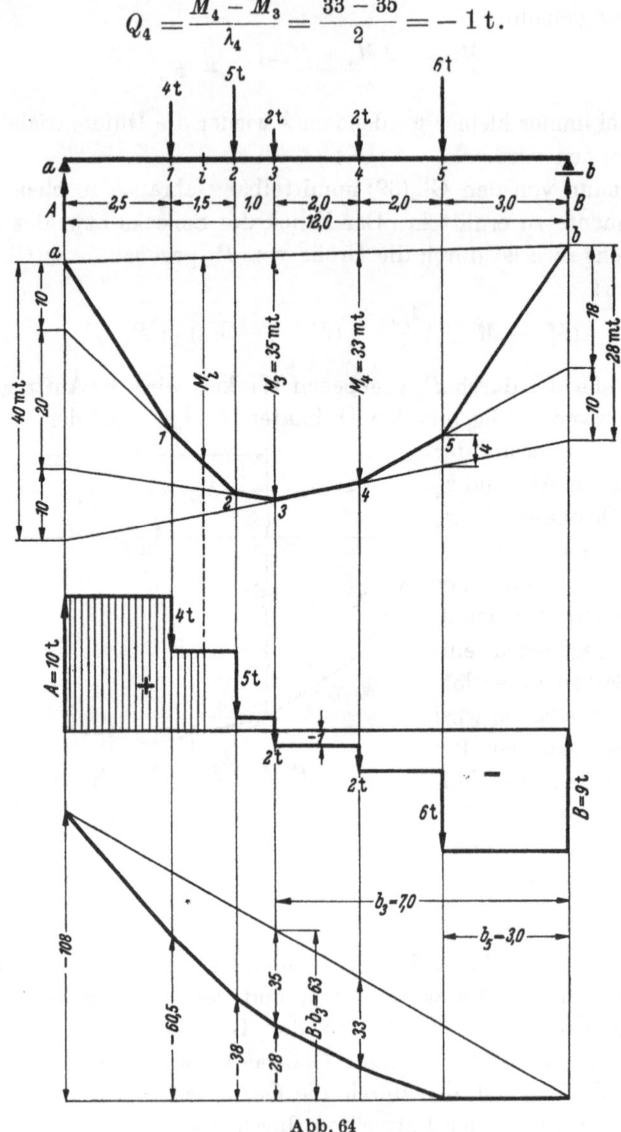

Abb. 64

Ist aber die Querkraft in einem Felde n bekannt, so läßt sie sich in den anschließenden Feldern aus

$$Q_{n+1} = Q_n - P_n \quad \text{bzw.} \quad Q_{n-1} = Q_n + P_{n-1}$$

bestimmen, womit die Querkraftfläche der Abb. 64 und die Stützkräfte $A = 10$ t und $B = 9$ t erhalten werden. Umgekehrt kann aus der Querkraftfläche durch Integration wieder auf das Biegemoment an beliebiger Stelle geschlossen werden. So ist das Moment M_i gleich dem Inhalt der Querkraftfläche links oder rechts von i, d. h. gleich dem Inhalt des schraffierten oder auch des unschraffierten Teiles der Querkraftfläche, wobei zu beachten ist, daß bei der Integration von b bis i das Vorzeichen umzukehren ist. Wird über den gesamten positiven oder negativen Bereich integriert, so ergibt sich der maximale Flächeninhalt entsprechend dem Maximalmoment an der Stelle, an der die Querkraftlinie die Nullinie schneidet.

Die Gleichungen

$$Q_{n-1} = Q_n + P_{n-1}$$

$$M_{n-1} = M_n - Q_n \lambda_n$$

legen auch eine tabellarische Berechnung nahe, wie sie für das gleiche Beispiel anschließend durchgeführt wird.

Pkt. Feld n	λ_n (m)	P_n (t)	Q_n' (t)	$Q_n' \lambda_n$ (mt)	M_n' (mt)	b_n (m)	$B b_n$ (mt)	M_n (mt)
a					− 108	12	+ 108	0
1	2,5	4	+ 19	+ 47,5	− 60,5	9,5	+ 85,5	+ 25
2	1,5	5	+ 15	+ 22,5	− 38	8	+ 72	+ 34
3	1,0	2	+ 10	+ 10	− 28	7	+ 63	+ 35
4	2,0	2	+ 8	+ 16	− 12	5	+ 45	+ 33
5	2,0	6	+ 6	+ 12	0	3	+ 27	+ 27
b	3,0		0					

$$B = \frac{108}{12} = 9\,\mathrm{t}.$$

Darin wird der Balken zunächst als am Balkenende a eingespannt angesehen und die Stütze in b entfernt. Dann ergeben sich die Querkräfte mit dem Index des rechten Feldpunktes zu $Q_n' = Q_{n+1}' + P_n$, beginnend mit $Q_5' = P_5 = 6$ t bis $Q_1' = \Sigma P_n = 19$ t durch eine Additionsreihe in der 4. Spalte. Nach Bildung der Produkte $Q_n' \lambda_n$ erhält man in der 6. Spalte die Momente $M_{n-1}' = M_n' - Q_n' \lambda_n$, beginnend mit $M_5' = 0$, $M_4' = -Q_5' \lambda_5 = -12$ mt, $M_3' = M_4' - Q_4' \lambda_4 = -12 - 16 = -28$ mt bis $M_a' = -108$ mt. Da der Balken in a frei aufliegt, muß in b eine Stützkraft B von solcher Größe auftreten, daß das Moment in a zu Null wird, woraus sich $B = \frac{108}{12} = 9$ t ergibt. Den Biegemomenten M_n' sind somit die Momente $B\,b_n$ entsprechend der Auftragung in Abb. 64 zu überlagern, um in der letzten Spalte die endgültigen Biegemomente M_n zu erhalten.

Besonders einfach gestaltet sich die Berechnung in Tabellenform, wenn Symmetrie in der Belastung vorliegt. Die Querkraft ist dann bei ungerader Felderzahl im mittleren Felde Null und bei gerader Felderzahl gleich der halben in Balkenmitte wirkenden Last P. Die ersten Additionsreihen zu den Abb. 65 und 66 ergeben die Querkräfte mit der Stützkraft $A = Q_1$ im ersten Feld. Die Biegemomente ergeben sich durch eine zweite Additionsreihe. Liegt außer Symmetrie Lastangriff

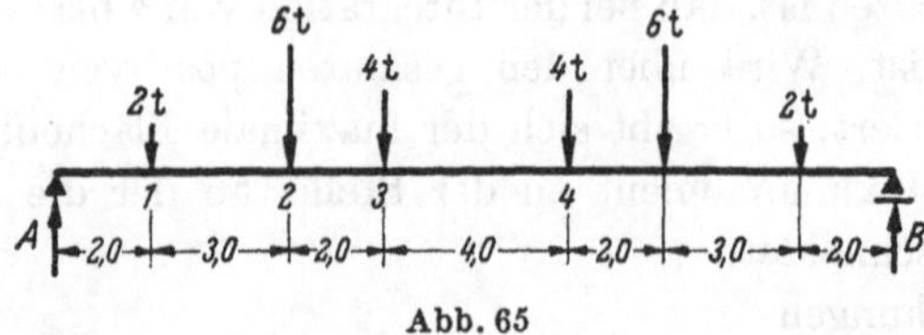

Abb. 65

in gleichen Abständen λ vor, $l = m\,\lambda$, wie in Abb. 66 angenommen ist, so kann aus der Spalte der Querkräfte zunächst

$$\frac{M_n}{\lambda} = \frac{M_{n-1}}{\lambda} + Q_n \quad \text{(beginnend mit } n = 1;\ M_0 = 0\text{)}$$

gebildet und die Multiplikation mit λ zum Schluß durchgeführt werden.

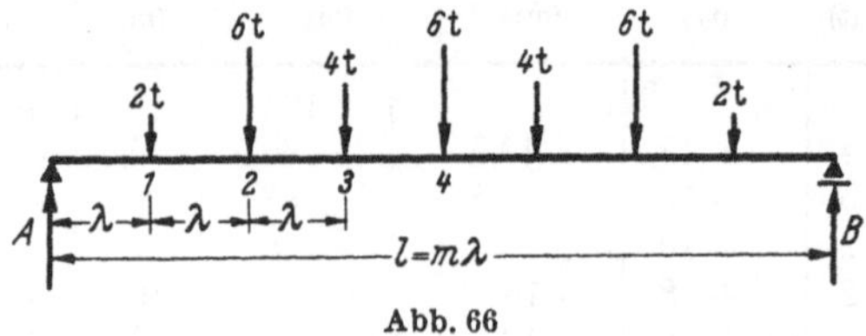

Abb. 66

Berechnung zu Abb. 65

Pkt. Feld n	λ_n (m)	P_n (t)	Q_n (t)	$Q_n\,\lambda_n$ (mt)	M_n (mt)
1	2,0	2	+ 12	24	+ 24
2	3,0	6	+ 10	30	+ 54
3	2,0	4	+ 4	8	+ 62
4	4,0	4	0	0	+ 62

Berechnung zu Abb. 66

Pkt. Feld n	P_n (t)	Q_n (t)	$\frac{M_n}{\lambda}$	M_n (mt)
1	2	15	15	15 λ
2	6	13	28	28 λ
3	4	7	35	35 λ
4	6	3	38	38 λ

Bei unsymmetrischer Belastung, aber gleichen Lastabständen, $l = m\,\lambda$, ist die Rechnung auch mit der zu Abb. 67 gegebenen Tabelle durchzuführen. Die Querkräfte Q'_n in der dritten Spalte werden wieder für den in a eingespannt angenommenen Balken durch eine Additionsreihe gefunden. Die tatsächliche Querkraft im Felde n ist $Q_n = Q'_n - B$, also $Q'_n = Q_n + B$.

Aus $\frac{M_n}{\lambda} = \frac{M_{n-1}}{\lambda} + Q_n$ erhält man durch Addition von $n\,B$ auf beiden Seiten die Gleichung

$$\frac{M_n}{\lambda} + n\,B = \frac{M_{n-1}}{\lambda} + (n-1)\,B + (Q_n + B).$$

Daraus werden die Werte $\frac{M_n}{\lambda} + n\,B$ der vierten Spalte (mit $n = 1$; $M_0 = 0$ beginnend) gebildet. Für den Stützpunkt b findet man in dem Zahlenwert der letzten Zeile die m-fache Auflagerkraft B, da $M_m = 0$

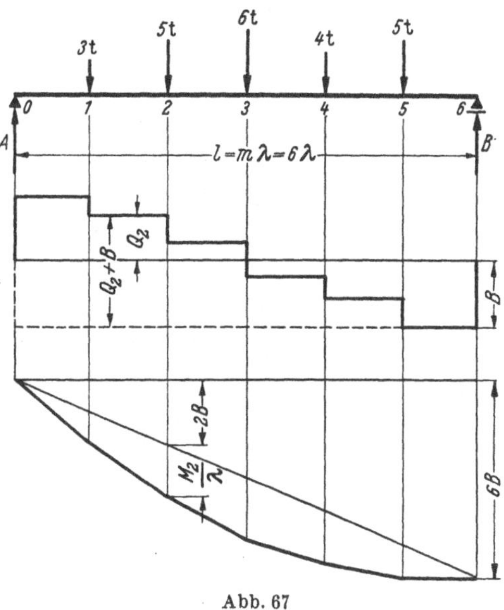

Abb. 67

ist. Somit ist B bestimmt, und die Überlagerung der Werte $-n\,B$ gibt die durch die Feldweite λ geteilten Biegemomente in der letzten Spalte.

Berechnung zu Abb. 67

n	P_n	$Q_n + B$	$\frac{M_n}{\lambda} + n\,B$	$-n\,B$	$\frac{M_n}{\lambda}$
1	3	↑ 23 →	23	− 12	+ 11
2	5	20	43	− 24	+ 19
3	6	15	58	− 36	+ 22
4	4	9	67	− 48	+ 19
5	5	5	72	− 60	+ 12
6			↓ 72	− 72	0

$m\,B = 72; \quad B = 72 : 6 = 12$

Da $Q_1 + B = \Sigma P_n = A + B$ ist, muß die Rechenkontrolle

$$\frac{M_1}{\lambda} + \frac{M_{m-1}}{\lambda} = Q_1 + B$$

erfüllt sein.

15. Lastenumordnung

Wenn bestimmte Voraussetzungen erfüllt sind, läßt sich die Berechnung von Gleichgewichtszuständen häufig dadurch vereinfachen, daß eine Aufspaltung bzw. Umordnung der angreifenden Lasten vorgenommen wird.

Sind bei einem einfachen Balken die angreifenden Lasten lotrecht, so können Querkraft und Biegemoment in i (Abb. 68) zunächst aus allen rechts von i und allen links von i stehenden Lasten getrennt ermittelt und sodann durch Superposition gefunden werden. Aus den Lasten P_r ergibt sich die Stützkraft $A_r = \frac{1}{l} \Sigma P_r b$, damit die Querkraft $Q_i = A_r Q_i'$ und das Moment $M_i = A_r M_i'$, wenn $Q_i' = +1$ und $M_i' = + x_i$ Querkraft und Moment aus $A = 1$ bedeuten. Werden mit $Q_i'' = -1$ und $M_i'' = + x_i'$ Querkraft und Moment infolge $B = 1$ bezeichnet, so erhält man aus

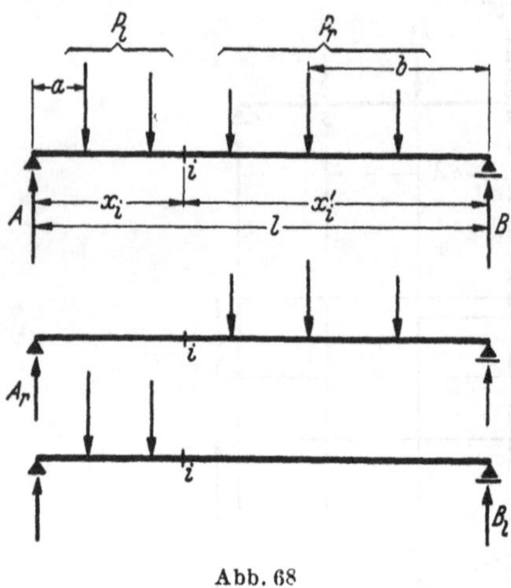

Abb. 68

den Lasten P_l allein die Stützkraft $B_l = \frac{1}{l} \Sigma P_l a$, die Querkraft $Q_i = B_l Q_i''$ und das Moment $M_i = B_l M_i''$. Die gleichzeitige Wirkung aller Lasten ergibt

$$\left.\begin{aligned} Q_i &= A_r Q_i' + B_l Q_i'' = A_r - B_l \\ M_i &= A_r M_i' + B_l M_i'' = A_r x_i + B_l x_i'. \end{aligned}\right\} \quad (40)$$

Fällt der Punkt i mit einer Last P_i zusammen, so ist diese Last P_i entweder in A_r oder in B_l zu erfassen, wenn es sich um die Ermittlung des Biegemomentes handelt. Zur Ermittlung der Querkraft ist P_i in A_r zu erfassen, wenn die Querkraft unmittelbar links von i gesucht wird. Wird P_i in B_l erfaßt, so ergibt sich die Querkraft unmittelbar rechts von i.

Allgemein ist jede innere statische Größe Z aus

$$Z = A_r Z' + B_l Z'' \quad (41)$$

mit Z' aus $A = 1$ und Z'' aus $B = 1$ zu ermitteln. Als Ursache für die Stützkräfte $A = 1$ bzw. $B = 1$ kann ein am rechten bzw. linken Balkenende angreifendes äußeres Moment oder Kräftepaar von der Größe $1 \cdot l$ angenommen werden.

Für den Fachwerkträger (Abb. 69) ergeben sich die Stabkräfte in den von einem Schnitt getroffenen Stäben zu

$$S = A_r S' + B_l S'', \quad (42)$$

nachdem die Stabkräfte S' aus $A = 1$ und S'' aus $B = 1$ nach Gl. (24) bis (30) oder durch einen Kräfteplan bestimmt worden sind. Analytisch erhält man z. B. für die Diagonale D_3:

$$D_3' = \left(\frac{x_3}{h_3} - \frac{x_2}{h_2}\right)\frac{d_3}{\lambda_3}, \qquad D_3'' = \left(\frac{x_3'}{h_3} - \frac{x_2'}{h_2}\right)\frac{d_3}{\lambda_3}$$

und bei konstanter Feldweite:

$$D_3' = \left(\frac{3}{h_3} - \frac{2}{h_2}\right) d_3, \qquad D_3'' = \left(\frac{3}{h_3} - \frac{4}{h_2}\right) d_3.$$

Soll die Ermittlung der Stabkräfte S' bzw. S'' durch einen Kräfteplan erfolgen, so werden zweckmäßig die waagrechten Komponenten

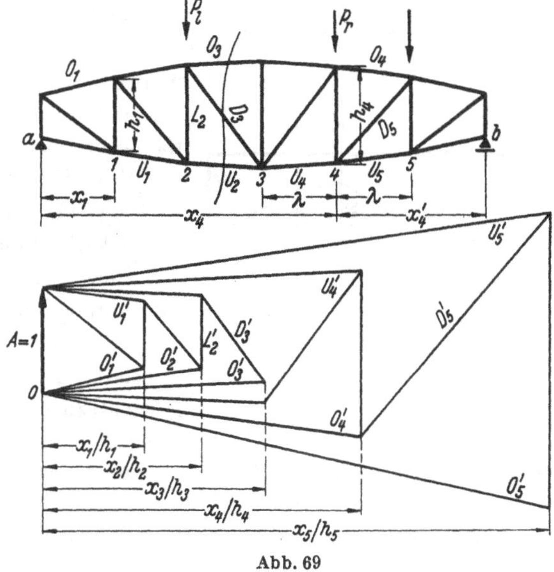

Abb. 69

der Stabkräfte einer Gurtung aus x_n/h_n berechnet und als Abszissen von O aus abgetragen. Die Lotrechten durch die Endpunkte dieser Strecken ergeben nach Abb. 69 auf den zu den Obergurtstäben gezogenen Parallelen durch O die Stabkräfte O_n'. Durch die Endpunkte dieser Stabkräfte ist der Linienzug für die Lotrechten L' und die Diagonalen D' bestimmt. Wird schließlich in O noch $A = 1$ aufgetragen und der Endpunkt mit den Schnittpunkten von L' und D' verbunden, so erhält man auch die Stabkräfte U_n' und damit den vollständigen Kräfteplan für alle Stabkräfte aus $A = 1$.

Ist ein symmetrisches Tragwerk für einen beliebigen Lastangriff zu untersuchen, so kann eine Aufspaltung des unsymmetrischen Lastfalles in einen symmetrischen und einen antisymmetrischen Lastfall zweckmäßig sein. Sind i und i' symmetrisch gelegene Punkte und die Wirkungslinien von P_i und $P_{i'}$ symmetrisch gelegen, so ergibt $(P_i + P_{i'})/2$ in i und i' die symmetrische Belastung, und die antisymmetrische Belastung besteht in $(P_i - P_{i'})/2$ in i und $(P_{i'} - P_i)/2$ in i'.

In Abb. 70 ist die Aufspaltung des gegebenen unsymmetrischen Lastangriffs (a) in einen symmetrischen (b) und einen antisymmetrischen Lastfall (c) dargestellt. Der Lastfall b ist gekennzeichnet durch eine symmetrische Momentenfläche und eine antisymmetrische Querkraftfläche, während sich im Lastfall c eine antisymmetrische Momentenfläche und eine symmetrische Querkraftfläche ergeben.

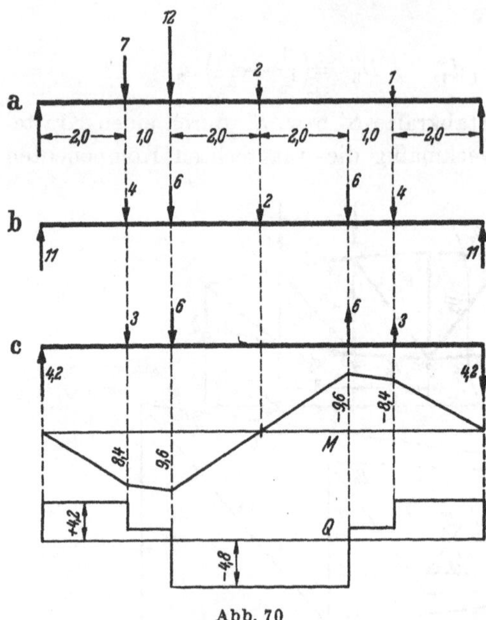

Abb. 70

Wird für den in Abbildung 71 dargestellten Dreigelenkrahmen unter der Einzellast P die Lastenumordnung vorgenommen, so führt der symmetrische Lastfall zu einem Gleichgewichtszustand, in dem nur Normalkräfte auftreten. Biegemomente und Querkräfte sind allein durch die antisymmetrische Belastung bestimmt, bei welcher waagrechte Stützkräfte nicht auftreten, da nur lotrechte Lasten angreifen und die Antisymmetrie $H_a = -H_b$ verlangt, andrerseits aber die Gleichgewichtsbedingung $H_a - H_b = 0$ erfüllt sein muß.

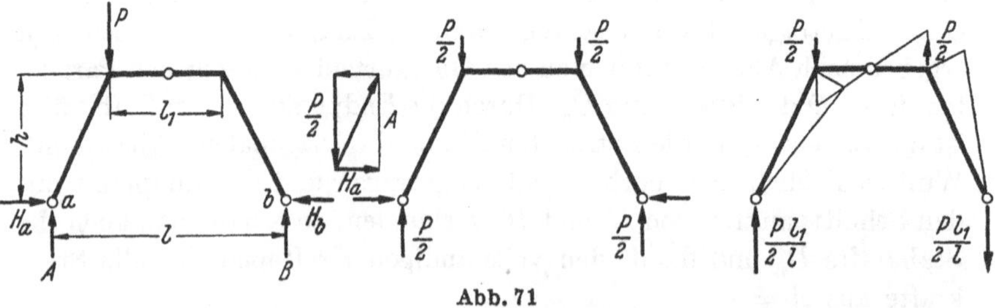

Abb. 71

16. Das Prinzip der virtuellen Verrückungen und seine Anwendung

Bei der Ermittlung der Unbekannten der Gleichgewichtsaufgabe werden in der Regel zunächst die Stützkräfte und Einspannmomente in den äußeren Gliedern und im Anschluß daran die Schnittgrößen in den inneren Gliedern des Tragwerks bestimmt. Die Kenntnis der ersten ist also i. a. Voraussetzung für die weitere Lösung. Das Prinzip der virtuellen Verrückungen ermöglicht es, jede Unbekannte der Gleichgewichtsaufgabe vollkommen unabhängig von allen übrigen statischen Größen zu ermitteln. Es besagt, daß die algebraische Summe der Arbeiten der äußeren und inneren Kräfte und Momente bei jeder virtuellen Verrückung zu Null werden muß, sofern ein Gleichgewichtszustand vorliegt. Unter der virtuellen Verrückung eines einzelnen Punktes ist jede willkürliche, sehr kleine Verrückung zu verstehen. Liegt ein System von Massenpunkten — ein Tragwerk — vor, so ist jede willkürliche, sehr kleine Verrückung, die mit den geometrischen Bedingungen des Systems verträglich ist, eine virtuelle.

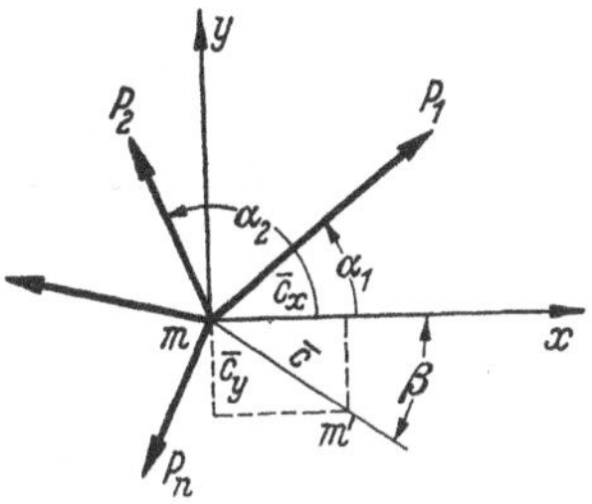

Abb. 72

Zur Erläuterung des Prinzips werde angenommen, daß auf einen Punkt m die im Gleichgewicht stehenden Kräfte $P_1, P_2, \ldots P_n$ wirken, und daß dieser Punkt eine Verrückung m—m' von der Größe $\bar{c}$ erfahre, Abb. 72. Dann leisten die Kräfte bei dieser Verrückung die Arbeit

$$A = O = \bar{c}\, \Sigma P_i \cos(\alpha_i + \beta) = \bar{c}\, (\Sigma P_i \cos\alpha_i \cos\beta - \Sigma P_i \sin\alpha_i \sin\beta)$$

oder

$$\bar{c}_x \Sigma P_i \cos\alpha_i - \bar{c}_y \Sigma P_i \sin\alpha_i = 0.$$

Wegen der Willkürlichkeit von $\bar{c}_x$ und $\bar{c}_y$ kann die Gleichung nur bestehen, wenn

$$\Sigma P_i \cos\alpha_i = 0 \quad \text{und} \quad \Sigma P_i \sin\alpha_i = 0$$

wird, womit die Gleichgewichtsbedingungen $\Sigma X = 0$ und $\Sigma Y = 0$ erhalten werden.

Wird für den einfachen Balken, Abb. 73, eine willkürliche Verrückung des Stützpunktes b um das Maß $\bar{c}$ angenommen, so ist damit zwangläufig eine Drehung des ganzen Stabes um den Punkt a verbunden. Die virtuelle Verrückung des Angriffspunktes i der Last P ergibt sich zu $\bar{c}\, a/l$. Bei der Verrückung leistet die Stützkraft B die positive Arbeit $B\bar{c}$ und die angreifende Last P die negative Arbeit $-P\bar{c}\, a/l$. Nach dem Prinzip der virtuellen Verrückungen ist nun die Gesamtarbeit

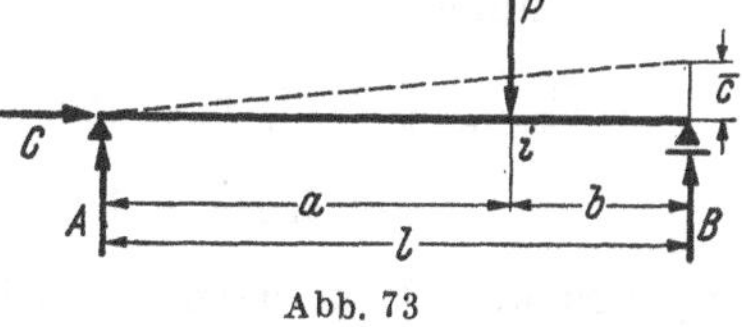

Abb. 73

$$B\bar{c} - P\bar{c}\, a/l = 0.$$

Die willkürlich eingeführte Größe $\bar{c}$ hebt sich fort, und es wird $B = P\, a/l$.

In einem Fachwerkträger, Abb. 74, werde für den Obergurtstab O_m eine positive Längenänderung $\overline{\Delta s}$ willkürlich angenommen, während für alle übrigen Stäbe $\overline{\Delta s} = 0$ sei. Man kann sich den Stab O_m geschnitten oder entfernt denken und eine Abstandsänderung der Knotenpunkte i und k im Sinne einer Verlängerung des Stabes annehmen. Dabei leistet O_m — als Zugkraft positiv eingeführt — eine negative Arbeit von der Größe $-O_m \overline{\Delta s}$. Die angenommene Längenänderung $\overline{\Delta s}$ ist mit den

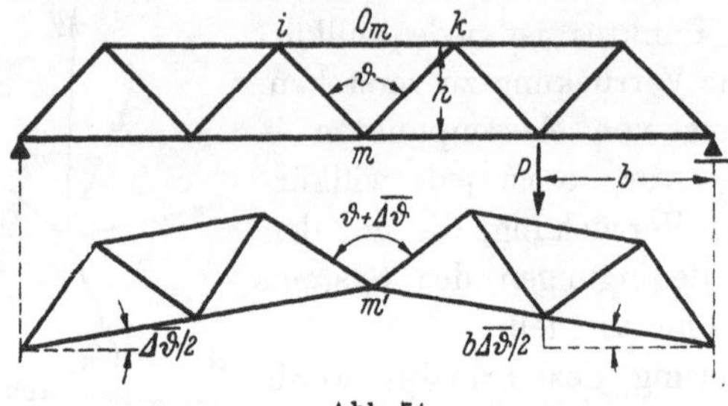

Abb. 74

geometrischen Bedingungen des Systems nur verträglich, wenn die beiden Scheiben, die durch Fortfall des Obergurtstabes entstehen, eine solche Drehung gegeneinander ausführen, daß sich der Punkt m etwas hebt. Dabei vergrößert sich der Winkel ϑ um $\overline{\Delta\vartheta} = \overline{\Delta s}/h$, und infolge der hier vorliegenden Symmetrie dreht sich jede Scheibe um $\overline{\Delta\vartheta}/2$. Die damit verbundene Hebung des Angriffspunktes von P beträgt $b\,\overline{\Delta\vartheta}/2$. Die Last P leistet bei dieser Bewegung eine negative Arbeit

$$-P\,b\,\overline{\Delta\vartheta}/2 = -P\,b\,\overline{\Delta s}/2h, \quad \text{so daß} \quad -O_m\,\overline{\Delta s} - P\,b\,\overline{\Delta s}/2h = 0$$

sein muß. Die willkürliche Längenänderung $\overline{\Delta s}$ hebt sich wieder fort, und es ergibt sich

$$O_m = -P\,b/2h.$$

Ganz allgemein wird das Prinzip der virtuellen Verrückungen durch die Gleichung

$$\begin{aligned} \Sigma P_m\,\overline{\delta_m} + \Sigma M_a\,\overline{\tau_a} + \Sigma C\,\overline{c} + \Sigma E\,\overline{\tau_e} - \Sigma S\,\overline{\Delta s} - \Sigma N\,\overline{\Delta s} \\ - \Sigma M\,\overline{\Delta\varphi} - \Sigma Q\,\overline{\Delta v} = 0 \end{aligned} \tag{43}$$

ausgedrückt. Darin erscheinen die Arbeiten der angreifenden Lasten P und äußeren Momente M_a sowie der Stützkräfte C und Einspannmomente E mit positivem Vorzeichen und die Arbeiten der inneren statischen Größen mit negativem Vorzeichen.

Zur Berechnung einer äußeren statischen Größe Z_a — einer Stützkraft C oder eines Einspannmomentes E — wird die virtuelle Verrückung $\overline{\Delta a}$ eingeführt. Sie besteht in einer Verschiebung $\overline{\Delta a} = \overline{c}$ eines

Stützpunktes oder in einer Verdrehung $\overline{\Delta a} = \overline{\tau}_e$ an der Einspannstelle. Zur Berechnung einer inneren statischen Größe Z_i — einer Stabkraft S, einer Normalkraft N, eines Biegemomentes M oder einer Querkraft Q — wird die virtuelle Verrückung $\overline{\Delta i}$ eingeführt. Sie besteht in einer Längenänderung eines einfachen Stabes oder eines Stabelementes $\overline{\Delta i} = \overline{\Delta s}$, in einer gegenseitigen Drehung $\overline{\Delta i} = \overline{\Delta \varphi}$ oder in einer gegenseitigen Verschiebung $\overline{\Delta i} = \overline{\Delta v}$ unmittelbar benachbarter Querschnitte eines biegesteifen Stabes. Die Größen $\overline{\Delta i}$ sind mit positivem Vorzeichen einzuführen, wenn sie den bei positiven Werten Z_i eintretenden Formänderungen entsprechen. Da die inneren statischen Größen dieser Formänderung entgegenwirken, erscheint ihre Arbeit in Gl. (43) mit negativem Vorzeichen.

Mit den willkürlich eingeführten Verrückungen $\overline{\Delta a}$ und $\overline{\Delta i}$ sind zwangläufig Bewegungen der kinematischen Kette verbunden, die durch Ausschalten eines äußeren Gliedes (a) oder eines inneren Gliedes (i) entsteht. Für die Berechnung der Arbeit der angreifenden äußeren Lasten und Momente werden die aus der Bewegung der Kette sich ergebenden Projektionen der Verschiebungen der Lastangriffspunkte auf die Lastrichtung bzw. die Verdrehungen der Scheiben benötigt, die allgemein mit $\overline{\delta}$ bzw. $\overline{\tau}$ eingeführt werden. Jede Unbekannte in einem äußeren Glied ist dann zu berechnen aus

$$Z_a = -\frac{1}{\overline{\Delta a}} (\Sigma P \overline{\delta} + \Sigma M \overline{\tau}), \qquad (44)$$

und jede innere statische Größe ergibt sich aus

$$Z_i = +\frac{1}{\overline{\Delta i}} (\Sigma P \overline{\delta} + \Sigma M \overline{\tau}). \qquad (45)$$

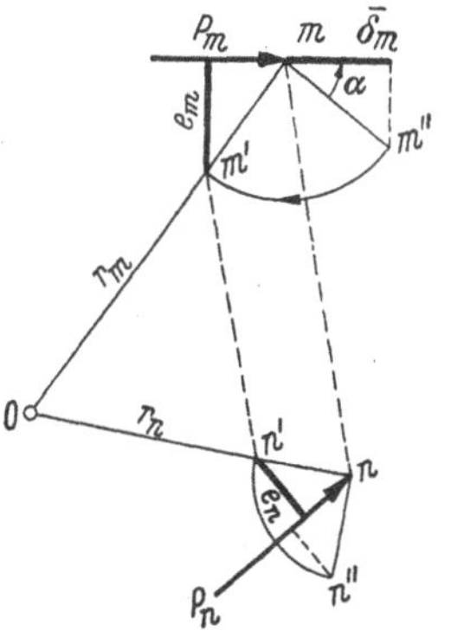

Abb. 75

Die Berechnung setzt die Kenntnis der Größen $\overline{\delta}$ und $\overline{\tau}$ voraus, die von den willkürlich gewählten Verrückungen abhängen, wie bereits bei den einleitenden Beispielen gezeigt wurde. Zu ihrer Ermittlung wird zweckmäßig der Polplan und der Geschwindigkeitsplan der zwangläufigen kinematischen Kette benutzt. Aus der Drehung einer Scheibe ergibt sich unmittelbar $\overline{\tau}$ für ein an dieser Scheibe angreifendes äußeres Moment. Zur Bestimmung von $\overline{\delta}$ wird die Projektion $\overline{\delta_m}$ der Verrückung m—m'' des Punktes m auf die Kraftrichtung benötigt, Abb. 75. Wird m—m'' im Uhrzeigersinn um 90° gedreht, so trifft man auf den Punkt m', der auf dem Polstrahl liegt und dessen lotrechter Abstand e_m von der

Kraftrichtung sich aus

$$\overline{\delta_m} = mm'' \cos\alpha = mm' \cos\alpha = e_m$$

ergibt, so daß

$$P_m \, \overline{\delta_m} = P_m \, e_m$$

wird. Ist die Arbeit $P_m \, \overline{\delta_m}$ positiv, so ist $P_m e_m$ ein um m' *rechts*drehendes Moment. Der negativen Arbeit der Last P_n entspricht ein um Punkt n' *links*drehendes Moment, $-P_n \, \overline{\delta_n} = -P_n e_n$.

Der Einfluß der Last P auf die gesuchte statische Größe ändert sich mit dem Winkel α, und aus der Zeichnung ist sofort die ungünstigste Lastrichtung zu erkennen. Dreht sich die Wirkungslinie von P im Lastangriffspunkt, so ergeben sich mit $\alpha = 0$ bzw. $\alpha = \pi$, wenn also Wirkungslinie und Polstrahl lotrecht zueinander stehen, die Grenzwerte. Fallen Wirkungslinie und Polstrahl zusammen, so ist P ohne Einfluß auf die gesuchte statische Größe.

Da die Verrückungen sehr kleine Größen sind, werden sie zweckmäßig durch das Zeitdifferential geteilt, um so zur Darstellung von virtuellen Geschwindigkeiten in endlichen Größen zu gelangen. An Stelle der Drehwinkel der einzelnen Scheiben treten dann die Winkelgeschwindigkeiten. Werden für alle Punkte, in denen Lasten angreifen oder die aus anderen Gründen benötigt werden, die um 90° gedrehten oder *senkrechten* Geschwindigkeiten dargestellt, so erhält man den *Geschwindigkeitsplan*. Da sich die Geschwindigkeiten der Punkte einer Scheibe aus dem Produkt von Polstrahl r und Winkelgeschwindigkeit ω ergeben,

$$mm'' = mm' = r_m \, \omega \quad \text{und} \quad nn'' = nn' = r_n \, \omega ,$$

somit das Verhältnis $\frac{mm'}{nn'} = \frac{r_m}{r_n}$ besteht, liegt der Punkt n' auf dem Polstrahl O—n im Schnittpunkt mit der Parallelen, die durch m' zu m—n gezogen wird. Damit ergibt sich eine einfache Konstruktion des Geschwindigkeitsplanes nach Annahme *einer* willkürlichen Größe.

Die Gl. (44) und (45) legen es nahe, für $\overline{\Delta a}$ und $\overline{\Delta i}$ den Wert *1* zu wählen. Zweckmäßiger wird aber bei der Zeichnung des Geschwindigkeitsplanes i. a. von der willkürlich zu wählenden senkrechten Geschwindigkeit eines beliebigen Punktes ausgegangen, und die Größen $\overline{\Delta a}$ bzw. $\overline{\Delta i}$ werden nachträglich dem Plan entnommen. Handelt es sich um die Ermittlung einer Stabkraft S_{ik} in einem die Knotenpunkte i und k verbindenden einfachen Stab, so ist

$$\overline{\Delta i} = \overline{\Delta s_{ik}} = e_{ik}$$

der lotrecht zur Stabrichtung i—k gemessene Abstand der Punkte i' und k', Abb. 76. Die Punkte i und k gehören zwei verschiedenen Scheiben an. Es sei i' und k' im Geschwindigkeitsplan gefunden, dann ist $\overline{\Delta s_{ik}} = e_{ik}$ positiv, wenn i'—k' in Richtung i—k gesehen nach rechts weist. Davon kann man sich leicht überzeugen, wenn man die senkrechten Geschwindigkeiten um 90° zurückdreht; die Lage von i'' und k'' läßt eine Abstandänderung der Knotenpunkte im Sinne einer Verlängerung des Stabes s_{ik} erkennen. Umgekehrt entspricht einer Verkürzung des Stabes eine solche Lage der Punkte i' und k', daß i'—k' in Richtung i—k gesehen nach links weist. Man kann auch die Schnittkräfte S_{ik} als äußere Kräfte auffassen und deren Momente $S_{ik}\,e_i$ und $S_{ik}\,e_k$ mit den für äußere Kräfte gültigen Vorzeichen in die Rechnung einführen.

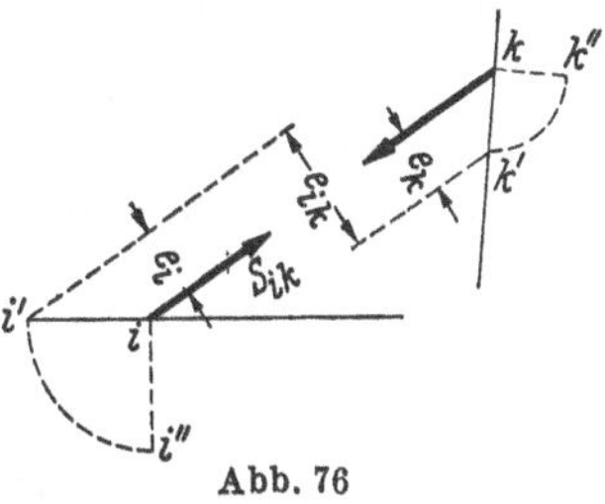

Abb. 76

17. Beispiele

1. Beispiel. Soll für den in Abb. 74 betrachteten Obergurtstab O_m die Berechnung mit Hilfe des Geschwindigkeitsplanes durchgeführt werden, so ergibt sich nach Ausschalten des Stabes O_m die aus zwei Scheiben bestehende Kette mit ihrem Polplan nach Abb. 77. Wird die senkrechte Geschwindigkeit des Angriffspunktes von P auf dem Polstrahl (II)—v zu $v\,v' = b/2$ angenommen, so findet

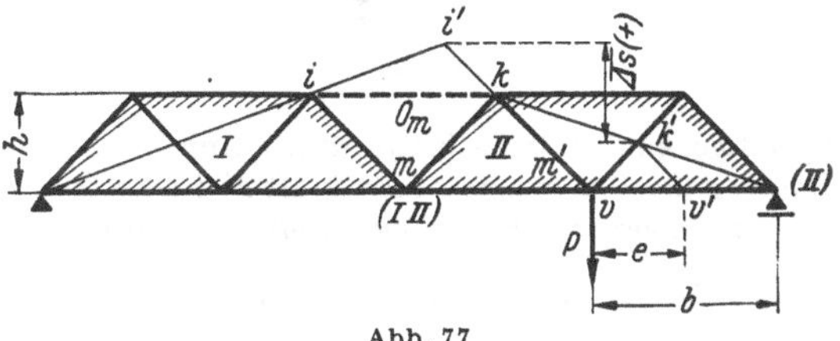

Abb. 77

man die senkrechte Geschwindigkeit k—k' auf dem Polstrahl (II)—k durch den Schnittpunkt mit der Parallelen zu v—k durch v'. Der Punkt m' auf dem Polstrahl (II) — m und der Parallelen zu k—m durch k' fällt mit v zusammen. Schließlich findet man i' auf dem Polstrahl (I)—i und auf der Parallelen zu m—i durch m'. Der lotrecht zur Stabrichtung gemessene Abstand der Punkte i' und k' stellt die virtuelle Stablängenänderung $\overline{\Delta s}$ des Gurtstabes dar. Sie ist positiv in Gl. (45) einzuführen, da i'—k' in Richtung i—k gesehen nach rechts weist, und ihre Größe ergibt sich aus den geometrischen Verhältnissen offenbar zu $\overline{\Delta s} = h$, so daß

$$O_m = \frac{-P\,e}{\overline{\Delta s}} = -P\,b/2h$$

in Übereinstimmung mit dem früheren Ergebnis gefunden wird.

2. Beispiel. In Abb. 78 ist der Geschwindigkeitsplan einer aus drei Scheiben bestehenden Kette gezeichnet. Die Scheiben I und II sind in einem Gelenk g — Nebenpol $(I\,II)$ —, die Scheiben II und III durch zwei Stäbe miteinander verbunden, deren Schnittpunkt h den Nebenpol $(II\,III)$ ergibt. Hauptpol (I) fällt mit dem festen Lager a zusammen; die Hauptpole (II) und (III) werden sodann auf den Lotrechten zur Führung der Lager b und c gefunden. Nach Annahme der senkrechten Geschwindigkeit dd' werden g' und r' auf $(I)-g$ und $(I)-r$ und s', i' und b' für Scheibe II auf den entsprechenden Polstrahlen gefunden. Die senkrechte Geschwindigkeit hh' ist bestimmt durch den Polstrahl $(II)-h$ sowie durch die Parallelen zu $i-h$ oder $b-h$ durch i' bzw. b'. Nachdem damit die senkrechte Geschwindigkeit eines Punktes der Scheibe III gefunden ist, ergibt sich n' auf dem Polstrahl $(III)-n$.

Dem gezeichneten Geschwindigkeitsplan kann das statisch bestimmte System a, b oder c der Abb. 78 zugrunde liegen.

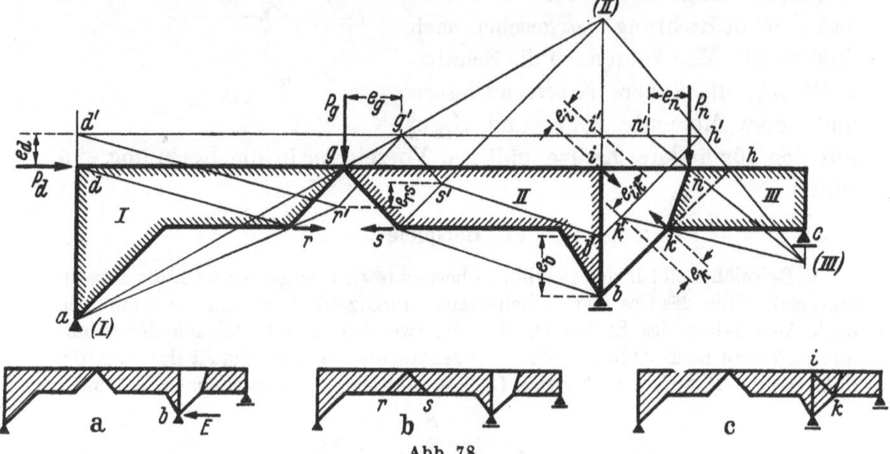

Abb. 78

Ist die zwangläufige kinematische Kette durch Annahme eines beweglichen Lagers zur Bestimmung der waagrechten Stützkraft E des Systems a entstanden, so ist diese für die angenommene Belastung zu ermitteln aus

$$E\, e_b - P_d\, e_d - P_g\, e_g + P_n\, e_n = 0,$$

somit wird

$$E = \frac{1}{e_b}(P_d\, e_d + P_g\, e_g - P_n\, e_n).$$

Ist die Kette aus dem System b durch Ausschalten des Stabes $r-s$ entstanden, so ist die Stabkraft S_{rs} zu berechnen aus

$$S_{rs}\, \overline{\Delta s_{rs}} = -P_d\, e_d - P_g\, e_g + P_n\, e_n,$$

worin $\overline{\Delta s_{rs}} = -\, e_{rs}$ der Zeichnung zu entnehmen ist, da $r'-s'$ in Richtung $r-s$ gesehen nach links weist.

Liegt der Kette schließlich das System c zugrunde, für das die Stabkraft S_{ik} ermittelt werden soll, so findet man mit $\overline{\Delta s_{ik}} = +\, e_{ik}$

$$S_{ik} = \frac{1}{e_{ik}}(-P_d\, e_d - P_g\, e_g + P_n\, e_n).$$

Werden die Kräfte S_{ik} in i und k als äußere Kräfte wirkend angesehen, so lautet die Gleichung zur Bestimmung von S_{ik}

$$-S_{ik}\,(e_i + e_k) - P_d\, e_d - P_g\, e_g + P_n\, e_n = 0.$$

3. Beispiel. Für den in a in einem festen, in b in einem beweglichen Lager gestützten Rahmen nach Abb. 79 sollen in Riegelmitte das Biegemoment M_i, die Querkraft Q_i und die Normalkraft N_i infolge einer in Riegelhöhe angreifenden äußeren Last W bestimmt werden.

Die Verhältnisse liegen hier so einfach, daß Rechnung oder Zeichnung sehr schnell zur Lösung führen. Die graphische Lösung ist durch den Kräfteplan

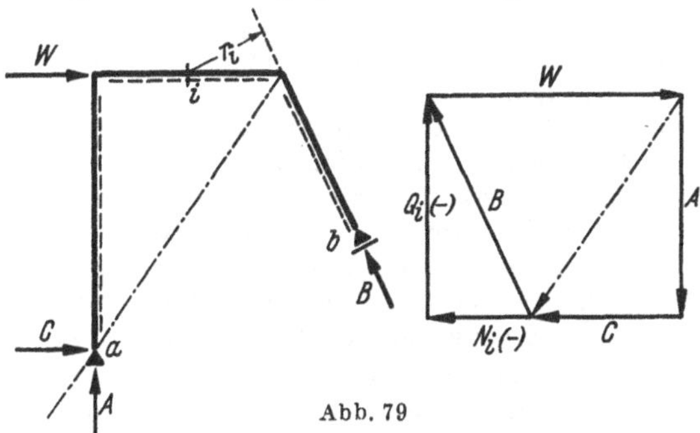

Abb. 79

gegeben. W erzeugt die Stützkräfte A, B und C. Die lotrechte Komponente von B ist die Querkraft Q_i (negativ), und die waagrechte Komponente von B ist die Normalkraft N_i (negativ). Das Biegemoment ergibt sich zu $M_i = + B\, r_i$.

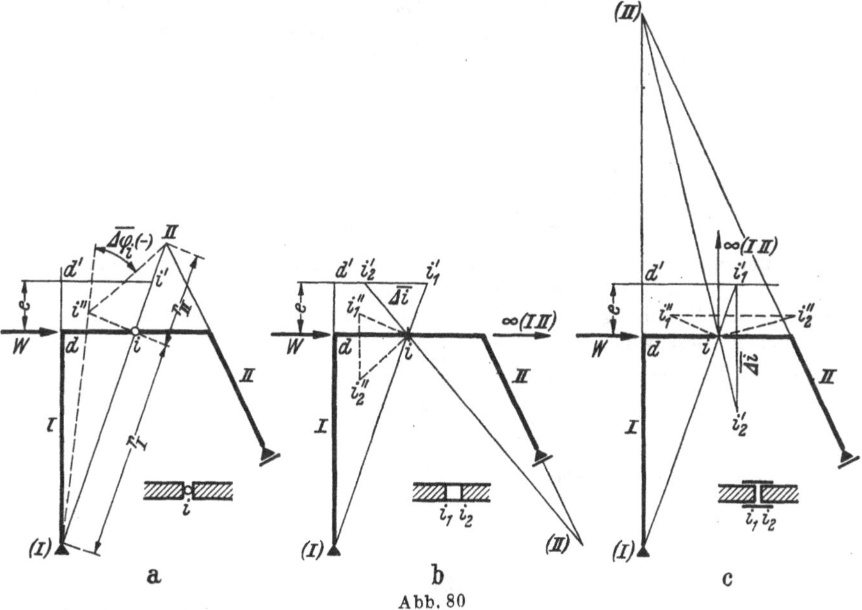

Abb. 80

Die Abb. 80a, b und c zeigen die Lösung mit Hilfe des Geschwindigkeitsplanes. Zur Ermittlung des Biegemomentes wird in i ein Gelenk, Nebenpol $(I\,II)$, angenommen und damit Hauptpol (II) bestimmt. Nach willkürlicher Annahme der senkrechten Geschwindigkeit dd' wird i' gefunden, und das Biegemoment M_i ergibt sich aus

$$M_i \overline{\Delta_i} = -W\, e.$$

Die gegenseitige Drehung $\Delta i = \overline{\Delta\varphi_i}$ im Gelenk findet man durch Rückdrehung der senkrechten Geschwindigkeit ii' nach ii'' in der Summe der Winkelgeschwindigkeit beider Scheiben zu

$$\overline{\Delta\varphi_i} = \frac{ii''}{r_I} + \frac{ii''}{r_{II}} = i\,i'\,\frac{r_I + r_{II}}{r_I\,r_{II}}.$$

Das Vorzeichen von $\overline{\Delta\varphi_i}$ ist hier negativ, da die gegenseitige Drehung derjenigen infolge eines negativen Biegemomentes entspricht, so daß sich wie oben ein positives Biegemoment M_i ergibt.

Soll die Querkraft in i bestimmt werden, Abb. 80b, so ist gegenseitige Verschiebung der Querschnitte i_1 und i_2 normal zur Stabachse anzunehmen, wodurch sich der Nebenpol $(I\,II)$ auf der Tangente an die Stabachse in i — hier auf der Waagrechten — im Unendlichen ergibt und Hauptpol (II) auf der Parallelen hierzu durch (I) gefunden wird. Die Annahme dd' führt zu i_1' auf Polstrahl $(I)-i$, und i_2' liegt im Schnittpunkt des Polstrahles $(II)-i$ mit der Parallelen zur Stabachse in i durch i_1'. Die Länge $i_1'-i_2'$ stellt die gegenseitige Verschiebung dar. Aus der Rückdrehung in die Lage $i_1''-i_2''$ erkennt man das positive Vorzeichen von $\overline{\Delta i}$, da sich i_1 und i_2 im Sinne positiver Querkräfte gegeneinander verschieben. Somit wird

$$Q_i = -W\,e/\overline{\Delta i}.$$

Zur Ermittlung der Normalkraft N_i muß man sich in i eine Verbindung der beiden Scheiben — etwa durch eine aufgesetzte Muffe — vorstellen, die in der Lage ist, Biegemomente und Querkräfte zu übertragen, die aber eine Verschiebung der Querschnitte i_1 und i_2 in Achsrichtung nicht behindert, Abb. 80c. Dadurch ergibt sich die Lage des Nebenpoles $(I\,II)$ auf der Lotrechten zur Stabachse im Unendlichen, und Hauptpol (II) liegt auf der Parallelen hierzu durch (I) im Schnittpunkt mit der Lagerlotrechten der Scheibe II. Mit der Annahme von d' ist i_1' auf dem Polstrahl $(I)-i$ und i_2' auf dem Polstrahl $(II)-i$ bestimmt. Die Verschiebung Δi steht lotrecht zur Stabachse in i, aus der Rückdrehung entnimmt man eine positive Abstandsänderung der beiden Querschnittsufer, so daß die Normalkraft aus $N_i = -W\,e/\overline{\Delta i}$ zu berechnen ist.

4. Beispiel. In Abb. 81 ist für einen Dreigelenkrahmen die Ermittlung des Biegemomentes an der Stelle v gezeigt, die hier auf kürzestem Wege zum Ziele führt. Nach Zeichnung des Polplanes ergibt die willkürliche Annahme vv' die senkrechten Geschwindigkeiten $2-2'$ und $3-3'$, und über v'' und $1''$ wird $1'$ gefunden. Die gegenseitige Drehung $\overline{\Delta\varphi_v}$ ergibt sich wieder zu

$$\overline{\Delta\varphi_v} = v\,v'\,\frac{r_I + r_{II}}{r_I\,r_{II}},$$

hier mit positivem Vorzeichen, und es wird

$$M_v = \frac{1}{\overline{\Delta\varphi_v}}\,(P_1\,e_1 - P_2\,e_2 + P_3\,e_3).$$

Von der Richtigkeit der Vorzeichen kann man sich wieder leicht überzeugen, indem man die Stützkräfte K_a und K_b aus den angreifenden Lasten einzeln durch Kräftepläne ermittelt. Man erhält dann der Reihe nach für M_v die Werte: $+K_{b1}\,r_{v1}$ infolge P_1, $-K_{a2}\,r_v$ infolge P_2 und $+K_{a3}\,r_v$ infolge P_3.

5. Beispiel. Der Rahmen nach Abb. 82 ist in a in einem festen Lager gestützt, während bei b feste Einspannung vorliegt. Das Einspannmoment E für ein am Kragarm wirkendes Kräftepaar oder äußeres Moment von der Größe $M = P\,c$ ist zu ermitteln.

Nach Annahme eines Gelenkes in b wird der Polplan, soweit erforderlich, gezeichnet. Die willkürliche gewählte senkrechte Geschwindigkeit $g g'$ bedeutet

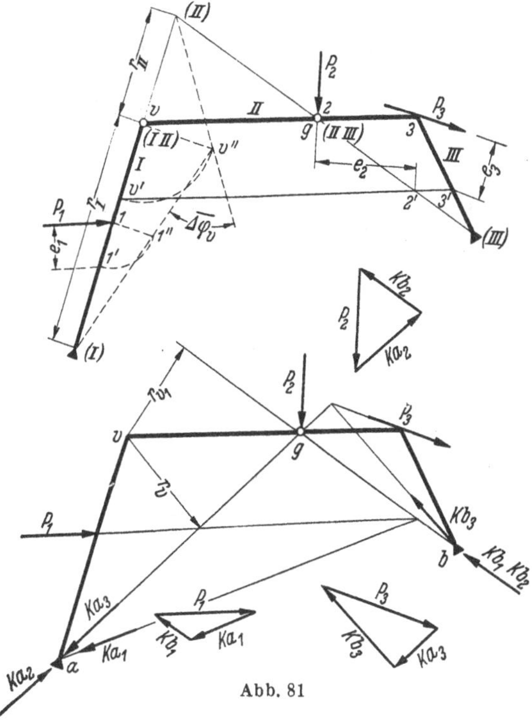

Abb. 81

eine Drehung $\tau_I = \frac{g g'}{r_I}$ der Scheibe I im Sinne des Einspannmomentes und eine Drehung $\tau_{II} = \frac{g g'}{r_{II}}$ der Scheibe II in einem dem angreifenden Kräftepaar entgegengesetzten Drehsinn. Somit wird

$$E \frac{g g'}{r_I} - M \frac{g g'}{r_{II}} = 0$$

und

$$E = M \frac{r_I}{r_{II}} = P c\, r_I / r_{II}.$$

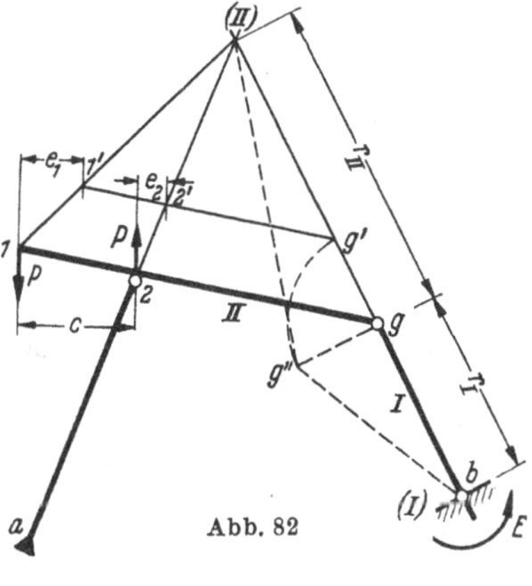

Abb. 82

Wird mit den Einzellasten des Kräftepaares gerechnet, so sind die senkrechten Geschwindigkeiten $1 - 1'$ und $2 - 2'$ zu bestimmen, und man erhält

$$E \frac{g g'}{r_I} - P (e_1 - e_2) = 0,$$

somit

$$E = \frac{P (e_1 - e_2)}{g g'} r_I.$$

Da $e_1 - e_2 = c\, \tau_{II} = c \frac{g g'}{r_{II}}$ dem Geschwindigkeitsplan zu entnehmen ist, besteht Übereinstimmung mit dem zuerst berechneten Wert.

Der Vorteil des Geschwindigkeitsplanes liegt darin, daß man über eine statische Größe Aufschluß erhalten kann, ohne irgendeine andere statische Größe vorweg bestimmen zu müssen, und seine Verwendung ist insbesondere dann angebracht, wenn die angreifenden Lasten ihre Richtung ändern können, da aus dem Geschwindigkeitsplan sofort die ungünstigste Lastrichtung zu erkennen ist. Wie bei allen graphischen Verfahren kann man allerdings im Ergebnis i. a. nicht die Genauigkeit erwarten, die durch eine rein analytische Lösung erreicht wird. Weitere Vorteile bieten Polpläne und Geschwindigkeitspläne bei der Ermittlung von Einflußlinien, die in den nächsten Abschnitten behandelt werden.

IV. Einflußlinien

18. Allgemeine Betrachtungen

Bei den bisher behandelten Aufgaben ging es stets um die Ermittlung der Gleichgewichtszustände für äußere Lasten mit feststehenden Wirkungslinien. Liegen bewegliche, ihre Lage zum Tragwerk ändernde

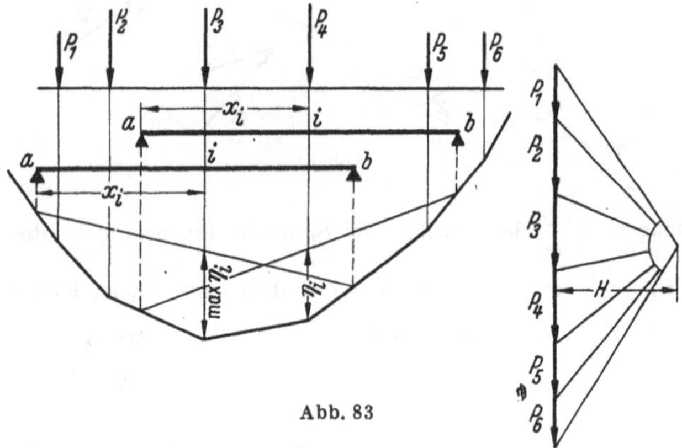

Abb. 83

Lasten konstanter Größe vor, so sind die Unbekannten der Gleichgewichts- und Formänderungsaufgabe in Abhängigkeit von der jeweiligen Laststellung zu ermitteln. Besteht die Belastung aus Einzellasten oder Streckenlasten bestimmter Größe in parallelen Wirkungslinien und festliegendem gegenseitigen Abstand, so liegt ein Lastenzug vor.

Für einfache Balken lassen sich die maximalen Biegemomente und Querkräfte infolge eines solchen Lastenzuges auf zeichnerischem Wege bestimmen, Abb. 83. Um den Größtwert des Biegemomentes an der Stelle i zu erhalten, wird zum Lastenzug ein Seileck gezeichnet, dem man für jede Lage des Balkens zum Lastenzug nach Ziehen der den Stützpunkten a und b entsprechenden Schlußlinie die Ordinaten η_i

entnehmen kann. Durch Verschieben des Balkens unter dem Lastenzug wird max η_i gefunden. Zur Erzielung ausreichender Genauigkeit empfiehlt es sich, das Seileck mit möglichst kleiner Polweite zu zeichnen. In ${}_{\max}M_i = H\, {}_{\max}\eta_i$ erhält man die Maximalmomente und daraus im Falle eines Fachwerkträgers die größten Gurtkräfte.

Für die Ermittlung der maßgebenden Querkräfte bzw. der von diesen abhängigen Stabkräfte in Diagonalen und Vertikalen kann das A-Polygon (Abb. 84) benutzt werden, ein Seileck, welches zu dem von a bis zum Auflagerpunkt b vorgefahrenen Lastenzug mit der Balkenstützweite als Polweite, $H = l$, gezeichnet wird, und dem man für jede Stellung des von b bis i vorfahrenden Lastenzuges den Auflagerdruck

$$A_i = \frac{1}{l}\, \Sigma\, P\, b$$

und damit die maßgebende Querkraft entnehmen kann.

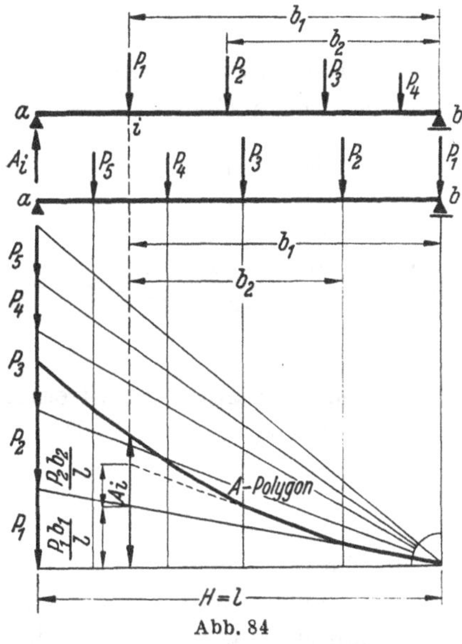

Abb. 84

Das universellste Hilfsmittel zur Ermittlung des Einflusses derartiger Lastenzüge auf irgendeine gesuchte statische oder geometrische Größe sind die Einflußlinien. Sie geben eine graphische — oder auch tabellarische — Darstellung des Einflusses einer über ein Tragwerk wandernden Einzellast $P = 1$ auf die gesuchte Größe in Abhängigkeit von der Laststellung. Sie werden gewonnen, indem man die Last $P = 1$ über den Lastgurt des Tragwerkes wandern läßt und zu jeder Laststellung den Wert der Unbekannten ermittelt. Werden diese Werte unter der jeweiligen Laststellung von einer Nullinie aus als Ordinaten aufgetragen und deren Endpunkte miteinander verbunden, so erhält man die Einflußlinie.

Die von der Einflußlinie, der Nullinie und zwei Ordinaten begrenzte Fläche wird als Einflußfläche bezeichnet. Durchschneidet die Einflußlinie die Nullinie, so werden durch diese Nullpunkte oder Lastenscheiden die Einflußflächen oder Beitragsstrecken verschiedenen Vorzeichens begrenzt.

Ist η_i die Ordinate der Einflußlinie, also der Wert einer gesuchten Größe Z für die Laststellung $P = 1$ in i, so erzeugt eine in i stehende Last P_i den Wert $P_i\, \eta_i$, und eine Folge von Einzellasten, Abb. 85, führt zu

$$Z = \Sigma P_i \eta_i . \tag{46}$$

Die Auswertung der Einflußlinien ist für die Laststellungen vorzunehmen, die $_{\max}Z$ aus positiven bzw. $_{\min}Z$ aus negativen Beitragsstrecken ergeben.

Ist die Einflußlinie für Streckenlasten $p\ t/m$ auszuwerten, so ergibt sich

$$Z = \int_{x_1}^{x_2} p\, dx\, \eta = p\, \Delta F \tag{47}$$

mit ΔF als Inhalt der Einflußfläche innerhalb der durch die Streckenlasten gegebenen Grenzen. Bei geradlinigem Verlauf der Einflußlinie

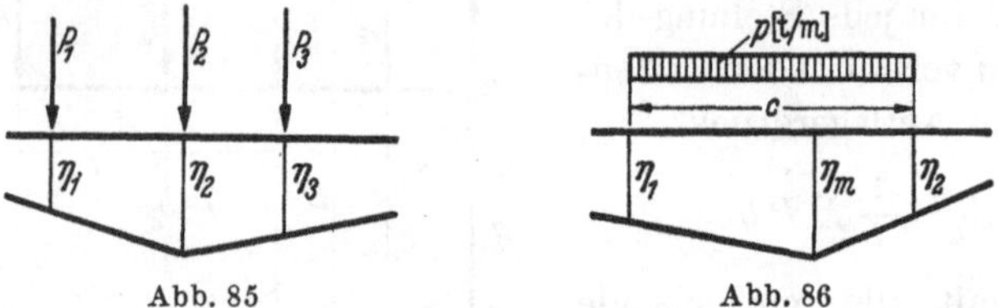

Abb. 85 Abb. 86

und begrenzter Länge c der Streckenlast nach Abb. 86 ist diese so aufzustellen, daß $\eta_1 = \eta_2$ wird. Die Auswertung ergibt dann

$$Z = \frac{p\, c}{2} (\eta_m + \eta_1) . \tag{48}$$

Die Einflußlinien statischer Größen in statisch bestimmten Tragwerken bestehen stets aus einzelnen Geraden, während bei statisch unbestimmten Tragwerken und für Formänderungen die Einflußlinien als Biegelinien erhalten werden. Den Ordinaten der Einflußlinien kann die Dimension der gesuchten Größen oder die durch die Krafteinheit geteilte Dimension dieser Größen gegeben werden. Im ersten Fall sind die Lasten P als Zahlenwerte zu betrachten, während sie im zweiten Fall mit ihrer Dimension, kg oder t, in die Rechnung eingehen.

Die in den folgenden Abschnitten behandelten Einflußlinien statischer Größen in statisch bestimmten Tragwerken können auf analytischem Wege durch Berechnung bestimmter Ordinaten gewonnen werden. Eine andere sehr einfache Ermittlung der Einflußlinien beruht auf kinematischen Überlegungen. Aus den Gl. (44) und (45) ergibt sich für eine Einzellast $P = 1$ in n:

$$Z_a = -\frac{1 \cdot \bar{\delta}_n}{\overline{\Delta a}} \quad \text{und} \quad Z_i = +\frac{1 \cdot \bar{\delta}_n}{\overline{\Delta i}} , \tag{49}$$

und mit $\overline{\Delta a} = 1$ bzw. $\overline{\Delta i} = 1$ wird

$$Z = \eta_n = \mp 1 \cdot \bar{\delta}_n , \tag{50}$$

d. h. man erhält in der auf die Lastrichtung projizierten virtuellen Verrückung $\bar{\delta}_n$ des Punktes n infolge $\bar{\Delta} = 1$ unmittelbar die Ordinate η_n der Einflußlinie für die Laststellung $P = 1$ in n. Die Bewegung der Scheiben einer zwangläufigen kinematischen Kette bestimmt somit die gesuchte Einflußlinie für das Glied, durch dessen Ausschaltung die Kette entstanden ist.

Da die Drehung der Scheiben um die Hauptpole erfolgt, für diese also $\bar{\delta}_n = 0$ ist, entspricht jedem Hauptpol einer Scheibe, über die die Last wandert, ein Nullpunkt der Einflußlinie. Für einen Punkt n in dem lotrecht zur Lastrichtung gemessenen Abstand x_n vom Hauptpol ist $\bar{\delta}_n = \omega\, x_n$. Somit entspricht jeder starren Scheibe, über die die Last wandert, eine Gerade der Einflußlinie. Ist n ein Nebenpol, so ist $\bar{\delta}_n$ durch die Bewegung zweier Scheiben bestimmt, und jedem Nebenpol entspricht ein Knickpunkt als Schnittpunkt zweier bestimmter Geraden der Einflußlinien. Die Nullpunkte und Knickpunkte liegen also auf Parallelen zur Lastrichtung durch Haupt- und Nebenpole, und die Gültigkeit der Geraden wird durch die Scheibenenden in der Lastgurtung begrenzt.

Das Vorzeichen der Einflußlinie ergibt sich am einfachsten durch die Feststellung, ob P_n in einem bestimmten Lastpunkt n bei der Bewegung der Scheibe, welcher der Punkt n angehört, infolge $\bar{\Delta} = +1$ eine positive oder negative Arbeit leistet, wobei die Vorzeichen der Gl. (49) zu beachten sind. Um die Einflußordinaten in einem für die Auswertung geeignetem Maßstab zu erhalten, empfiehlt es sich häufig, die Größen $\overline{\Delta a}$ und $\overline{\Delta i}$ zunächst wieder unbestimmt zu lassen, wie es sich auch bei der Benutzung des Geschwindigkeitsplanes als zweckmäßig erwies, und den Maßstab der Einflußlinie nachträglich zu bestimmen. Im einzelnen erfolgen nähere Angaben über die Bestimmung von Vorzeichen und Maßstab bei den später behandelten Beispielen.

19. Balken auf zwei Stützen

a) Analytische Ermittlung der Einflußlinien für den Balken mit Kragarmen (Abb. 87). Um die Einflußlinie für das Biegemoment an der Stelle v zu erhalten, wird M_v für eine über den Träger wandernde Einzellast $P = 1$ ermittelt. Steht $P = 1$ rechts von v im Abstande b vom rechten Auflager, so ist stets $M_v = A\, x_v$, und mit $A = 1 \cdot b/l$ wird $M_v = x_v\, b/l$ durch eine Gerade g_b dargestellt, die mit $b = 0$ durch den Nullpunkt b weist und mit $b = l$ unter a die Ordinate $\eta = a\, a' = x_v$ abschneidet. Gültig ist die Gerade der Einflußlinie jedoch nur, solange $P = 1$ rechts von v steht. Sie behält ihre Gültigkeit, wenn die Last auf den rechten Kragarm tritt, da dann lediglich der Abstand b mit

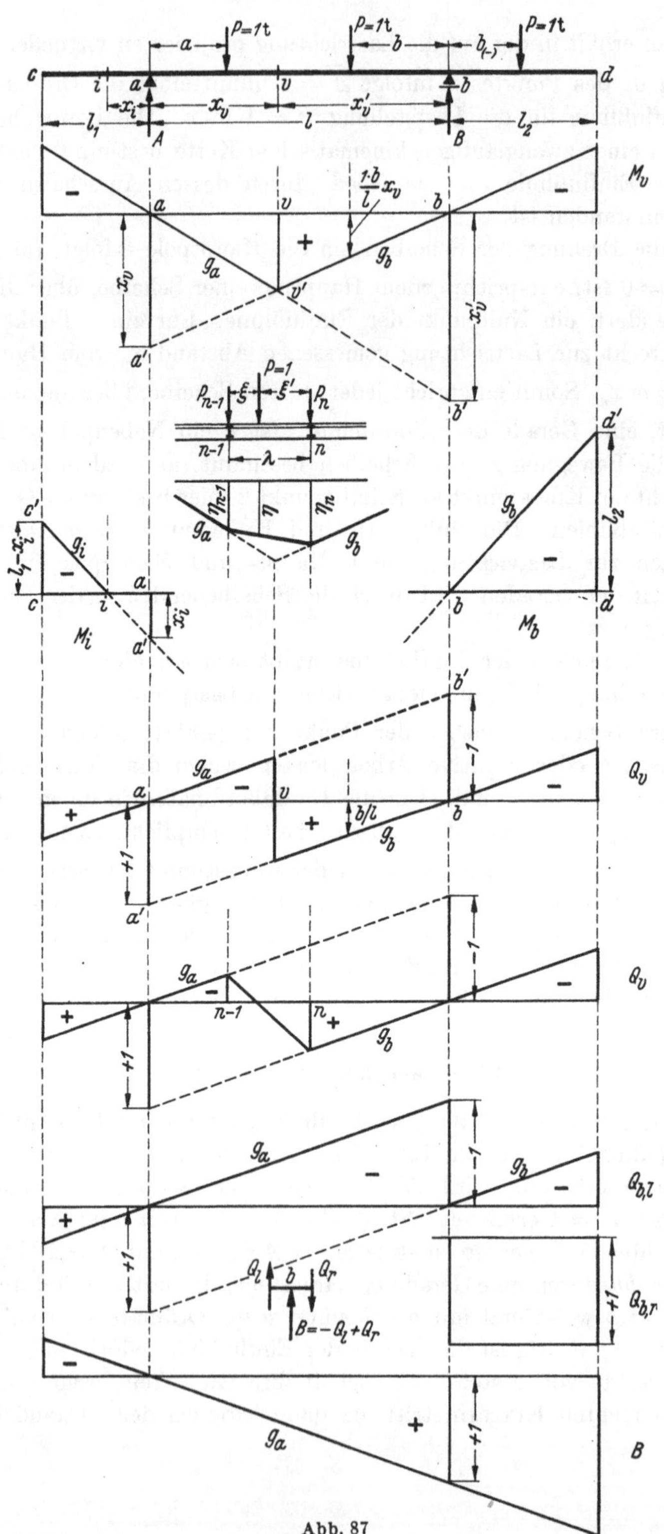

Abb. 87

negativem Vorzeichen einzusetzen ist. Lasten auf dem Kragarm ergeben negative Biegemomente in v. Gleicherweise wird die Gerade g_a für die Laststellung $P = 1$ links von v im Abstande a vom linken Auflager gefunden, für die sich $M_v = B\, x_v' = x_v'\, a/l$ mit den Ordinaten $\eta = 0$ für $a = 0$ und $\eta = b\, b' = x_v'$ für $a = l$ ergibt. Beide Geraden gelten bis zum Punkt v, unter dem sie sich in v' schneiden und die Einflußordinate für die Laststellung $P = 1$ in v zu $+\, x_v\, x_v'/l$ ergeben.

Es ist üblich und zweckmäßig, positive Ordinaten der Einflußlinien nach unten aufzutragen. Es besteht dann Übereinstimmung mit den Einflußlinien, wie sie sich aus den Bewegungen der Scheiben ergeben.

Die Einflußlinie kann auch unmittelbar aus Gl. (40) abgeleitet werden. Man erhält für die Laststellungen $P = 1$ rechts bzw. links von v die Biegemomente $M_v = A_r\, M_v'$ und $M_v = B_l\, M_v''$ und damit die Geraden $g_b = M_v'\, b/l$ und $g_a = M_v''\, a/l$. Die in a und b aufzutragenden Ordinaten sind somit die Biegemomente $M_v' = x_v$ infolge $A = 1$ und $M_v'' = x_v'$ infolge $B = 1$.

Findet eine mittelbare Lastübertragung statt, d. h. in den im Abstande λ liegenden Knotenpunkten $n - 1$ und n, so behält die Einflußlinie ihre Gültigkeit, sofern der Punkt v mit einem Knotenpunkt zusammenfällt. Liegt jedoch der Punkt v zwischen $n - 1$ und n, so wäre die Auswertung der Einflußlinie nach Abb. 87 mit den Teillasten

$$P_{n-1} = 1 \cdot \xi'/\lambda \quad \text{und} \quad P_n = 1 \cdot \xi/\lambda$$

vorzunehmen, so daß sich $\eta_{n-1}\, \xi'/\lambda + \eta_n\, \xi/\lambda$ ergibt. Nun ist aber

$$\eta_{n-1}\, \xi'/\lambda + \eta_n\, \xi/\lambda = \eta,$$

d. h. gerade gleich derjenigen Ordinate, die man unter der Laststellung $P = 1$ erhält, wenn man die Endpunkte der Ordinaten η_{n-1} und η_n geradlinig verbindet. Diese Gerade stellt somit den Verlauf der Einflußlinie zwischen $n - 1$ und n bei mittelbarer Belastung dar.

An der Stelle i des Kragarmes können Biegemomente nur auftreten, wenn die Last $P = 1$ links von i steht. Man erhält die Einflußlinie durch die Ordinate $c\, c' = l_1 - x_i$ oder durch die Gerade g_i durch den Nullpunkt i, die unter a wieder die Ordinate $a\, a' = x_i = M_i'$ aus $A = 1$ und in ihrer Verlängerung unter b die Ordinate $l + x_i = M_i''$ aus $B = 1$ abschneidet. Gleicherweise wird die Einflußlinie für das Biegemoment M_b über der Stütze b durch die Ordinate $d\, d' = l_2$ bzw. durch die Gerade g_b gefunden, die in ihrer Verlängerung unter a die Ordinate $a\, a' = l = M_b'$ aus $A = 1$ ergeben würde.

Die Einflußlinie für die Querkraft in v ergibt sich für die Laststellung $P = 1$ rechts von v aus $Q_v = A = 1 \cdot b/l$ durch die Gerade g_b, die mit $b = l$ unter a die Ordinate $a\, a' = +\, 1$ abschneidet, und für $P = 1$ links von v aus $Q_v = -\, B = -\, 1 \cdot a/l$ durch die Gerade g_a mit der Ordinate $b\,b' = -1$ für $a = l$. Die Gültigkeit beider Geraden wird durch den Punkt v begrenzt.

Liegt mittelbare Belastung vor, so sind wieder die Endpunkte der Ordinaten η_{n-1} und η_n zu verbinden. Da die Geraden g_a und g_b parallel verlaufen, gilt diese Einflußlinie für jeden beliebigen Punkt v, der innerhalb des Feldes rechts von $n-1$ und links von n liegt. Die Querkraft zwischen $n-1$ und n ist konstant, was dem linearen Verlauf der Biegemomente entspricht, wenn Einzellasten nur in den Knotenpunkten übertragen werden.

In Abb. 87 ist weiterhin die Einflußlinie für die Querkraft $Q_{b,l}$ unmittelbar links vom Auflager b wiedergegeben, die ebenfalls durch die Geraden g_a und g_b — nur mit anderem Gültigkeitsbereich — bestimmt wird. Für die Querkraft $Q_{b,r}$ unmittelbar rechts des Auflagers b ergibt sich die Ordinate der Einflußlinie für jede Laststellung $P = 1$ auf dem Kragarm zu $\eta = +1$. Die Überlagerung der Einflußlinien für $Q_{b,l}$ und $Q_{b,r}$ führt zur Einflußlinie für die Stützkraft $B = -Q_l + Q_r$, die durch die Gerade g_a allein mit der Ordinate $B = 1$ in b bestimmt ist.

Auch in den Einflußlinien für die Querkräfte sind die Ordinaten in a und b als Querkräfte Q' aus $A = 1$ und Q'' aus $B = 1$ zu deuten.

b) Kinematische Ermittlung der Einflußlinien (Abb. 88). Um auf kinematischem Wege die Einflußlinie für das Biegemoment M_v zu finden, ist in v ein Gelenk anzunehmen, wodurch zwei Scheiben, I und II, entstehen, deren Hauptpole (I) und (II) mit den Stützpunkten a und b zusammenfallen, da das Gelenk v — Nebenpol $(I\,II)$ — in ihrer Verbindungslinie liegt. Die gegenseitige Drehung der Scheiben um den Winkel $\underline{\Delta\varphi_v}$ besteht in einer Drehung der Scheibe I um den Hauptpol $\underline{(I)}$ und

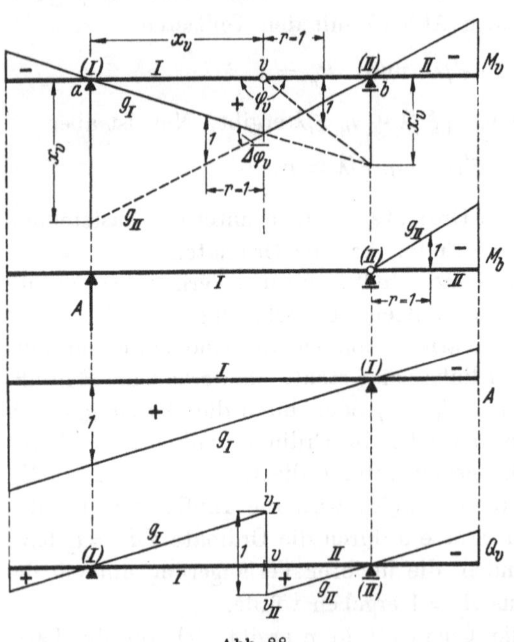

Abb. 88

der Scheibe II um den Hauptpol (II). Ein positiver Wert $\underline{\Delta\varphi_v}$ bedeutet eine gegenseitige Drehung der Querschnitte in v in gleichem

Sinne wie die durch positive Biegemomente erzeugte gegenseitige Drehung. Somit erfolgt eine Rechtsdrehung der Scheibe I, dargestellt durch die Gerade g_I, und eine Linksdrehung der Scheibe II, dargestellt durch die Gerade g_{II}. Diese Geraden, deren Schnittpunkt unter dem Nebenpol liegt und deren Gültigkeit durch die Enden der Scheiben begrenzt wird, stellen nach den allgemeinen Ausführungen (S. 63) des letzten Abschnittes die Einflußlinie für M_v dar, wenn $\overline{\Delta\varphi_v} = +1$ gewählt wird.

Eine in v stehende Last leistet bei der Senkung des Punktes v eine positive Arbeit und eine auf dem Kragarm stehende Last leistet bei dessen Hebung eine negative Arbeit, womit die Vorzeichen der Einflußlinie bestimmt sind. Auf das Vorzeichen kann auch aus der Änderung des Randwinkels geschlossen werden, der zwischen den Scheiben im Nebenpol besteht. Wird der auf der Seite der positiven Lastrichtung, hier also der nach unten liegende Winkel φ_v betrachtet, so entspricht einer mit $\overline{\Delta\varphi_v} = +1$ verbundenen Vergrößerung dieses Winkels eine positive Ordinate unter dem Nebenpol.

Die den Scheiben I und II entsprechenden Geraden g_I und g_{II} der Einflußlinie bilden den Winkel $\overline{\Delta\varphi_v}$ miteinander. Da es sich um eine virtuelle Verrückung, also um einen sehr kleinen Winkel handelt, ergibt sich in waagrechtem Abstand r vom Nebenpol v zwischen g_I und g_{II} die Ordinate $\eta = r\,\overline{\Delta\varphi_v}$. Um für die zeichnerische Darstellung zu endlichen Größen zu kommen, werden die virtuellen Verrückungen durch das Zeitdifferential geteilt oder aber in einem sehr großen Maßstab aufgetragen. Mit $\overline{\Delta\varphi_v} = +1$ wird $\eta = r$, d. h. im Abstande $r = 1$ vom Nebenpol wird der Maßstab der Einflußlinie, $\eta = 1$, auf der Parallelen zur Lastrichtung zwischen g_I und g_{II} gefunden. Für $r = x_v$ ergibt sich in Übereinstimmung mit der auf analytischem Wege ermittelten Einflußlinie unter a wieder die Ordinate x_v.

Soll die Einflußlinie in einem bestimmten, vorher festgelegten Maßstab gezeichnet werden, so ist rechts oder links vom Nebenpol im Abstande $r = 1$ die Ordinate $\eta = 1$ von der Nullinie aus aufzutragen und ihr Endpunkt mit dem dem Nebenpol entsprechenden Punkt der Nullinie zu verbinden, Abb. 88. Diese Gerade bestimmt auf den Lotrechten durch die Hauptpole die maßgebenden Ordinaten der Einflußlinie. Durch nachträgliche Bestimmung des Maßstabes kann in manchen Fällen eine größere Genauigkeit erzielt werden.

Die Einflußlinie für das Biegemoment über der Stütze b wird durch Annahme eines Gelenkes in b gewonnen. Für Scheibe I besteht kein Pol, sie liegt unverschieblich fest, so daß sich die Einflußlinie nur über den Kragarm erstreckt. Die Drehung der Scheibe II um den mit b zusammenfallenden Hauptpol (II) im Sinne eines positiven Wertes

$\overline{\Delta\varphi_b} = +1$ wird durch die Gerade g_{II} gekennzeichnet. Die Ordinaten der Einflußlinie sind negativ, und der Maßstab wird im Abstand $r = 1$ vom Drehpunkt zwischen g_{II} und der Nullinie gefunden.

Soll die Einflußlinie für die Stützkraft A ermittelt werden, so ist die Stütze zu entfernen und eine virtuelle Verrückung $\overline{\Delta a} = +1$ im Sinne der positiven Richtung der Stützkraft einzuführen, womit eine Drehung der Scheibe um ihren Pol im Uhrzeigersinn verbunden sein würde. Da es sich um die Ermittlung einer äußeren statischen Größe handelt und nach Gl. (49) das negative Vorzeichen maßgebend ist, wird dieses zweckmäßig durch die Drehung im entgegengesetzten Sinn berücksichtigt und g_I mit der Ordinate $+1$ in a als Einflußlinie für die Stützkraft A gefunden.

Schließlich ist in Abb. 88 noch die Einflußlinie für die Querkraft Q_v wiedergegeben. Wird eine gegenseitige Verschiebung der Querschnitte in v lotrecht zur Stabachse ermöglicht, so entstehen wieder zwei Scheiben, deren Hauptpole mit den Stützpunkten a und b zusammenfallen, da ihr Nebenpol in der Waagrechten im Unendlichen liegt. Dementsprechend verlaufen die Geraden g_I und g_{II} durch die Nullpunkte (I) und (II) parallel. Die gegenseitige Verschiebung der Querschnitte v_I und v_{II} im Sinne einer positiven Querkraft bestimmt den Drehsinn der Scheiben und damit die Vorzeichen der Einflußlinie. Die Größe $\overline{\Delta v} = +1$ ergibt den auf der Lotrechten gemessenen Abstand $v_I - v_{II}$ der Geraden g_I und g_{II} als Maßstab der Einflußlinie.

c) Einflußlinien für Stabkräfte in Fachwerkbalken. Da die Stabkräfte aus den Biegemomenten bzw. Querkräften abgeleitet werden, gilt das gleiche für ihre Einflußlinien. In den folgenden Beispielen wird gleichzeitig auch deren kinematische Ermittlung betrachtet, da die Verbindung der Rechnung mit der Anschaulichkeit der Bewegung einer zwangläufigen kinematischen Kette oft von Nutzen ist, und da sich dadurch stets willkommene Kontrollmöglichkeiten ergeben. Die Geraden g_a und g_b durch die Nullpunkte a und b können dabei auch mit g_I und g_{II} bezeichnet werden, wenn die Nullpunkte a und b den Hauptpolen (I) und (II) entsprechen.

Die Kraft im Obergurtstab O_2, Abb. 89a, ist allgemein aus $O_2 = -M_2/r_2$ zu ermitteln. Die Einflußlinie für O_2 wird somit aus derjenigen für M_2 gefunden, wenn als Multiplikator $-1/r_2$ eingeführt wird, d. h. es ist $a\,a' = -2\lambda/r_2$ und $b\,b' = -6\lambda/r_2$ aufzutragen, um die Geraden g_b und g_a zu erhalten. In diesen Ordinaten erkennt man wieder die Stabkräfte O_2' aus $A = 1$ und O_2'' aus $B = 1$.

Zur kinematischen Ermittlung der Einflußlinie für O_2 ist der Stab O_2 zu schneiden oder zu entfernen, so daß zwei in ihrem Nebenpol — Untergurtknotenpunkt 2 — durch ein Gelenk verbundene Scheiben enstehen, deren Hauptpole mit a und b zusammenfallen. Mit einer positiven Längenänderung $\overline{\Delta o_2}$ des Stabes O_2 ist zwangläufig eine Hebung des Punktes 2, somit eine Linksdrehung der linken und eine Rechtsdrehung der rechten Scheibe verbunden. Damit sind die Geraden g_a und g_b sowie das Vorzeichen der Einflußlinie bestimmt. Wird die Hebung des Punktes *2* in solchem Maße vorgenommen, daß sich die Länge des Stabes O_2 um $\overline{\Delta o_2} = +1$ ändert, so ergibt sich die gegenseitige Drehung $\overline{\Delta \psi_2}$ der beiden Scheiben aus $r_2 \overline{\Delta \psi_2} = \overline{\Delta o_2} = +1$. Nun ist aber $\overline{\Delta \psi_2}$ wieder der Winkel, den die Geraden g_a und g_b miteinander bilden, und man erhält somit im Abstande r_2 vom Nebenpol auf der Parallelen zur Lastrichtung die durch die Geraden g_a und g_b bestimmte Ordinate $\eta = r_2 \overline{\Delta \psi_2} = 1$ als Maßstab der Einflußlinie.

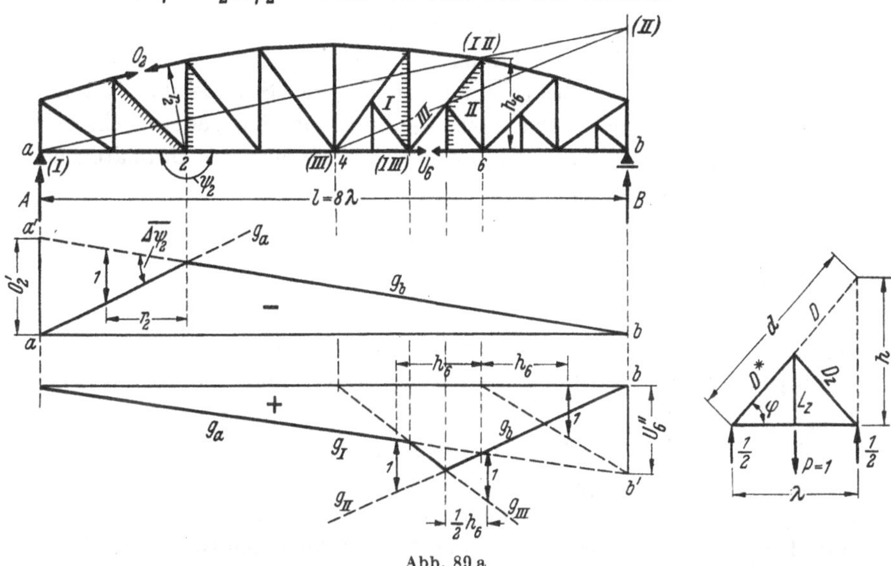

Abb. 89 a

In der rechten Hälfte des Fachwerkträgers ist eine weitere Unterteilung durch Zwischenpfosten und -diagonalen angenommen, die aber nur einen örtlich begrenzten Einfluß auf die Stabkräfte haben kann, da die zusätzlichen Stäbe im Gesamtsystem keine notwendigen Glieder sind. Sie selbst erhalten Stabkräfte nur aus Lasten, die in den Zwischenknotenpunkten eingeleitet werden. Aus einer Einzellast $P = 1$ ergibt sich

$$L_z = +1 \quad \text{und} \quad D_z = -\frac{1}{2 \sin \varphi} = -d/2h.$$

Ferner erhält man für die Hauptstäbe des Feldes die zusätzlichen Stabkräfte

$$\Delta U = +\frac{1}{2 \operatorname{tg} \varphi} = \lambda/2h \quad \text{und} \quad \Delta D = -d/2h,$$

was auch in den Einflußlinien für U und D zum Ausdruck kommen muß. Auf die Obergurtstäbe und Lotrechten ist die Unterteilung ohne Einfluß. Für die Untergurtstäbe und Diagonalen ergeben sich die Einflußgeraden g_a und g_b ebenfalls unverändert, doch ist ihr Gültigkeitsbereich von der Unterteilung abhängig.

Die Einflußlinie für U_6 wird durch die Gerade g_b mit der Ordinate

$$a\,a' = 6\lambda/h_6 = U_6' \quad \text{aus} \quad A = 1$$

und die Gerade g_a mit der Ordinate

$$b\,b' = 2\lambda/h_6 = U_6'' \quad \text{aus} \quad B = 1$$

gewonnen. Die Gleichung für $g_b = \frac{b}{l}\,\frac{6\lambda}{h_6}$ behält jedoch jetzt ihre Gültigkeit, wenn die Last $P = 1$ über den Punkt 6 hinaus noch um ein halbes Feld bis zum Zwischenpfosten weiter nach links vorrückt. Das wird bestätigt durch die Kennzeichnung der Scheiben *I*, *II* und *III*, die durch Wegnahme des Stabes U_6 entstehen, da jeder Scheibe eine Gerade entspricht, die Gültigkeit hat, bis die Last auf eine andere Scheibe übertritt. Die Unterteilung hat somit eine Änderung der Ordinate im Zwischenknotenpunkt um

$$\varDelta\eta = \frac{U_6''}{2\lambda}\,\frac{\lambda}{2} = \lambda/2h_6 = \varDelta U_6$$

zur Folge.

Der Nebenpol (*I II*) fällt als Schnittpunkt der die Scheiben *I* und *II* verbindenden Stäbe in den Obergurtknotenpunkt *6*. Damit ist der Hauptpol (*II*) auf der Lotrechten durch b bestimmt. Eine virtuelle Längenänderung $\overline{\varDelta u_6} = +1$ hat eine Rechtsdrehung der Scheibe *I* und eine Linksdrehung der Scheibe *II* zur Folge. Dementsprechend werden die Geraden g_I und g_{II} gezeichnet, deren Gültigkeit durch die Nebenpole (*I III*) und (*II III*) bestimmt wird, womit auch g_{III} festliegt. Der Maßstab der Einflußlinie wird im Abstand h_6 vom Nebenpol (*I II*) zwischen g_I und g_{II} oder auch im Abstande $h_6/2$ vom Nebenpol (*II III*) zwischen g_{II} und g_{III} erhalten. Wird bei kinematischer Ermittlung der Maßstab vorweg festgelegt, so ist die Ordinate 1 im Abstande h_6 vom Nebenpol (*I II*) von der Nullinie aus aufzutragen und ihr Endpunkt mit dem Nullpunkt (*I II*) zu verbinden. Diese Gerade bestimmt unter b die Ordinate $b\,b'$.

Durch (*I*)–(*I III*) und (*II*)–(*II III*) kann Hauptpol (*III*) auf dem Untergurt bestimmt werden, womit der Nullpunkt der Geraden g_{III} bestätigt wird.

Die Diagonale des Feldes *6–7* (Abb. 89b) wird durch einen Zwischenknoten unterteilt. Auf die obere Hälfte — D_7 — ist die Unterteilung ohne Einfluß, was durch die Rechnung oder einfacher durch Kennzeichnung der bei Wegnahme von D_7 entstehenden Scheiben bestätigt wird. Wenn als richtig erkannt ist, daß die Einflußlinien für die Obergurtstäbe sich durch die Unterteilung nicht ändern, so ist auch aus der Gleichgewichtsbedingung für die im Obergurtknoten zusammentreffenden Stäbe die gleiche Feststellung für D_7 zu folgern.

Die Einflußlinie für D_7 kann aus der Momentengleichung für den Bezugspunkt d als Schnittpunkt der Gurtungen des Feldes *6—7* gefunden werden. Für eine Last $P = 1$ rechts des geschnittenen Feldes wird

$$D_7 = -A\, x_d / r_d = -\frac{1 \cdot b}{l} \frac{x_d}{r_d},$$

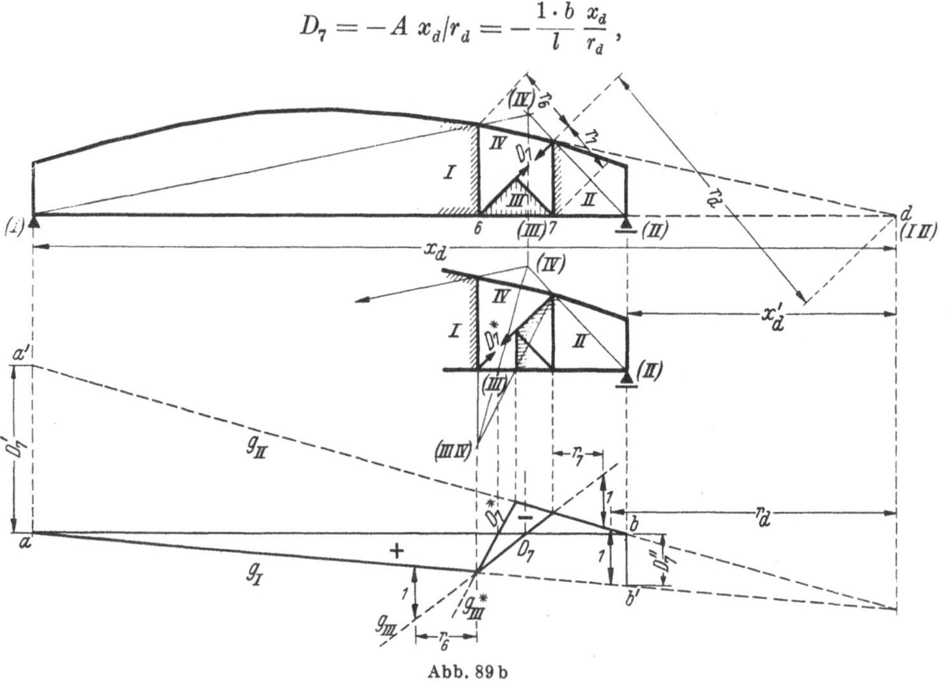

Abb. 89 b

das ist die Gerade g_b oder g_{II}, die unter a die Ordinate $D_7' = -\, x_d / r_d$ abschneidet. Wandert die Last von a bis zum Punkt *6*, so wird

$$D_7 = B\, x_d' / r_d = \frac{+\,1 \cdot a}{l} \frac{x_d'}{r_d},$$

das ist die Gerade g_a oder g_I, die mit $a = l$ in b die Ordinate $D_7'' = x_d' / r_d$ ergibt. Ist der Bezugspunkt d zeichnerisch nicht ausreichend genau zu bestimmen, so werden die maßgebenden Ordinaten zweckmäßiger nach Gl. (26) aus

$$D_7' = \left(\frac{6}{h_6} - \frac{7}{h_7}\right) d_7 \quad \text{und} \quad D_7'' = \left(\frac{2}{h_6} - \frac{1}{h_7}\right) d_7$$

berechnet. Die Geraden g_I und g_{II} müssen sich unter dem Bezugspunkt d schneiden, der als Nebenpol der Scheiben *I* und *II* erkannt wird. Ihre Gültigkeit ist aber durch Punkt *6* der Scheibe *I* und Punkt *7* der Scheibe *II* begrenzt. Zwischen *6* und *7* ist für Belastung der Scheibe *III* die Gerade g_{III} maßgebend, deren Nullpunkt dem Hauptpol (*III*) entspricht. Er wird auf dem Untergurt lotrecht unter (*IV*) gefunden, da der Nebenpol (*III IV*) auf der Lotrechten im Unendlichen liegt. Zur Zeichnung der Einflußlinie wird er jedoch nicht benötigt, da diese durch die Geraden g_I und g_{II} sowie die Nebenpole (*I III*) und (*II III*) bereits eindeutig bestimmt ist.

Der Maßstab $\eta = 1$ der Einflußlinie erscheint zwischen den Geraden g_I und g_{II} im Abstande r_d vom Nebenpol (*I II*), er kann aber auch zwischen g_I und g_{III} bzw. zwischen g_{II} und g_{III} bestimmt werden. Das Vorzeichen gewinnt man unabhängig von der Rechnung aus der Bewegung der Kette infolge einer positiven Längenänderung $\overline{\Delta d_7}$, bei welcher sich der von den Untergurtstäben gebildete untere Randwinkel der Scheiben *I* und *III* bei Punkt *6* vergrößert und derjenige der Scheiben *III* und *II* bei Punkt *7* verkleinert, so daß sich in *6* eine positive und in *7* eine negative Ordinate der Einflußlinie ergibt.

Für die untere Hälfte der Diagonale — D_7^* — erhält man eine von D_7 abweichende Stabkraft aus ständigen Lasten, die durch die Zwischenvertikale eingeleitet werden. Eine wandernde Last $P = 1$ ergibt unterschiedliche Werte nur dann, wenn sie sich zwischen den Knotenpunkten *6* und *7* bewegt. Die Ordinaten D_7' und D_7'' behalten ihre Gültigkeit, nur ist zu beachten, daß $D_7^* = -A\, x_d/r_d$ auch dann noch zutrifft, wenn die Last von rechts in das Feld *6—7* bis zum Zwischenpfosten vorrückt, so daß g_{II} bis zu diesem Punkt gültig bleibt. Zwischen g_I und g_{II} wird in Punkt *6* die Ordinate

$$D_7' \frac{2\lambda + x_d'}{x_d} = -\frac{2\lambda + x_d'}{r_d} = -d_7/h_7$$

abgeschnitten, und somit ergibt die Unterteilung für D_7^* im Zwischenknoten gegenüber D_7 eine Änderung der Einflußordinate um

$$\Delta\eta = -d_7/2h_7 = \Delta D_7 .$$

Die Einflußlinie wird wieder durch den Polplan bestätigt, der für die Scheibe *III* jetzt die Gerade g_{III}^* ergibt.

In Abb. 89c ist schließlich noch die Einflußlinie für die Lotrechte L_6 wiedergegeben, für deren Berechnung der Bezugspunkt v maßgebend ist. Aus der Momentengleichung um v erhält man für $A = 1$ und $B = 1$ in

$$L_6' = 1 \cdot x_v/r_v \quad \text{und} \quad L_6'' = -1 \cdot x_v'/r_v$$

die maßgebenden Ordinaten in a und b. Ohne Benutzung dieses Bezugspunktes können sie auch aus $\Sigma V = 0$:

$$1 - L_6' - O_6' \sin\beta = 0 \quad \text{und} \quad 1 + L_6'' + O_6'' \sin\beta = 0$$

zu

$$L_6' = 1 + \frac{6\lambda}{h_6}\,\frac{h_6 - h_7}{\lambda} = 7 - 6\,\frac{h_7}{h_6}$$

und

$$L_6'' = -1 + \frac{2\lambda}{h_6}\,\frac{h_6 - h_7}{\lambda} = 1 - 2\,\frac{h_7}{h_6}$$

berechnet werden.

Auch diese Einflußlinie bleibt von der Unterteilung unberührt, was unmittelbar auch wieder aus derjenigen für D_7 gefolgert werden kann und durch den Polplan bestätigt wird. Bei der Kennzeichnung der Scheiben ist zu beachten, daß durch den Zwischenknotenpunkt der

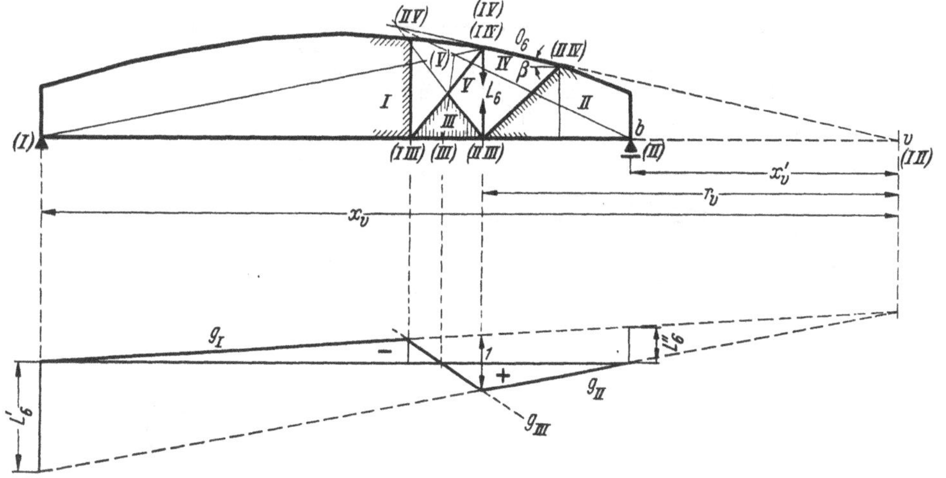

Abb. 89c

Diagonalen D_6 ein Gelenkviereck entsteht und der Obergurtknotenpunkt *6* nicht mehr zweistäbig an Scheibe *I* angeschlossen ist. Da Hauptpol (*I*) wieder im festen Lager *a* liegt, ergeben die Nebenpole (*I III*) und (*II III*) den Untergurt als geometrischen Ort für die Hauptpole (*III*) und (*II*), und (*II*) fällt mit *b* zusammen. Die Nebenpole (*I V*) und (*I IV*) liegen im Obergurtknoten *6*, und damit wird (*I II*) mit *v* zusammenfallend gefunden. Über den Nebenpol (*II V*) kann Hauptpol (*V*) bestimmt und damit schließlich Hauptpol (*III*) gefunden werden, um den Nullpunkt von g_{III} zu bestätigen.

Auch in den Einflußlinien für D_7^* und L_8 kann i. a. auf die Ermittlung des Hauptpoles (*III*) verzichtet werden, da der Verlauf der Einflußlinien durch die Hauptpole (*I*) und (*II*) und die Nebenpole (*I III*) und (*II III*) bereits festliegt. Es ist also keineswegs erforderlich, den vollständigen Polplan zu zeichnen. Man wird jeweils nur diejenigen Haupt- und Nebenpole zeichnen und benutzen, die zur Erzielung größtmöglicher Genauigkeit am besten geeignet sind.

Abb. 90 zeigt einen Parallelfachwerkträger mit oben liegender Fahrbahn und etwas anders gearteter Unterteilung, die sich hier auf die

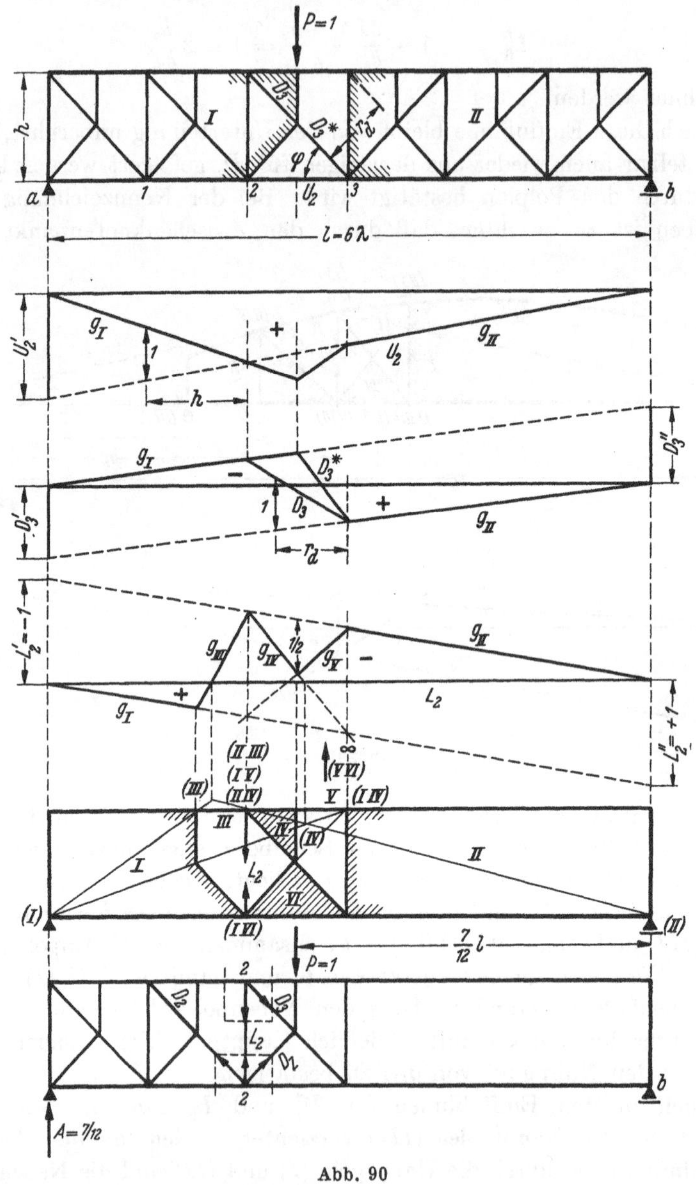

Abb. 90

Einflußlinien für U, D^* und L auswirkt. Die Markierung der Scheiben I und II läßt die Gültigkeit der Geraden g_I und g_{II} für U und D^* aus der auf dem Obergurt wandernden Last sofort erkennen.

Bemerkenswert ist der Einfluß der Unterteilung auf die Lotrechte, deren Einflußlinie aus 5 Geraden besteht. Bei Wegnahme des Stabes L_2 entsteht eine Kette aus 6 Scheiben, und die Last wandert auf dem Obergurt über 5 dieser Scheiben. Hauptpol (*VI*) liegt auf dem Untergurt, und somit muß (*II*) wieder mit *b* zusammenfallen. Der Nebenpol (*I IV*) liegt im Obergurtknotenpunkt *3* als Schnittpunkt der die Scheiben *I* und *IV* verbindenden Stäbe, und gleicherweise wird (*II IV*) im Obergurtknoten *2* gefunden. In letzteren fallen auch die Nebenpole (*II III*) und (*I V*), einerseits auf dem Obergurt und andererseits auf der Diagonalen D_3 bzw. auf der Lotrechten durch (*I VI*) zum unendlich fernen Nebenpol (*V VI*). Weiterhin lassen sich dann auch die Hauptpole (*III*), (*IV*) und (*V*) finden und können als Kontrolle benutzt werden. Die Geraden g_I und g_{II} sind wieder die gleichen wie für das System ohne Unterteilung, und durch die Nebenpole im Obergurt als Lastgurt sind die Einflußgeraden g_{III}, g_{IV} und g_V mit größerer Genauigkeit als bei Benutzung der Hauptpole bestimmt. Die so gefundenen Ordinaten werden durch die Rechnung bestätigt. Steht die Last $P = 1$ im Zwischenknotenpunkt im Abstand $\frac{7}{12} l$ vom Auflager *b*, so ist für den Obergurtknotenpunkt *2* die Gleichgewichtsbedingung

$$L_2 + D_3 \sin\varphi = 0$$

mit

$$L_2 = -A - D_z \sin\varphi = -\,7/12 + 1/2 = -\,1/12$$

und

$$D_3 \sin\varphi = A + D_z \sin\varphi = +\,1/12$$

erfüllt. Gleichzeitig wird für den Untergurtknoten *2*

$$\Sigma V = O = L_2 + D_2 \sin\varphi + D_z \sin\varphi$$

mit $L_2 = -\,1/12$, $D_2 \sin\varphi = +\,7/12$ und $D_z \sin\varphi = -\,1/2$ bestätigt.

Für die Ermittlung von Einflußlinien für *mehrteilige* Fachwerke nach Art der Abb. 91 werden gern Geschwindigkeitspläne benutzt, doch kann auch hier der Polplan schnell zum Ziele führen. Wie an der Einflußlinie für die mittlere Diagonale gezeigt wird, entsteht zwar durch Ausschaltung des Stabes *D* eine Kette mit einer größeren Anzahl von Scheiben, Abb. 91a, aber es erübrigt sich und wäre unzweckmäßig, die Nullpunkte der Einflußlinie über die Hauptpole der Scheiben zu bestimmen, da die Einflußgeraden durch die Nebenpole bereits mit größerer Genauigkeit bestimmt sind. Die Nebenpole der Scheibe *I* gegen *II*, *III* und *IV* liegen auf dem Obergurt und die der Scheibe *I* gegen *VIII*, *VII*, *VI* und *V* auf dem Untergurt. Daraus folgt, daß auch die Hauptpole der letztgenannten Scheiben auf dem Untergurt liegen und (*V*) mit dem Stützpunkt *a* zusammenfällt. Hauptpol (*IV*) liegt auf der Auflagerlotrechten. In der Richtung der Diagonalen im Unendlichen liegen die Nebenpole (*II VI*) und (*III V*) bzw. (*II VIII*), (*III VII*) und (*IV VI*). Der Nebenpol (*I VII*) wird im Schnittpunkt der *I* und *VII* verbindenden Stäbe gefunden, und (*I VI*) fällt durch (*I II*)–(*II VI*) mit (*I VII*) zusammen. Ferner sind die Nebenpole (*I III*) und (*I IV*) auf dem Obergurt durch (*I VII*)–(*III VII*) und (*I VI*)–(*IV VI*) bestimmt, und damit wird (*I V*) gefunden.

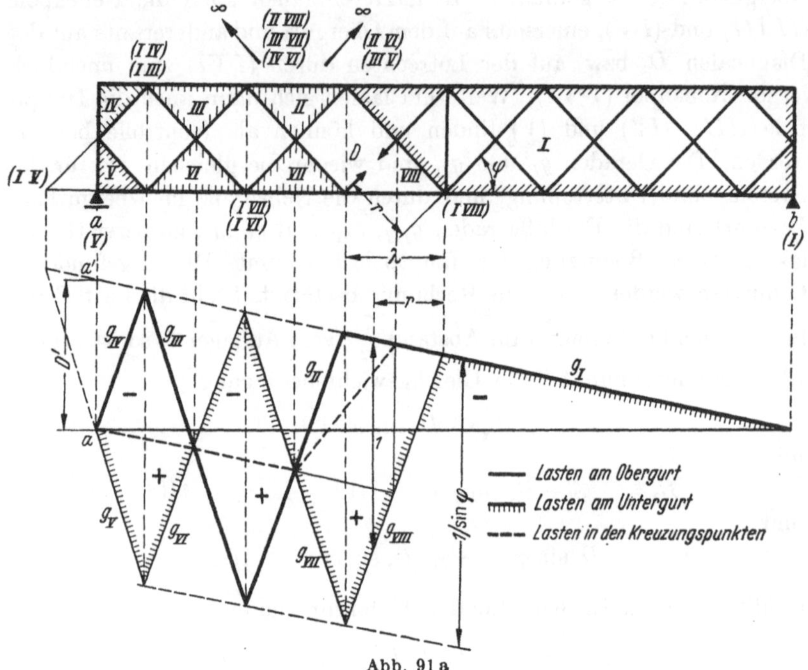

Abb. 91 a

Die Zeichnung der Einflußlinie beginnt unter Beachtung der mit einer positiven Längenänderung $\overline{\Delta d}$ verbundenen Rechtsdrehung der Scheibe *I* mit den Geraden g_I und g_V. Durch die Knickpunkte unter den Nebenpolen ergeben sich dann zwangläufig die Geraden g_{VI}, g_{VII}, g_{VIII} für Lastangriff am Untergurt sowie die Geraden g_{IV}, g_{III}, g_{II} für Lastangriff am Obergurt. Der Maßstab der Einflußlinie ist durch die Ordinate „1" im Abstande r vom Nebenpol (*I VIII*) zwischen g_I und g_{VIII} bestimmt. Daraus ergibt sich im Abstande $\lambda/2$ die Ordinate $\lambda/2r = 1/2 \sin\varphi$; das ist wieder die Ordinate $a\,a' = D'$ aus $A = 1$.

Als Zeichenkontrolle ist zu beachten, daß die Geraden $g_{V,III,VII}$ einerseits und die Geraden $g_{IV,VI,II,VIII}$ andrerseits in Hinsicht auf die Lage der Nebenpole (∞) parallel verlaufen müssen, daß die Schnittpunkte der Geraden g_{III} und g_{VI} bzw. g_{II} und g_{VII} wiederum den Nebenpolen, d. h. hier den Kreuzungspunkten der Diagonalen entsprechen, und daß schließlich die Schnittpunkte der Geraden g_V und g_{VI}, g_{III} und g_{II}, g_{VII} und g_{VIII} auf einer Parallelen zu g_I im lotrechten Abstand $1/\sin\varphi$ liegen müssen.

Greifen die Lasten in den Kreuzungspunkten der Diagonalen an, so ist die Einflußlinie durch die Ordinaten in diesen Punkten bestimmt, wodurch sich eine Gerade — in Abb. 91a gestrichelt — ergibt, die ebenfalls zu g_I parallel verläuft.

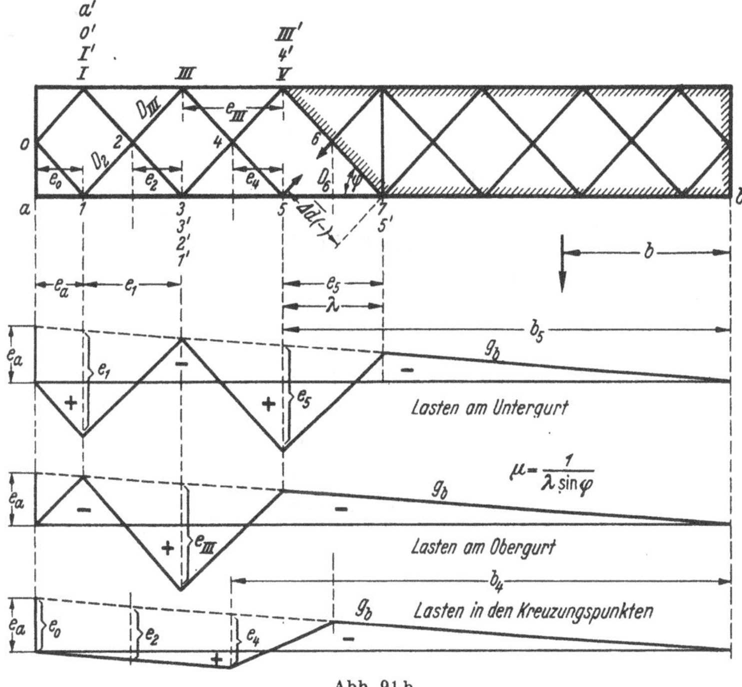

Abb. 91 b

In Abb. 91 b werden die gleichen Einflußlinien, nur in anderem Maßstab, aus dem Geschwindigkeitsplan unter der Annahme abgeleitet, daß die schraffierte Scheibe zunächst als unverschieblich festgehalten und die Führung des Lagers a als beseitigt angesehen wird. Dadurch entfällt die Zeichnung des Polplanes, doch muß dabei in Kauf genommen werden, daß die Arbeit der Stützkraft A in die Gleichung zur Berechnung von D eingeht, wenn a' nicht auf die Wirkungslinie von A fällt. Punkt *5* kann sich nur auf einem Kreisbogen um *7* bewegen, seine senkrechte Geschwindigkeit fällt in die Stabrichtung *5—7* und wird mit *5—5'* willkürlich angenommen. Das bedeutet eine virtuelle Stablängenänderung $\overline{\Delta d} = -\lambda \sin\varphi$, die negativ einzusetzen ist, da *5'—6* in Richtung *5—6* gesehen nach links weist (s. S. 55). Man findet *4'* auf *V—4* und auf der Parallelen zu *5—4* durch *5'* mit *V* zusammenfallend. Auch *III'* auf *V—III* und auf der Parallelen zu *4—III* durch *4'* fällt in den Obergurtknoten *V*. Weiterhin findet man, daß *3'*, *2'* und *1'* im Untergurtknoten *3* und daß *I'*, *O'* und *a'* im Obergurtknoten *I* zusammenfallen.

Wandert nun eine Last $P = 1$ auf der schraffierten Scheibe im Abstande b vom rechten Auflager, so ergibt das Prinzip der virtuellen Verrückungen nach den Ausführungen zu Gl. (43)

$$A\, e_a - D\, \overline{\Delta d} = 0$$

und mit $A = 1 \cdot b/l$ wird

$$D = -\frac{e_a\, b}{l}\, \frac{1}{\lambda \sin\varphi}\,.$$

Mit $b = l$ und $e_a = \lambda/2$ erhält man $D = -1/2 \sin\varphi = D'$ aus $A = 1$. Wird $\mu = 1/\lambda \sin\varphi$ als Multiplikator der Einflußlinie abgesondert, so ist die Einflußgerade g_b mit $b = l$ durch die Ordinate $-e_a$ in a bestimmt. Die Gerade g_b ist gültig bis zu den Punkten *7*, *V* oder *6*, je nachdem der Lastgurt unten, oben oder in der Mitte liegt. Sie hat weiterhin Gültigkeit, wenn die Last $P = 1$ im Untergurtknoten *3* oder im Obergurtknoten *I* steht, da $e_3 = 0$ und $e_I = 0$. Sie bestimmt somit auch in diesen Punkten die endgültigen Einflußordinaten. Steht jedoch die Last $P = 1$ in einem der Punkte i, in denen sie bei der virtuellen Verrückung einen Beitrag zur Arbeit der äußeren Lasten liefert, der hier in allen Fällen durch ein um i' linksdrehendes Moment bestimmt ist, so ergibt sich aus $A\, e_a - 1 \cdot e_i + D\, \lambda \sin\varphi = 0$ die Stabkraft

$$D = \frac{1}{\lambda \sin\varphi}\left(-\frac{e_a\, b_i}{l} + e_i\right).$$

Den durch die Gerade g_b gegebenen Ordinaten sind somit die Ordinaten e_i zu überlagern. Auf diese Weise erhält man auch für die Punkte *1* und *5* (Lasten am Untergurt), für Punkt *III* (Lasten am Obergurt) und für die Punkte *2* und *4* (Lasten in den Kreuzungspunkten) die endgültigen Ordinaten, womit die über den Polplan gewonnenen Einflußlinien bestätigt werden.

Abschließend sei noch der Weg zur analytischen Ermittlung der Einflußlinien gewiesen. Für eine rechts von D_6 stehende Last $P = 1$ wird $D_6 = A_r\, D_6' = D_6'\, b/l$, das ist die Gerade g_I oder g_b der Abb. 91a, b. Aus $A = 1$ wird in rechtssteigenden Diagonalen $D' = -\frac{1}{2 \sin\varphi}$ und in linkssteigenden Diagonalen $D' = +\frac{1}{2 \sin\varphi}$. Eine Last $P = 1$ in Punkt *5* ergibt $A = 1 \cdot b_5/l$, und am Knoten *5* führt die Gleichgewichtsbedingung

$$D_5 \sin\varphi + D_6 \sin\varphi - 1 = 0$$

zu der Stabkraft

$$D_6 = +\frac{1}{\sin\varphi} - D_5 = \frac{1}{\sin\varphi} - \frac{1}{2\sin\varphi}\frac{b_5}{l}$$

in Übereinstimmung mit der Zeichnung nach Abb. 91a.

Nach Abb. 91b erhält man in Punkt *5* aus $\mu\,(e_5 - e_a\, b_5/l)$ nach Einsetzen von μ wieder den gleichen Wert der Ordinate. Steht $P = 1$ in Punkt *3*, so ist $A = b_3/l$, und aus dem Gleichgewicht für die Knotenpunkte des Diagonalzuges *1–III–5* folgt

$$D_1 = -D_2 = -D_{III} = D_4 = D_5 = -D_6 = \frac{b_3}{l}\frac{1}{2\sin\varphi}\,.$$

20. Durchlaufbalken mit Gelenken

Die Berechnung des aus p Scheiben bestehenden Durchlaufträgers mit $p-1$ Gelenken und $a = p + 2$ Stützungen wird durch eine Folge von einfachen Balken mit und ohne Kragarm bestimmt. Auch die Einflußlinien sind dadurch gekennzeichnet. In Abb. 92 sind die Biegemomente und Querkräfte infolge einer Belastung $P_m = 1$ der rechten Scheibe aufgetragen, wobei mit der Berechnung am rechten Balken von der Stützweite l_3 begonnen wird.

Aus $M_m = 1 \cdot a_3\, b_3/l_3$ ergibt sich

$$M_k = -1 \cdot b_3/l_3 \cdot (d_2 - x_k)\,,$$

das Moment über der Stütze c zu

$$M_c = -1 \cdot b_3/l_3 \cdot d_2\,,$$

über der Stütze b zu

$$M_b = +1 \cdot b_3/l_3 \cdot d_2/l_2 \cdot d_1$$

und schließlich

$$M_i = +1 \cdot b_3/l_3 \cdot d_2/l_2 \cdot d_1/l_1 \cdot x_i\,.$$

Aus $Q_{m\,l} = 1 \cdot b_3/l_3$ erhält man im Kragarm die Querkraft Q_k von gleicher Größe, zwischen den Stützen b und c die Querkraft

$$Q = M_c/l_2 = -1 \cdot b_3/l_3 \cdot d_2/l_2 \quad \text{und} \quad Q_i = M_i/x_i\,.$$

Biegemomente und Querkräfte erstrecken sich über den ganzen Träger, und somit müssen auch die Einflußlinien für Biegemoment und Querkraft in einem Punkt i zwischen a und b sich von a bis d erstrecken. Für den in a und b gestützten Balken wird mit dem Auftragen der Einflußgeraden g_a und g_b begonnen. Über b hinaus ist die Gerade g_b bis zur Lotrechten durch das Gelenk g_1 zu verlängern. Wandert die Last von g_1 aus weiter nach rechts, so nimmt ihr Einfluß auf M_i und Q_i linear ab und wird Null, wenn $P = 1$ über c steht. Dem entspricht die Gerade g_c, die wieder bis zum Gelenk g_2 Gültigkeit hat, und durch g_d ist der Einfluß der zwischen g_2 und d angreifenden Lasten bestimmt.

In m ist die Ordinate der Einflußlinie für M_i somit

$$\eta_{m,M} = x_i/l_1 \cdot d_1/l_2 \cdot d_2/l_3 \cdot b_3$$

und diejenige für die Querkraft $\eta_{m,Q} = \eta_{m,M}/x_i$ in Übereinstimmung mit den vorweg aus $P_m = 1$ errechneten Werten von M_i und Q_i.

Eine Last, die sich zwischen a und k bewegt, hat auf M_k und Q_k keinen Einfluß; in den durch Ausschaltung von M_k bzw. Q_k entstehenden

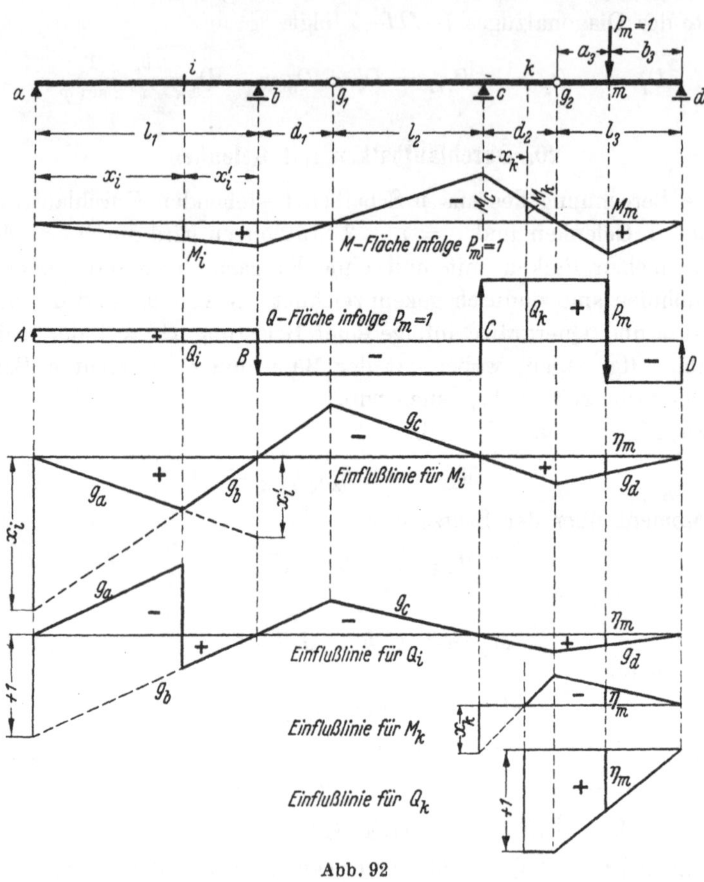

Abb. 92

Ketten liegen die Scheiben zwischen a und k unverschieblich fest. Die Einflußlinien für M_k und Q_k erstrecken sich somit von k bis d und weisen unter m als Ordinaten wieder die in der M- und Q-Fläche infolge $P_m = 1$ ermittelten Werte M_k und Q_k auf.

In Abb. 93 sind die Einflußlinien für einige Stäbe eines Fachwerk-Gelenkträgers mit oben liegender Fahrbahn wiedergegeben. Der Stab $U_{6,r}$ ist spannungslos für Lasten zwischen a und b. Die Einflußlinie ist bestimmt durch die Ordinate im Gelenk g, die sich aus der Momentengleichung um Punkt *6* zu $U_{6,r} = -1 \cdot d/r_6$ ergibt. Kinematisch betrachtet muß die Gerade g_b im Abstande r_6 die Ordinate „1" ergeben. Die Stabkraft in $U_{6,l}$ ist aus der gleichen Einflußlinie zu ermitteln, denn für Punkt *b* führt

$$\Sigma H = O = U_{6,l} \cos\gamma_l - U_{6,r} \cos\gamma_r$$

zu

$$U_{6,l} = U_{6,r} \cos\gamma_r / \cos\gamma_l .$$

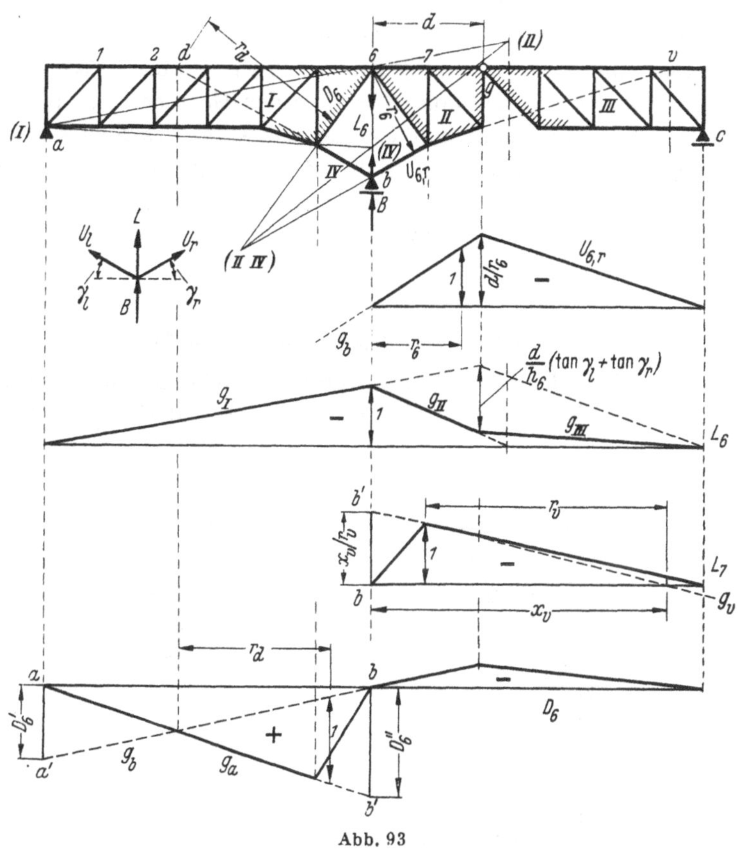

Abb. 93

Um die Einflußlinie für die Lotrechte L_6 über der Stütze *b* zu erhalten, wird aus $\Sigma V = 0$ in *b* auf

$$L_6 = -B - U_l \sin\gamma_l - U_r \sin\gamma_r$$

geschlossen, so daß die Einflußlinie durch entsprechende Überlagerung zu finden ist. Last 1 in *6* gibt $L_6 = -B = -1$. Für Laststellung $P = 1$ im Gelenk ist

$$U_l \cos\gamma_l = U_r \cos\gamma_r = -1 \cdot d/h_6 \quad \text{und} \quad L_6 = -B + d/h_6 \cdot (\operatorname{tg}\gamma_l + \operatorname{tg}\gamma_r),$$

womit der Verlauf durch die Ordinaten in b und g bestimmt ist. Die Entfernung des Stabes L_6 führt zu den in der Abb. 93 gekennzeichneten Scheiben und Hauptpolen, durch die die Geraden g_I bis g_{III} bestätigt werden.

Die Lotrechte L_7 des Kragarmes ist aus der Momentengleichung für den Bezugspunkt v zu berechnen. Ihre Einflußlinie ist durch die Ordinaten in g und 7, also durch die Gerade g_v bestimmt, die unter v durch Null geht, unter b die Ordinate $b\,b' = -\,x_v/r_v$ $(= L_7''$ aus $B = 1)$ abschneidet und in 7 die Ordinate -1 aufweist.

Die Einflußlinie für D_6 ergibt sich durch die Ordinaten $a\,a' = D_6'$ (aus $A = 1$) und $b\,b' = D_6''$ (aus $B = 1$) in den Geraden g_a und g_b mit Kontrolle durch den Schnittpunkt d der Gurtstäbe des Feldes 6 und Festlegung ihrer Gültigkeit durch die Begrenzung der Scheiben bei Ausfall des Stabes D_6. Bei kinematischer Ermittlung erscheint im Abstande r_d vom Nebenpol d zwischen g_a und g_b die Einheit der Einflußlinie.

21. Dreigelenkbogen, Stabbogen- und Hängetragwerke

Zur Ermittlung der Einflußlinien werden zunächst allgemein gültige Gleichungen für Biegemoment M_i, Querkraft Q_i und Normalkraft N_i

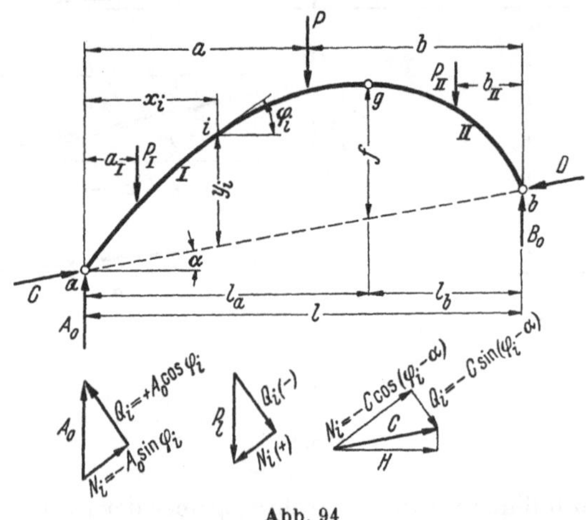

Abb. 94

infolge *lotrechter* Belastung aufgestellt. Die in den festen Lagern auftretenden Stützkräfte werden mit ihren lotrechten Komponenten A_0 und B_0 und ihren in die Wirkungslinie a–b fallenden Komponenten C und D eingeführt. Die Momentengleichungen für b und a lauten dann (Abb. 94):

$$A_0\,l - \Sigma\,P\,b = 0 \quad \text{und} \quad B_0\,l - \Sigma\,P\,a = 0$$

und liefern die Stützkräfte wie beim einfachen Balken

$$A_0 = \frac{1}{l} \Sigma P b \quad \text{und} \quad B_0 = \frac{1}{l} \Sigma P a. \tag{51}$$

Aus der Gelenkbedingung

$$A_0 l_a - \Sigma P_I (l_a - a_I) - C f \cos\alpha = 0$$

oder

$$B_0 l_b - \Sigma P_{II} (l_b - b_{II}) - D f \cos\alpha = 0$$

wird der Horizontalschub

$$C \cos\alpha = D \cos\alpha = H = \frac{M_{og}}{f} \tag{52}$$

gewonnen, da die beiden ersten Glieder der Gleichungen das Biegemoment M_{og} an der Stelle g des einfachen Balkens von der Stützweite l unter lotrechter Belastung darstellen. Werden die links von i stehenden Lasten mit P_l gekennzeichnet, so ergibt sich mit den Bezeichnungen der Abb. 94:

$$M_i = A_0 x_i - \Sigma P_l (x_i - a) - C y_i \cos\alpha = M_{oi} - H y_i \tag{53}$$

$$Q_i = A_0 \cos\varphi_i - \Sigma P_l \cos\varphi_i - C \sin(\varphi_i - \alpha) = Q_{oi} \cos\varphi_i - H \frac{\sin(\varphi_i - \alpha)}{\cos\alpha} \tag{54}$$

$$N_i = -A_0 \sin\varphi_i + \Sigma P_l \sin\varphi_i - C \cos(\varphi_i - \alpha) = -Q_{oi} \sin\varphi_i - H \frac{\cos(\varphi_i - \alpha)}{\cos\alpha}. \tag{55}$$

In diesen Gleichungen sind M_{oi} und Q_{oi} Biegemoment und Querkraft an der Stelle i des einfachen Balkens von der Stützweite l unter lotrechter Belastung. Aus ihnen lassen sich unmittelbar die Einflußlinien für lotrechte Lasten durch Überlagerung von Einflußlinien am einfachen Balken gewinnen, wenn die durch die vorstehenden Gleichungen gegebenen Multiplikatoren beachtet werden.

Aus Gl. (52) erhält man zunächst die Einflußlinie für den Horizontalschub H aus der durch den Bogenpfeil f geteilten Einflußlinie für das Biegemoment an der Stelle g des einfachen Balkens mit den Ordinaten

$$l_a/f = H' \text{ (infolge } A_0 = 1) \quad \text{und} \quad l_b/f = H'' \text{ (infolge } B_0 = 1).$$

Bei kinematischer Ermittlung der Einflußlinie wäre ein Lager waagrecht verschieblich und eine waagrechte Verrückung dieses Lagers von der Größe „1" anzunehmen. Damit ist eine gegenseitige Drehung der Scheiben im Gelenk von der Größe $1/f$ verbunden, so daß zwischen g_a und g_b im Abstande f vom Nebenpol g die Ordinate „1" bestimmt wird, Abb. 95.

Die Einflußlinie für M_i ist aus denjenigen für M_{oi} und H durch Überlagerung zu finden, nachdem letztere mit $-y_i$ multipliziert worden ist, Gl. (53). Da beide Einflußlinien verschiedene Vorzeichen haben, erscheint ihre Differenz bei Auftragung beider nach derselben Seite der Nullinie in der schraffierten Fläche der Abb. 95. Um eine durchgehende waagrechte Nullinie zu erhalten, wird zweckmäßiger $a\,a' = +\,x_i$ nach unten und $b\,b' = -\frac{l_b}{f}\,y_i$ nach oben aufgetragen. Damit findet man die maßgebende Gerade a'–b', deren Nullpunkt durch eine Laststellung P

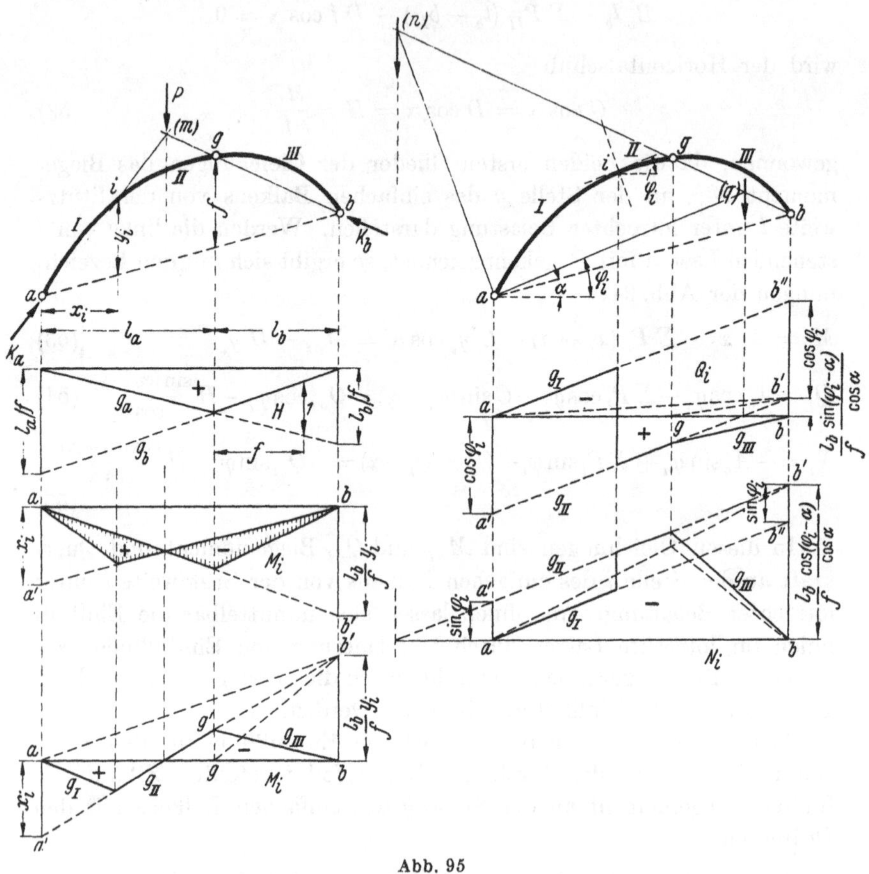

Abb. 95

in (m) bestimmt wird, für welche der Stützdruck K_a durch i und K_b durch g weist. Ihre Gültigkeit ist durch die Lotrechten durch i und g begrenzt. In (m) erkennt man den Hauptpol der Scheibe II und in i und g die Nebenpole der Scheiben, die durch Annahme eines Gelenkes in i entstehen. Werden a und g mit b' verbunden, so ist in bezug auf a–b' als Nullinie wieder die vorzunehmende Überlagerung der beiden Einflußlinien M_{oi} und $-\,H\,y_i$ ersichtlich, da die Ordinaten der Geraden g_{III} mit denen des Dreiecks $g\,g'\,b'$ übereinstimmen.

Die Einflußlinie für Q_i ergibt sich entsprechend nach Gl. (54) durch die Auftragung der Ordinaten

$$aa' = +1 \cdot \cos\varphi_i, \quad bb' = -\frac{l_b}{f}\,\frac{\sin(\varphi_i - \alpha)}{\cos\alpha} \quad \text{und} \quad b'b'' = -1 \cdot \cos\varphi_i .$$

Auch hier ist a'–b' die maßgebende Gerade der Einflußlinie im Bereiche der Scheibe II. Ihr Nullpunkt wird durch deren Hauptpol (q) bestimmt. Da $(I\,II)$ in Richtung der Tangente an die Stabachse im Unendlichen liegt, wird er im Schnittpunkt der Parallelen hierzu durch a mit b–g gefunden. Eine Last P in (q) — als Belastung der Scheibe II aufgefaßt — erzeugt in a einen Stützdruck K_a, für den $Q_i = 0$ wird. Die Gerade $g_I \,\|\, g_{II}$ ist durch a–b'' bestimmt, und die Lotrechten durch i und g begrenzen wieder die Gültigkeit der Geraden.

In der Einflußlinie für N_i haben nach Gl. (55) die beiden zu überlagernden Flächen gleiche Vorzeichen. Es ist

$$aa' = -1 \cdot \sin\varphi_i, \quad bb' = -\frac{l_b}{f}\,\frac{\cos(\varphi_i - \alpha)}{\cos\alpha} \quad \text{und} \quad b'b'' = +1 \cdot \sin\varphi_i$$

aufzutragen, wiederum a'–b' sowie a–b'' zu ziehen und die Gültigkeit der Geraden durch die Lotrechten durch i und g festzulegen. Wird in i eine gegenseitige Verschiebung der Querschnitte in Richtung der Stabachse ermöglicht, so liegt der Nebenpol $(I\,II)$ auf der Normalen hierzu im Unendlichen, und Hauptpol (n) der Scheibe II wird auf der Parallelen zu dieser Normalen durch a im Schnittpunkt mit b–g gefunden, dem der Nullpunkt der Geraden g_{II} entsprechen muß. Eine Last in (n) — als Belastung der Scheibe II aufgefaßt — führt zu einem Stützdruck K_a, der in i keine Normalkraft erzeugt.

Auch in den Einflußlinien für Q_i und N_i wird die vorgenommene Überlagerung von Einflußlinien am einfachen Balken wieder erkennbar, wenn man die Verbindungslinie a–b' als Nullinie ansieht. Allen Einflußlinien ist gemeinsam, daß in aa' der Wert der gesuchten Größe aus $A_0 = 1$, in bb' ihr Wert infolge H'' (aus $B_0 = 1$) und gegebenenfalls $b'b''$ infolge $B_0 = 1$ aufzutragen ist.

Folgt die Stabachse des Dreigelenkbogens einer gewöhnlichen Parabel, so ist mit den Bezeichnungen der Abb. 95

$$y_i = \frac{f}{l_a\, l_b}\, x_i\, (l - x_i). \tag{56}$$

Eine gleichmäßig verteilte Belastung g t/m ergibt das Biegemoment

$$M_i = \frac{g}{2}\, x_i\, (l - x_i) - H\, y_i$$

und mit

$$H = \left(\frac{g\, l}{2}\, l_a - \frac{g}{2}\, l_a^2\right) \frac{1}{f} = \frac{g\, l_a\, l_b}{2 f}$$

erhält man $M_i = 0$. Auf die Stützweite l gleichmäßig verteilte Belastung erzeugt keine Biegemomente und somit auch keine Querkräfte im Bogen. Als Kontrolle für die Einflußlinien ergibt sich daraus, daß ihr Flächeninhalt $F = 0$ sein muß, was sich durch dessen Berechnung leicht bestätigen läßt. Der Inhalt der Einflußfläche für M_i ist

$$F = \frac{x_i\,(l - x_i)}{l}\,\frac{l}{2} - \frac{l_b}{f}\,\frac{f}{l_a\,l_b}\,x_i\,(l - x_i)\,\frac{l_a}{l}\,\frac{l}{2} = 0.$$

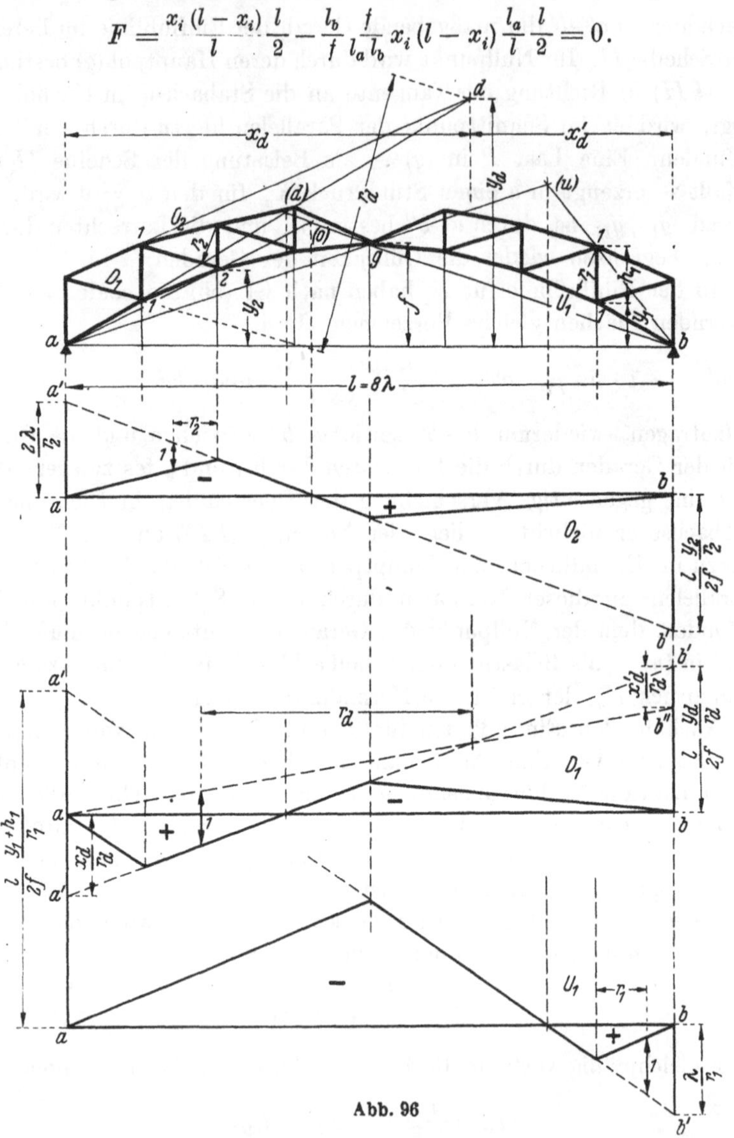

Abb. 96

Da sich die Stabkräfte eines Fachwerks ganz allgemein aus den Biegemomenten für die Bezugspunkte ergeben, $S_i = \pm\, M_i/r_i$, so lassen sich daraus wieder ihre Einflußlinien gewinnen, wenn $M_i = M_{oi} - H\,y_i$ gesetzt wird. In Abb. 96 sind die Einflußlinien für die Gurtstäbe O_2

und U_1 sowie für die Diagonale D_1 eines Dreigelenk-Fachwerkbogens aufgetragen. Sie gelten ebenfalls, wenn ein Lager waagrecht verschieblich ausgeführt wird und die Stützpunkte durch ein Zugband verbunden werden.

Einflußlinie für O_2:

Aus
$$O_2 = -\frac{M_2}{r_2} = -\frac{M_{o2}}{r_2} + H\frac{y_2}{r_2}$$
ergeben sich die Ordinaten
$$aa' = -\frac{2\lambda}{r_2} \quad \text{und} \quad bb' = +\frac{l}{2f}\cdot\frac{y_2}{r_2}.$$
Der Nullpunkt der Geraden a'—b' ist durch den Hauptpol (o) im Schnittpunkt von a—2 und b—g bestimmt. Eine Einzellast P in (o) liefert $M_2 = 0$.

Einflußlinie für D_1:

Aus
$$D_1 = +\frac{M_d}{r_d} = +\frac{M_{od}}{r_d} - H\frac{y_d}{r_a}$$
ergeben sich die Ordinaten
$$aa' = +\frac{x_d}{r_d}, \quad bb' = \frac{l}{2f}\frac{y_d}{r_d} \quad \text{und} \quad b'b'' = +\frac{x'_d}{r_d}.$$

Der Nullpunkt der Geraden a'—b' ist durch den Hauptpol (d) im Schnittpunkt von a—d und b—g bestimmt, während der Bezugspunkt d dem Schnittpunkt von a'—b' und a—b'' entsprechen muß. Die Auftragung von $b'b''$ erübrigt sich bei der Einflußlinie für die Diagonale im ersten Feld. Um die Einflußlinie mit genügender Genauigkeit zu erhalten, muß die Lage des Bezugspunktes d sowie r_d gegebenenfalls rechnerisch ermittelt werden. Einfacher ist dann mit d_1 als Länge der Diagonale die Berechnung von
$$aa' = D_1' = \frac{d_1}{h_1} \quad \text{und} \quad bb' = \frac{l}{2f}\frac{y_1}{h_1}\frac{d_1}{\lambda}.$$
Allgemein ergibt sich für eine Diagonale D_n, wenn $l = m\lambda$ die Stützweite ist,
$$aa' = \left(\frac{n}{h_n} - \frac{n-1}{h_{n-1}}\right)d_n = D_n' \text{ aus } A = 1,$$
$$b'b'' = \left(\frac{m-n}{h_n} - \frac{m-n+1}{h_{n-1}}\right)d_n = D_n'' \quad \text{aus} \quad B = 1,$$
$$bb' = \frac{l}{2f}\left(\frac{y_n}{h_n} - \frac{y_{n-1}}{h_{n-1}}\right)\frac{d_n}{\lambda} \quad \text{infolge} \quad H'' = \frac{l}{2f}.$$
Einflußlinie für U_1:

Aus
$$U_1 = +\frac{M_1}{r_1} = +\frac{M_{o1}}{r_1} - H\frac{y_1}{r_1}$$
ergeben sich die Ordinaten
$$bb' = +\frac{\lambda}{r_1} \quad \text{und} \quad aa' = -\frac{l}{2f}\frac{y_1 + h_1}{r_1}.$$

Der Nullpunkt der Geraden a'–b' ist durch den Hauptpol (u) im Schnittpunkt von a–g und b–1 bestimmt.

In diesen Einflußlinien sind auch die Ordinaten „1“ eingetragen, wie sie sich bei kinematischer Ermittlung ergeben. Ihre Richtigkeit wird durch die Ordinaten in a und b bestätigt. Zu den Einflußlinien für O und D ist noch zu bemerken, daß sich der Inhalt ihrer Flächen zu

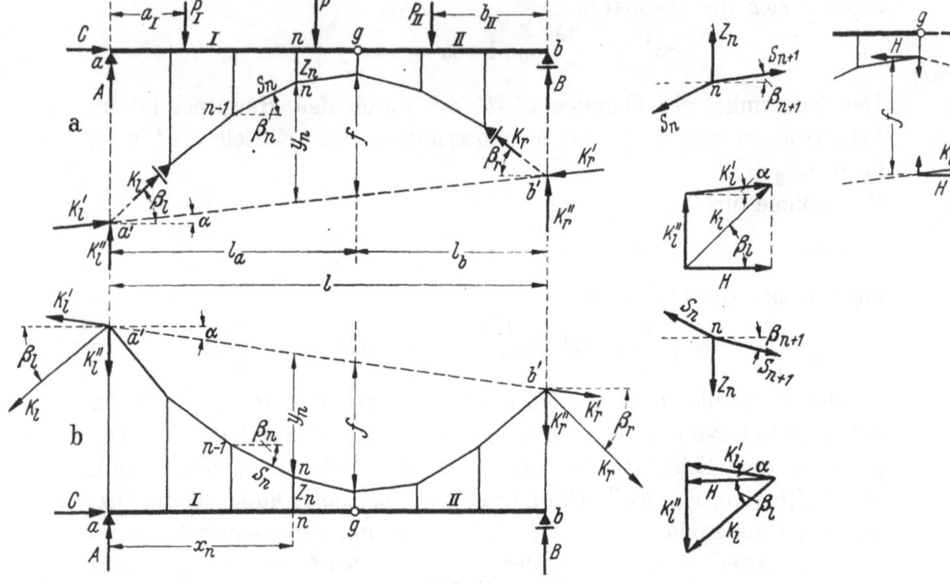

Abb. 97 a u. b

Null ergeben muß, wenn die Knotenpunkte des Untergurtes mit dem Gelenk g auf einer gewöhnlichen Parabel liegen. Das trifft auch für die Lotrechten zu, sofern Lasten nur in den Knotenpunkten des Untergurtes angreifen, da gleiche Knotenlasten $G = g\,\lambda$ Stabkräfte nur in den Stäben des Untergurtes erzeugen.

Für die in Abb. 97 dargestellten Tragwerke, Stabbogen und Hängegurtung mit Versteifungsträger, werden bei *lotrechter* Belastung der Scheiben I und II für die Stützkräfte sowie für Biegemomente und Querkräfte im Versteifungsträger allgemeine Gleichungen gleicher Art wie für den Dreigelenkbogen aufgestellt. Die Zahl der erforderlichen Stützungen ergibt sich nach Gl. (14) zu $a = p + 2 + 2k_1 - s_1$, und man erhält

$$a = 2 + 2 + 2 \cdot 6 - 11 = 5 \qquad \text{(für System } a\text{)}$$

und

$$a = 2 + 2 + 2 \cdot 8 - 15 = 5 \qquad \text{(für System } b\text{)}.$$

In beiden Fällen sind die 5 Stützkräfte A, B, C, K_l und K_r zu bestimmen. Die letztgenannten werden in Schnittpunkten mit den Lotrechten durch

a und b durch ihre Komponenten K' und K'' in die Rechnung eingeführt. Bei lotrechter Belastung ist $C = 0$ und $K_l' = K_r'$. Die Komponenten

$$\left.\begin{aligned} K_l \cos\beta_l &= K_l' \cos\alpha = H \\ K_r \cos\beta_r &= K_r' \cos\alpha = H \end{aligned}\right\} \tag{57}$$

werden im System a als Horizontalschub und im System b als Horizontalzug bezeichnet. Die Zusammenfassung von

$$A + K_l'' = A_0 \quad \text{und} \quad B + K_r'' = B_0 \quad \text{(System } a\text{)}$$
$$A - K_l'' = A_0 \quad \text{und} \quad B - K_r'' = B_0 \quad \text{(System } b\text{)}$$

führt mit den Bezeichnungen der Abb. 97 über die Momentengleichungen um b und a wieder zu

$$A_0 = \frac{1}{l}\Sigma\, P\, b \quad \text{und} \quad B_0 = \frac{1}{l}\Sigma\, P\, a.$$

Aus den Kraftecken für Punkt a' ist

$$K_l'' = H\,(\operatorname{tg}\beta_l - \operatorname{tg}\alpha) \quad \text{(für System } a\text{)}$$

und

$$K_l'' = H\,(\operatorname{tg}\beta_l + \operatorname{tg}\alpha) \quad \text{(für System } b\text{)}$$

zu entnehmen. Damit, und aus entsprechenden Kraftecken für die Punkte b', erhält man die Stützkräfte

$$\left.\begin{aligned} A &= A_0 - K_l'' = A_0 - H\,(\operatorname{tg}\beta_l - \operatorname{tg}\alpha) \\ B &= B_0 - K_r'' = B_0 - H\,(\operatorname{tg}\beta_r + \operatorname{tg}\alpha) \end{aligned}\right\} \text{(für System } a\text{)}, \tag{58}$$

$$\left.\begin{aligned} A &= A_0 + K_l'' = A_0 + H\,(\operatorname{tg}\beta_l + \operatorname{tg}\alpha) \\ B &= B_0 + K_r'' = B_0 + H\,(\operatorname{tg}\beta_r - \operatorname{tg}\alpha) \end{aligned}\right\} \text{(für System } b\text{)}. \tag{59}$$

Sofern keine äußeren Lasten in den Knotenpunkten des Stabbogens bzw. der Hängegurtung angreifen, bestehen für diese die Gleichgewichtsbedingungen

$$S_n \sin\beta_n - S_{n+1} \sin\beta_{n+1} - Z_n = 0$$

und

$$S_n \cos\beta_n - S_{n+1} \cos\beta_{n+1} = 0.$$

Nun ergibt sich aus dem Gleichgewicht in den Stützpunkten des Stabbogens bzw. in den Punkten a' und b' die konstante Horizontalkomponente aller Stabkräfte S zu

$$\left.\begin{aligned} S_n \cos\beta_n = S_{n+1} \cos\beta_{n+1} &= -H \quad \text{(System } a\text{)} \\ &= +H \quad \text{(System } b\text{)}, \end{aligned}\right. \tag{60}$$

und daraus folgt schließlich

$$Z_n = S_n \sin\beta_n - S_{n+1} \sin\beta_{n+1} = \mp H\,(\operatorname{tg}\beta_n - \operatorname{tg}\beta_{n+1}). \tag{61}$$

Soll die Gelenkbedingung aufgestellt werden, so ist ein Schnitt durch das Tragwerk zu führen, der den Stabbogen und die Hängegurtung bei g schneidet. Um diese Gelenkbedingung möglichst einfach zu gestalten, ist es zweckmäßig, einmal unmittelbar neben der Lotrechten durch das Gelenk die Horizontalkomponente H und die Vertikalkomponente der Stabkraft des geschnittenen Stabes einzuführen und andrerseits K_l' in der Wirkungslinie bis zur Lotrechten durch g zu verschieben und dort ebenfalls durch Horizontal- und Vertikalkomponente zu ersetzen. Da die lotrechten Komponenten durch g weisen, bleibt nur das Kräftepaar $H\,f$, in beiden Fällen für die linke Scheibe linksdrehend, zu berücksichtigen, und die Gelenkbedingung lautet:

$$A_o\, l_a - \Sigma\, P_I\,(l_a - a_I) - H\, f = 0.$$

Da die beiden ersten Glieder das Biegemoment M_{og} des einfachen Balkens unter lotrechter Belastung an der Stelle g darstellen, wird wieder

$$H = \frac{M_{og}}{f}. \tag{62}$$

Nunmehr lassen sich die Gleichungen für Biegemomente M_n und Querkräfte Q_n an beliebiger Stelle des Versteifungsträgers aufstellen, wobei zu beachten ist, daß wiederum Schnitte zu führen sind, durch welche auch die Stabkräfte S_n in die Rechnung eingehen. Auch hier wird wie bei Aufstellung der Gelenkbedingung verfahren. Werden die links von n stehenden Lasten mit P_l eingeführt, so wird das Biegemoment M_n erhalten aus

$$A_o\, x_n - \Sigma\, P_l\,(x_n - a) = M_{on}$$

und aus dem Moment der Kräfte K_l' und S_n, die jetzt auf der Lotrechten durch n in ihre Komponenten zerlegt werden und somit zum Biegemoment den Beitrag $-H\, y_n$ liefern, so daß sich wieder ergibt:

$$M_n = M_{on} - H\, y_n. \tag{63}$$

Für einen Schnitt durch Feld n erhält man ferner die Querkraft

$$Q_n = A_o - \Sigma\, P_l + K_l' \sin\alpha \pm S_n \sin\beta_n$$

und mit

$$K_l' \sin\alpha = H \operatorname{tg}\alpha \quad \text{und} \quad S_n \sin\beta_n = \mp H \operatorname{tg}\beta_n$$

für beide Systeme

$$Q_n = Q_{on} - H\,(\operatorname{tg}\beta_n - \operatorname{tg}\alpha). \tag{64}$$

Die Anwendung der Gleichungen zur Ermittlung der Einflußlinien zeigt Abb. 98. In allen Fällen ist unter a wieder der Wert S' des einfachen Balkens aus $A = 1$, unter b der Wert der Stabkraft aus $H'' = \frac{l}{2f}$ und gegebenenfalls S'' aus $B = 1$ aufgetragen. Die Ermittlung der Nullpunkte (*o*), (*u*) und (*d*) der Einflußgeraden a'—b' kann über die Polpläne erfolgen, doch ergibt sich ihre Lage auch aus den folgenden Überlegungen. Geht die Wirkungslinie des Stützdruckes K_a (als Resultierende aus A und H) durch Punkt *4* des Stabbogens, so wird das Moment für den Bezugspunkt von O_4 durch K_a und die Schnittkraft S_4 — beide in Punkt *4* des Stabbogens angreifend — bestimmt. Da ihre waagrechten Kom-

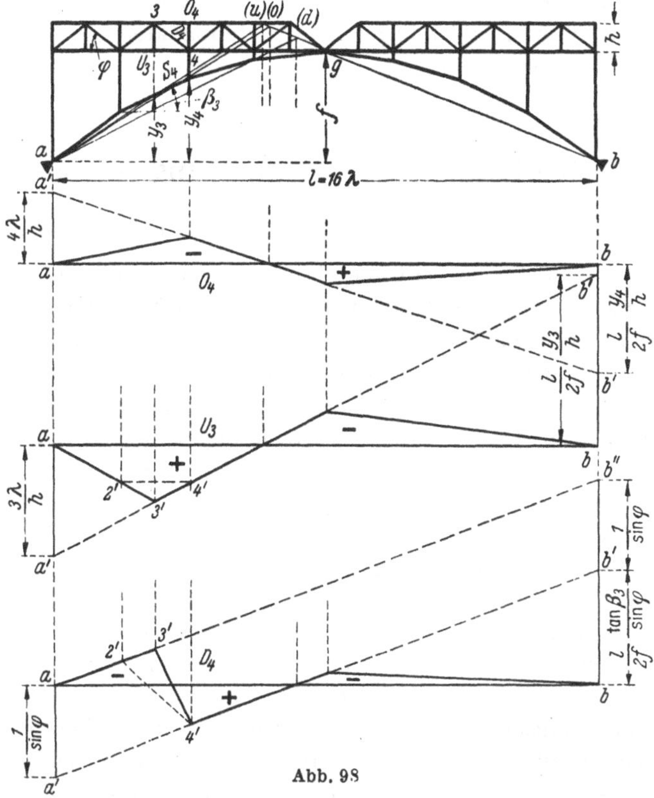

Abb. 98

ponenten H sich aufheben und die lotrechten Komponenten durch den Bezugspunkt gehen, ist $M_4 = 0$. Im Schnitt mit b—g wird somit in (*o*) die Laststellung gefunden, für welche O_4 zu Null wird. Gleiche Schlußfolgerungen bestimmen die Lage von (*u*) auf b—g und auf der Verbindungslinie von a mit dem lotrecht unter *3* liegenden Punkt des Stabbogens. Verläuft die Wirkungslinie K_a parallel zu S_4, so ist $S_4 = -K_a$. In einem Schnitt durch Feld *4* heben sich ihre lotrechten Komponenten auf, so daß $D_4 = 0$ wird, womit die Lage von (*d*) bestimmt ist.

Über die Flächeninhalte F der Einflußlinien lassen sich auch hier Angaben machen, sofern die Knotenpunkte des Stabbogens mit dem Scheitelpunkt g auf einer gewöhnlichen Parabel liegen. Für die Obergurtstäbe wird $F = 0$. Für Untergurtstäbe und Diagonalen trifft das nur dann zu, wenn die Abstützung des Versteifungsträgers auf den Stabbogen in allen Knotenpunkten erfolgt. Bei der hier vorliegenden Ausfachung des Versteifungsträgers muß sich $F = +\frac{\lambda^2}{2h}$ für die U-Stäbe und $F = -\frac{\lambda}{2\sin\varphi}$ für die D-Stäbe ergeben. Das sind die Flächeninhalte der Dreiecke *2' 3' 4'*, die in den Einflußlinien abzuschneiden sind, wenn in den ungeraden Knotenpunkten des Versteifungsträgers keine Lasten angreifen.

V. Die Lösung der Formänderungsaufgabe

22. Die Arbeitsgleichung und ihre Anwendung. Belastungseinheiten

Wie bereits in Abschn. II.6 ausgeführt, besteht die Lösung der Formänderungsaufgabe in der Ermittlung der Verschiebungskomponenten u und v der Knotenpunkte. Sie setzt die Kenntnis des Gleichgewichtszustandes, für den die Formänderung bestimmt werden soll, und die Bemessung aller Glieder des Tragwerkes voraus, so daß die Formänderungsgrößen Δs, Δds, $\Delta d\varphi$ und dv infolge gegebener Lasten und infolge von Temperaturänderungen nach Gl. (16) bis (19) als bekannt anzusehen sind.

Die $2k$ Verschiebungskomponenten u und v können durch die Lösung eines Systems linearer Gleichungen gewonnen werden, wie in Abschn. II.6 an einem Beispiel gezeigt wurde. Eine graphische Lösung dieser Gleichungen kann mit Hilfe des Williotschen Verschiebungsplanes erfolgen, der für die Formänderungsaufgabe das Gegenstück zum Cremonaplan der Gleichgewichtsaufgabe darstellt, aber nicht dessen Bedeutung hat, da in den wenigsten Fällen die Kenntnis sämtlicher Verschiebungskomponenten notwendig und daher die Rechnung vorzuziehen ist. In den weitaus meisten Fällen genügt eine Teillösung, die darin bestehen kann, daß

1. die Verschiebung eines Punktes in bestimmter Richtung,
2. die gegenseitige Abstandsänderung zweier Knotenpunkte,
3. die Drehung einer Geraden oder
4. die gegenseitige Drehung zweier Geraden

gesucht wird.

Die Lösung dieser vier Grundaufgaben wird mit Hilfe des Prinzips der virtuellen Verrückungen, Gl. (43),

$$\Sigma P_m \overline{\delta_m} + \Sigma M_a \overline{\tau_a} + \Sigma C \overline{c} + \Sigma E \overline{\tau_e} - \Sigma S \overline{\Delta s} - \Sigma N \overline{\Delta s}$$
$$- \Sigma M \overline{\Delta\varphi} - \Sigma Q \overline{\Delta v} = 0$$

durchgeführt, indem an Stelle des tatsächlichen ein virtueller Gleichgewichtszustand und an Stelle der virtuellen Verrückungen die tatsächlich auftretenden Verschiebungen δ_m der Knotenpunkte und die tatsächlichen Formänderungen der Glieder eingeführt werden. Das ist zulässig, da letztere die an die virtuellen Verrückungen gebundenen Voraussetzungen erfüllen, daß es sich um kleine und mit den geometrischen Bedingungen des Systems verträgliche Formänderungen handelt. Als virtueller Belastungszustand wird in Abhängigkeit von der zu lösenden Grundaufgabe gewählt:

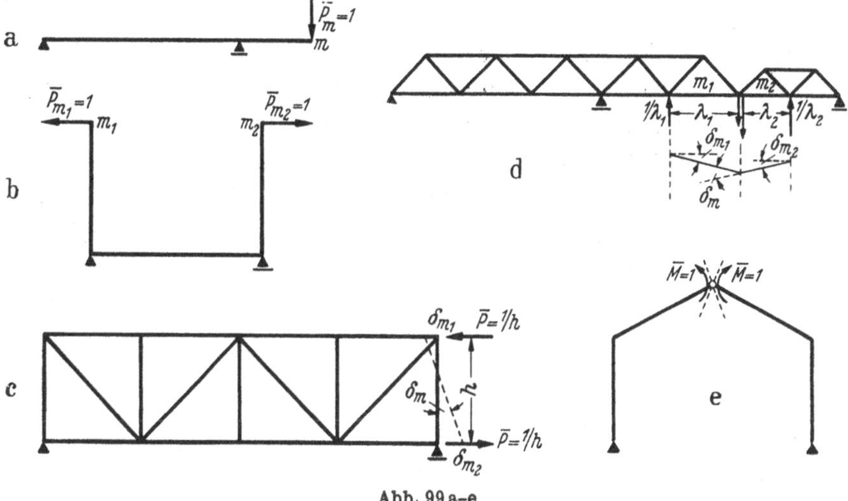

Abb. 99a–e

1. Die Belastungseinheit des Punktes, bestehend in einer Einzellast $\bar{P}_m = 1$ in Richtung der gesuchten Verschiebung δ_m des Punktes m; die von ihr geleistete Arbeit ist $1 \cdot \delta_m$, Abb. 99a.

2. Die Belastungseinheit des Punktpaares, bestehend in zwei Lasten $\bar{P}_{m1} = 1$ und $\bar{P}_{m2} = 1$, die in den Punkten m_1 und m_2 in Richtung der Verbindungslinie im Sinne einer Vergrößerung (oder Verkleinerung) des Abstandes der Knotenpunkte anzunehmen sind; ihre Arbeit

$$1 \cdot \delta_{m1} + 1 \cdot \delta_{m2} = 1 \cdot \delta_m$$

stellt die Abstandsänderung dar, Abb. 99b.

3. Die Belastungseinheit der Geraden, bestehend in einem Moment oder einem Kräftepaar von der Größe $\bar{M} = 1$, welches bei der Drehung der Geraden m um den Winkel δ_m die Arbeit $1 \cdot \delta_m$ leistet, Abb. 99c. Die Drehung der Geraden m durch die Knotenpunkte m_1 und m_2 beträgt

$$\delta_{m1}/h + \delta_{m2}/h = \delta_m .$$

4. Die Belastungseinheit des Geradenpaares, bestehend in zwei Momenten oder Kräftepaaren von der Größe 1, die bei der Drehung der Geraden m_1 und m_2 um die Winkel δ_{m1} und δ_{m2} die Arbeit

$$1 \cdot \delta_{m1} + 1 \cdot \delta_{m2} = 1 \cdot \delta_m$$

leisten. Nach Abb. 99d ist die gegenseitige Drehung der Untergurtstäbe m_1 und m_2 im Gelenk $\delta_{m1} + \delta_{m2} = \delta_m$. Die gegenseitige Drehung der Querschnitte im Gelenk eines biegesteifen Stabes ist gekennzeichnet durch die gegenseitige Drehung der Stabachsen oder ihrer Normalen im Gelenk, und die Belastungseinheit besteht in einem Doppelmoment von der Größe 1, Abb. 99e.

In allen Fällen hat $1 \cdot \delta_m$ die Dimension Kraft × Länge, da δ_m in den Belastungseinheiten 3. und 4. einen Winkel darstellt. An Stelle von $\Sigma\, P_m\, \overline{\delta_m}$ oder $\Sigma\, M_a\, \overline{\tau}_a$ als Arbeit der äußeren Lasten tritt somit die Arbeit der Belastungseinheit $1 \cdot \delta_m$.

Im allgemeinen werden durch die Belastungseinheiten Stützkräfte $\overline{C}$ und Einspannmomente $\overline{E}$ hervorgerufen, die zur Arbeit der äußeren Lasten den Beitrag

$$\Sigma\, \overline{C}\, c + \Sigma\, \overline{E}\, \tau_e = \overline{L} \tag{65}$$

liefern, wenn c und τ_e etwa auftretende Stützensenkungen und Verdrehungen sind. Die Belastungseinheiten des Punktpaares und des Geradenpaares erfüllen die Gleichgewichtsbedingungen; sie erzeugen daher keine Stützkräfte, wenn sie auf Knotenpunkte oder Geraden wirken, die ein und derselben Scheibe angehören.

Die durch die Belastungseinheiten erzeugten Widerstände in den inneren Gliedern, $\overline{M}$, $\overline{N}$, $\overline{Q}$ und $\overline{S}$ liefern die Arbeit der inneren Kräfte

$$A_i = -\Sigma \int \overline{M}\, \Delta d\varphi - \Sigma \int \overline{N}\, \Delta ds - \Sigma \int \overline{Q}\, dv - \Sigma\, \overline{S}\, \Delta s. \tag{66}$$

An Stelle der Summen in der allgemeinen Gleichung (43) müssen hier die Integrale über alle biegesteifen Stäbe treten, da die inneren statischen Größen $\overline{Z}_i$ sowohl wie die Formänderungsgrößen $\Delta d\varphi$, Δds und dv von Punkt zu Punkt ihre Größe ändern können, während für die Anwendung der Gl. (43) gerade die Beschränkung der virtuellen Verrückungen $\overline{\Delta i}$ auf eine einzige Größe, die zur Berechnung der Unbekannten Z_i führt, kennzeichnend ist. Somit erhält man zur Lösung der Formänderungsaufgabe ganz allgemein die Gleichung

$$1 \cdot \delta_m + \overline{L} + A_i = 0$$

oder

$$1 \cdot \delta_m = -A_i - \overline{L} = \Sigma \int \overline{M}\, \Delta d\varphi + \Sigma \int \overline{N}\, \Delta ds + \Sigma \int \overline{Q}\, dv + \Sigma\, \overline{S}\, \Delta s - \overline{L} \tag{67}$$

als Arbeitsgleichung für die Belastungseinheiten. Um die bekannten Größen des Gleichgewichtszustandes, für den die Formänderungsaufgabe zu lösen ist, unmittelbar verwenden zu können, werden die Formänderungsgrößen nach Gl. (16) bis (19) eingeführt, und man erhält aus gegebener Belastung:

$$1 \cdot \delta_m = \Sigma \int \frac{M \overline{M}\, ds}{E I} + \Sigma \int \frac{N \overline{N}\, ds}{E F} + \Sigma \int \frac{Q \overline{Q}\, ds}{\varkappa G F} + \Sigma \frac{S \overline{S}\, s}{E F} \tag{68}$$

aus gegebener Temperaturänderung:

$$1 \cdot \delta_m = \alpha_t \left(\Sigma \int \overline{M} \frac{\Delta t}{h} ds + \Sigma \int \overline{N}\, t\, ds + \Sigma\, \overline{S}\, t\, s \right) \tag{69}$$

aus gegebenen Stützenverschiebungen:

$$1 \cdot \delta_m = -\overline{L}. \tag{70}$$

Von der Übereinstimmung der Dimensionen auf beiden Seiten der Gleichungen kann man sich leicht überzeugen. Wird auf beiden Seiten durch die Krafteinheit bzw. Momenteneinheit dividiert, so erhält man δ_m als Länge oder als Bogenmaß am Einheitskreis.

23. Beispiele

1. Beispiel. Ist ein Stab von der Länge s an einem Ende gelenkig und am anderen Ende verschieblich gelagert, so hat eine gleichmäßige Temperaturänderung um $t°$ die Längenänderung $\Delta s = \alpha_t\, t\, s$ zur Folge, die sich frei auswirken kann. Sind jedoch beide Endpunkte unverschieblich gestützt, so daß eine Längenänderung nicht eintreten kann, so ergibt sich nach Gl. (16) für $\Delta s = 0$ die in dem Stab durch die Temperaturänderung erzeugte Kraft zu $S = -\alpha_t\, t\, E\, F$ unabhängig von der Stablänge. Für ein I P 30 mit $F = 154$ cm² erhält man mit $\alpha_t = 0{,}000012$ und $E = 2100$ t/cm² bei $t = 20°$ Temperaturerhöhung die recht beachtliche Druckkraft $S = -77{,}6$ t.

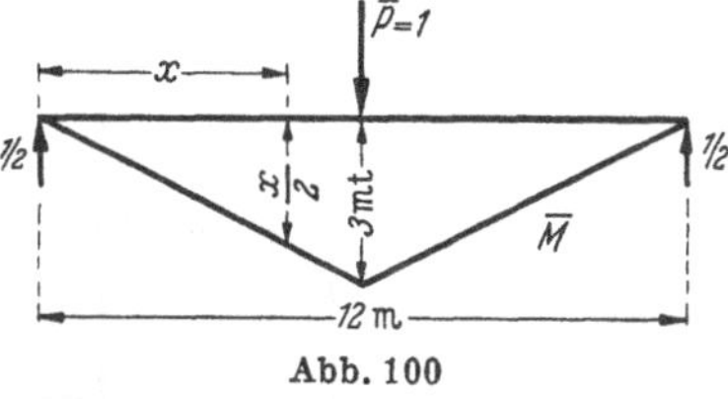

Abb. 100

2. Beispiel. Ein Stahlträger, I 60, von 12 m Länge sei an beiden Enden unterstützt und der Sonnenbestrahlung so ausgesetzt, daß die Temperatur am oberen Rande $t_o = +40°$ und am unteren Rande $t_u = +25°$ betrage, also $\Delta t = t_u - t_o = -15°$ ist. Nach Einführung der Belastungseinheit nach Abb. 100 ergibt sich die Durchbiegung in Balkenmitte aus

$$1.\, \delta_m = \alpha_t \frac{\Delta t}{h} \int \overline{M}\, ds = -12 \cdot 10^{-6} \cdot \frac{15}{0{,}6} \cdot \frac{3 \cdot 12}{2} \text{ (mt)}$$

zu $\delta_m = -5{,}4$ mm, d. h. es findet in Balkenmitte eine Hebung — entgegengesetzt der angenommenen Richtung $\overline{P_m} = 1$ — um 5,4 mm statt.

Infolge des Eigengewichtes, $g = 0{,}2$ t/m, biegt sich der Balken aber nach unten durch. Mit $M_x = \frac{g}{2}\, x\,(l - x)$ und $\overline{M}_x = \frac{1}{2}\, x$ ergibt sich

$$\left.\begin{aligned} \delta_m &= \frac{2}{E\,I}\int\limits_0^{l/2} \frac{g}{2}\, x\,(l-x)\,\frac{x}{2}\,dx = \frac{5}{384}\cdot\frac{g\,l^4}{E\,I} \\ \text{und mit}\quad \frac{g\,l^2}{8} &= {}_{\max}M \quad\text{ist}\quad \delta_m = \frac{5}{48}\,\frac{{}_{\max}M\; l^2}{E\,I}\,. \end{aligned}\right\} \qquad (71)$$

Wird im Zähler dieser Gleichung das Biegemoment in cmt und die Stützweite l in m eingesetzt, so ergibt sich die Durchbiegung in cm, wenn die Biegesteifigkeit $E\,I$ durch $\frac{t}{m^2}\,\mathrm{m}^4$ ausgedrückt wird. Rechnet man mit E in t/cm² und I in cm⁴, so ist im Nenner der Faktor 10^{-4} zu berücksichtigen, so daß für Stahl $E\,I = 2100 \cdot I \cdot 10^{-4} = 0{,}21\, I$ zu setzen ist. Mit $\frac{5}{48 \cdot 0{,}21} \approx \frac{1}{2}$ erhält man die für die Zahlenrechnung zweckmäßige Formel

$$\delta_{m\,(\mathrm{cm})} = \frac{\max M\,(\mathrm{cmt}) \cdot l^2\,(\mathrm{m}^2)}{2\, I_{(\mathrm{cm}^4)}}\,. \qquad (72)$$

Im vorliegenden Fall ist ${}_{\max}M = \frac{0{,}2 \cdot 12^2}{8} = 3{,}6$ mt $= 360$ cmt, und mit $I = 139000$ cm⁴ wird

$$\delta_m = \frac{360 \cdot 12^2}{2 \cdot 139000} = 0{,}186\ \mathrm{cm},$$

so daß durch die angenommene ungleichmäßige Temperaturänderung noch eine Hebung um 3,54 mm in Balkenmitte eintritt.

3. Beispiel. Eine gleichmäßige Temperaturänderung um t° in den Pfosten und im Riegel des Rahmens Abb. 101 hat Verschiebungen der Knotenpunkte e und g und damit auch Verdrehungen der Stäbe zur Folge. Die Belastungseinheit zur Berechnung der waagrechten Verschiebung des Gelenkes g ergibt die eingetragenen Stützkräfte und die Normalkräfte

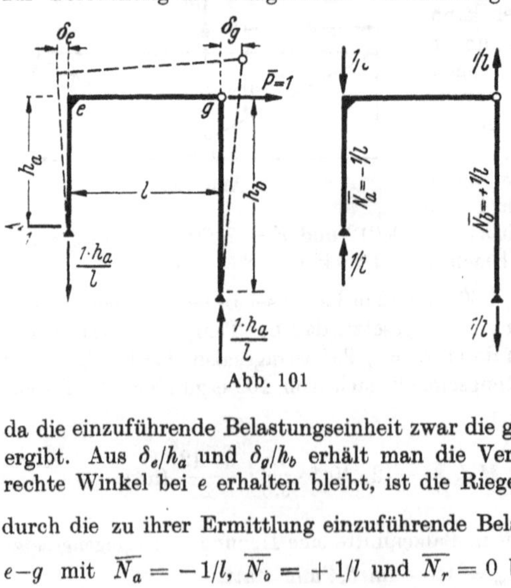

$$\overline{N_a} = +\,1 \cdot h_a/l,$$

$$\overline{N_b} = -\,1 \cdot h_a/l \quad\text{und}\quad \overline{N_r} = +\,1\,.$$

Somit wird

$$\delta_g = \alpha_t\, t \left[l - \frac{h_a}{l}\,(h_b - h_a) \right].$$

Abb. 101

Die Berechnung von δ_e in waagrechter Richtung liefert

$$\delta_e = -\,\alpha_t\, t\,\frac{h_a}{l}\,(h_b - h_a)\,,$$

da die einzuführende Belastungseinheit zwar die gleichen Stützkräfte, aber $\overline{N_r} = 0$ ergibt. Aus δ_e/h_a und δ_g/h_b erhält man die Verdrehungen der Pfosten. Da der rechte Winkel bei e erhalten bleibt, ist die Riegelverdrehung ebenfalls δ_e/h_a, was durch die zu ihrer Ermittlung einzuführende Belastungseinheit $\frac{1}{l} \cdot l$ der Geraden e–g mit $\overline{N_a} = -1/l$, $\overline{N_b} = +1/l$ und $\overline{N_r} = 0$ bestätigt wird.

Das Ergebnis der Rechnung ist hier wie in der folgenden Aufgabe auch leicht aus geometrischen Betrachtungen zu gewinnen, und es ist immer zu empfehlen, zur Kontrolle solche Betrachtungen anzustellen. Tritt eine Temperaturerhöhung nur im Riegel auf, so verlängert sich dieser um $\alpha_t\, t\, l$, und der rechte Pfosten neigt sich um $\alpha_t\, t\, l/h_b$ nach rechts. Bei gleichen Höhen h der Pfosten würde eine Temperaturerhöhung in den Pfosten allein eine gleichmäßige Hebung des Riegels um $\alpha_t\, t\, h$ zur Folge haben. Wegen der ungleichen Längen der Pfosten hebt sich der Punkt g um $\alpha_t\, t\,(h_b - h_a)$ mehr als e, so daß eine Linksdrehung des Riegels und damit auch des linken Pfostens um $\alpha_t\, t\,(h_b - h_a)/l$ eintritt.

4. Beispiel. Bei dem in Abb. 102 dargestellten Dreigelenkrahmen soll der Einfluß der Verschiebungen u_b und v_b des Stützpunktes b auf die Riegelverschiebung δ_r untersucht werden. Da diese nach Gl. (70) nur von den Stützkräften $\bar{C}$ abhängig ist, tritt für beide Ecken die gleiche Verschiebung

$$1 \cdot \delta_r = -\bar{L} = +\bar{B}\, v_b + \bar{H}_b\, u_b$$

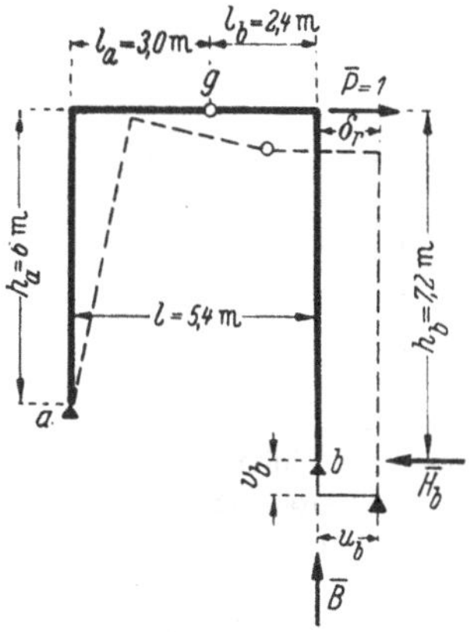

auf. Für $\bar{P} = 1$ ergeben sich die Stützkräfte aus der Momentengleichung um a:

$$\bar{B}\, l - \bar{H}_b\,(h_b - h_a) - 1 \cdot h_a = 0$$

Abb. 102

und der Gelenkbedingung:

$$\bar{B}\, l_b - \bar{H}_b\, h_b = 0\,,$$

deren Lösung zu

$$\bar{H}_b = \bar{B}\, l_b/h_b \quad \text{und} \quad \bar{B} = \frac{1 \cdot h_a\, h_b}{h_a\, l_b + h_b\, l_a}$$

führt.

Mit den eingetragenen Abmessungen wird

$$\bar{B} = \frac{1 \cdot 6 \cdot 7{,}2}{6 \cdot 2{,}4 + 7{,}2 \cdot 3} = 1{,}2\,\text{t} \quad \text{und} \quad \bar{H}_b = 1{,}2 \cdot 2{,}4/7{,}2 = 0{,}4\,\text{t}\,,$$

somit $\delta_r = 0{,}4\, u_b + 1{,}2\, v_b$.

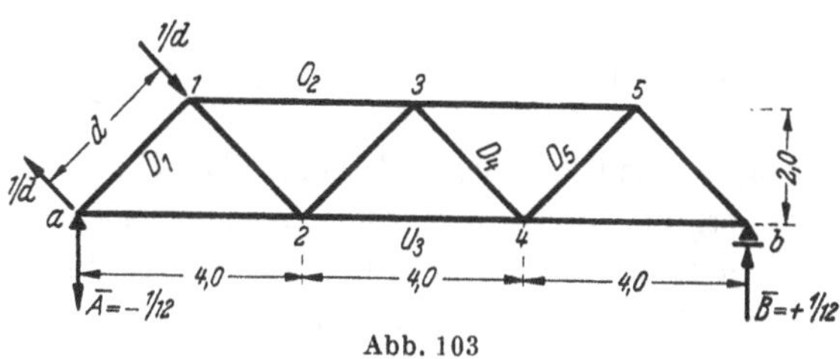

Abb. 103

5. Beispiel. Für den Fachwerkträger, Abb. 103, soll die Drehung δ_1 der Diagonalen D_1 unter Beibehaltung der Stablängenänderungen nach Abb. 39 berechnet werden. Die einzuführende Belastungseinheit ergibt die Stabkräfte

$$\bar{U}_1 = 5/12, \quad \bar{U}_3 = 3/12, \quad \bar{U}_5 = 1/12,$$

$$\bar{O}_2 = -4/12, \quad \bar{O}_4 = -2/12,$$

$$\bar{D}_1 = -2\sqrt{2}/12, \quad \bar{D}_2 = \bar{D}_4 = \bar{D}_6 = -\sqrt{2}/12 \quad \text{und} \quad \bar{D}_3 = \bar{D}_5 = +\sqrt{2}/12.$$

Die weitere Berechnung wird in einer Tabelle durchgeführt.

Stab	Δs (cm)	$12\bar{S}$ (t)	$12\bar{S}\Delta s$ +	$12\bar{S}\Delta s$ –
U_1	+ 0,23	+ 5	1,15	
U_3	+ 0,27	+ 3	0,81	
U_5	+ 0,23	+ 1	0,23	
O_2	– 0,21	– 4	0,84	
O_4	– 0,21	– 2	0,42	
D_1	– 0,27	$-2\sqrt{2}$	$0{,}54\sqrt{2}$	
D_2	+ 0,36	$-\sqrt{2}$		$0{,}36\sqrt{2}$
D_3	– 0,10	$+\sqrt{2}$		$0{,}10\sqrt{2}$
D_4	– 0,10	$-\sqrt{2}$	$0{,}10\sqrt{2}$	
D_5	+ 0,36	$+\sqrt{2}$	$0{,}36\sqrt{2}$	
D_6	– 0,27	$-\sqrt{2}$	$0{,}27\sqrt{2}$	

Aus $12\delta_1 = 12\,\Sigma\,\bar{S}\,\Delta s = 3{,}45 + 0{,}81\sqrt{2} = 4{,}595$ wird $\delta_1 = 0{,}383$ cm als Bogenmaß am Einheitskreis von 1 m gefunden. Die Berechnung der Verschiebungskomponenten (S. 20) hatte $u_1 = +\,0{,}575$ cm nnd $v_1 = -\,0{,}975$ cm ergeben, woraus sich nach Gl. (21) die Drehung der Enddiagonalen zu

$$\frac{0{,}575\,[\mathrm{cm}]}{d}\frac{1}{2}\sqrt{2} + \frac{0{,}957\,[\mathrm{cm}]}{d}\frac{1}{2}\sqrt{2} = \frac{1{,}532\,[\mathrm{cm}]}{2\sqrt{2}\,[\mathrm{m}]}\frac{1}{2}\sqrt{2} = 0{,}383\ \mathrm{cm/m}$$

ergibt.

24. Auswertung der Arbeitsgleichung. Elastische Gewichte

Die Zahlenrechnung wird, wenn ein Fachwerk vorliegt, in der Regel mit den Stabkräften S aus der gegebenen Belastung und mit den Verhältnissen F_c/F der Stabquerschnitte durchgeführt. Für F_c wird ein häufig vorkommender oder auch ein anderer geeigneter Querschnittswert gewählt. Man erhält dann aus Gl. (68) die $E\,F_c$-fachen Formänderungen

$$E\,F_c \cdot 1 \cdot \delta_m = \Sigma\,S\,\bar{S}\,s\,\frac{F_c}{F} = \Sigma\,S\,\bar{S}\,s' \tag{73}$$

durch eine entsprechend angelegte Tabelle. Da $E\,F_c$ die Dimension einer Kraft hat, ergibt sich δ_m als Länge bzw. als Bogenmaß am Einheitskreis von 1 m in der Dimension, mit welcher die Stablängen s (in m oder cm) in die Rechnung eingeführt werden.

Bei Tragwerken aus biegesteifen und einfachen Stäben werden zweckmäßig die $E\,I_c$-fachen Werte der Formänderungen berechnet, wobei die Wahl von I_c keiner Bedingung unterliegt und so getroffen wird, wie es für die Zahlenrechnung geeignet erscheint. Die Gl. (68) nimmt dann die Form an

$$E\,I_c \cdot 1 \cdot \delta_m = \Sigma \int M\,\bar{M}\,ds\,\frac{I_c}{I} + \frac{I_c}{F_c}\Big(\Sigma \int N\,\bar{N}\,ds\,\frac{F_c}{F} + \Sigma\,S\,\bar{S}\,s\,\frac{F_c}{F}\Big). \tag{74}$$

Der Beitrag der Querkräfte, der sich mit $E/G = 2\,(1+\mu)$ zu

$$E I_c \cdot 1 \cdot \delta_m = 2\,(1+\mu)\,\Sigma \int Q\,\overline{Q}\,ds\,\frac{I_c}{\varkappa F} \tag{75}$$

ergibt, bleibt gewöhnlich unberücksichtigt. Auch der Einfluß der Normalkräfte auf die Formänderung darf häufig vernachlässigt werden.

Die Formänderung aus den Biegemomenten wird durch Aufspaltung von $\int M\,\overline{M}\,ds\,\frac{I_c}{I}$ in Teilintegrale in der Weise vorgenommen, daß innerhalb der einzelnen Intervalle I_c/I konstant angenommen werden darf, oder es werden die *verzerrten* Momente $M I_c/I$ oder auch $\overline{M} I_c/I$ eingeführt. Ist der Momentenverlauf in einem der zu kombinierenden Gleichgewichtszustände M oder $\overline{M}$ linear, oder darf er bei entsprechender Teilung als linear angenommen werden, so erhält man mit den Bezeichnungen der Abb. 104

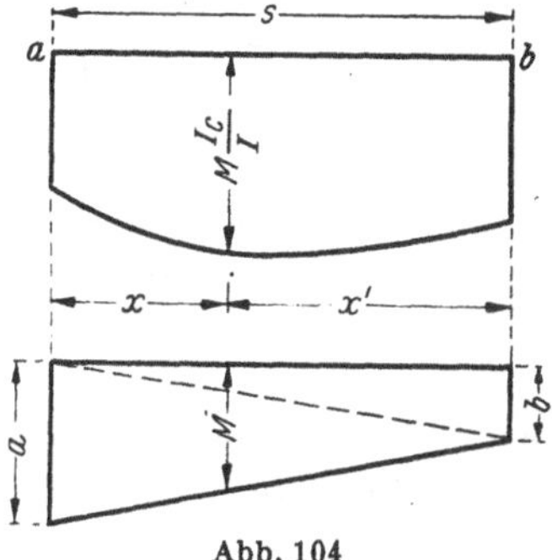

Abb. 104

$$\int_a^b M\,\frac{I_c}{I}\,\overline{M}\,ds = \frac{a}{s}\int_b^a M\,\frac{I_c}{I}\,x'\,dx' + \frac{b}{s}\int_a^b M\,\frac{I_c}{I}\,x\,dx.$$

Mit
$$\int_b^a \left(M\,\frac{I_c}{I}\,dx'\right) x' = S_b' \quad \text{und} \quad \int_a^b \left(M\,\frac{I_c}{I}\,dx\right) x = S_a'$$

als den statischen Momenten der verzerrten Momentenfläche in bezug auf die Grenzen des Intervalles ergibt sich die Auswertungsformel

$$\int_a^b M\,\overline{M}\,ds\,\frac{I_c}{I} = \frac{a}{s}\,S_b' + \frac{b}{s}\,S_a'. \tag{76}$$

Ihre Verwendung setzt die Kenntnis der Schwerpunktsabstände der verzerrten Momentenfläche von den Endpunkten des Intervalles voraus, die in vielen Fällen ohne weiteres angegeben werden können, so daß sich daraus häufiger vorkommende Kombinationen ableiten lassen, die in vielen Hand- und Lehrbüchern zu finden sind. Hier sollen nur einige Auswertungen durchgeführt werden, die sich dem Gedächtnis leicht einprägen und doch bereits in den meisten Fällen zur Durchführung der Integration ausreichen.

Besonders einfach gestaltet sich diese, wenn in einer der Momentenflächen konstanter Momentenverlauf vorliegt, Abb. 105. Dann wird

$$\int_0^s M\,\overline{M}\,ds\,\frac{I_c}{I} = a\,F' \tag{77}$$

mit F' als Inhalt der verzerrten M-Fläche.

Weist letztere Symmetrie auf, während $\overline{M}$ linear verläuft, Abb. 106, so führt deren Aufspaltung in einen symmetrischen und einen antisymmetrischen Teil zu

$$\int_0^s M\,\overline{M}\,ds\,\frac{I_c}{I} = \frac{a+b}{2}\,F'. \tag{78}$$

Wird die Teilung so gewählt, daß das Verhältnis I_c/I innerhalb des Intervalles konstant ist oder angenommen werden darf, so kann I_c/I

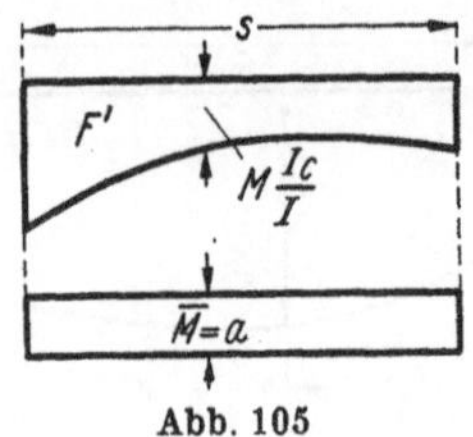

Abb. 105

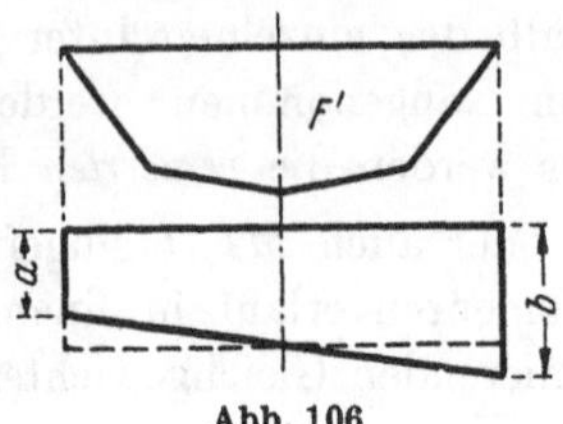

Abb. 106

vor das Integralzeichen gesetzt werden, und man erhält mit $s\frac{I_c}{I} = s'$ für die Momente

$$\text{nach Abb. 107:}\quad \frac{I_c}{I}\int_0^s M\,\overline{M}\,ds = \frac{I_c}{I}\,\frac{a}{s}\,\frac{b\,s}{2}\,\frac{2}{3}\,s = \frac{s'}{3}\,a\,b \tag{79}$$

$$\text{nach Abb. 108:}\quad \frac{I_c}{I}\int_0^s M\,\overline{M}\,ds = \frac{s'}{6}\,a\,b. \tag{80}$$

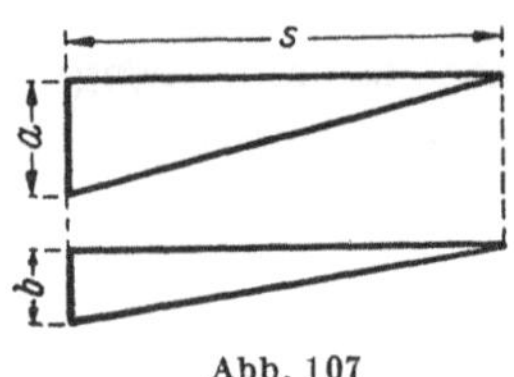

Abb. 107

Abb. 108

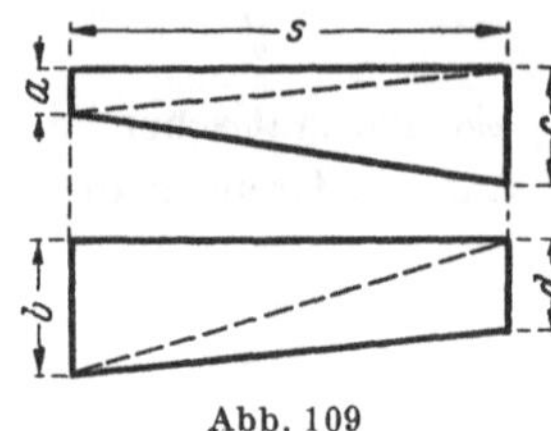

Abb. 109

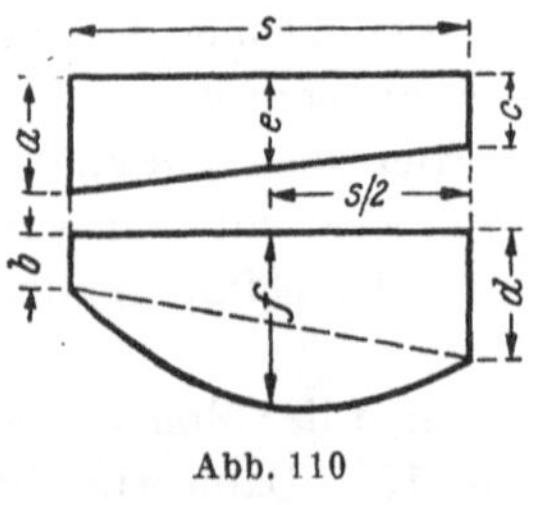

Abb. 110

Mit diesen beiden leicht zu merkenden Werten lassen sich alle Integrationen erfassen, wenn in beiden Momentenflächen linearer Verlauf vorliegt. Es ergibt sich daraus insbesondere die „Trapezformel“ zu Abb. 109:

$$\frac{I_c}{I}\int_0^s M\,\overline{M}\,ds = \frac{s'}{3}\left(a\,b + c\,d + \frac{a\,d + b\,c}{2}\right). \tag{81}$$

Vielseitige Verwendung ermöglicht auch die Auswertung der Momentenflächen nach Abb. 110, wenn in einer Fläche der Momentenverlauf einer gewöhnlichen Parabel folgt. Zu der Kombination der Trapeze tritt der mit $e = (a + c)/2$ multiplizierte Inhalt der Parabelfläche von der Pfeilhöhe $f - (b + d)/2$, woraus sich

$$\frac{I_c}{I}\int_0^s M\,\overline{M}\,ds = \frac{s'}{6}\,(a\,b + c\,d + 4\,e\,f) \tag{82}$$

ergibt. Hiermit werden sowohl die Gl. (79) bis (81) als auch zahlreiche weitere Sonderfälle erfaßt, wofür in Abb. 111 einige Beispiele gegeben

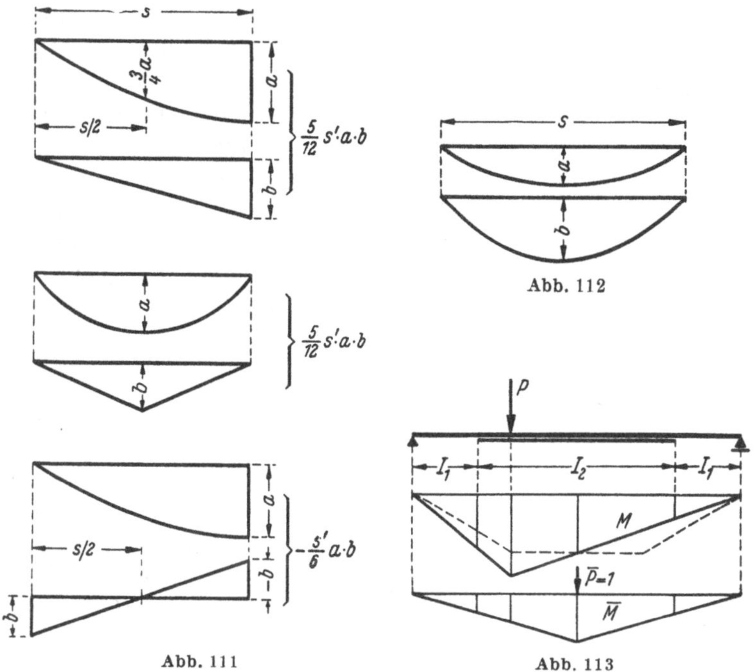

Abb. 111

Abb. 112

Abb. 113

sind. Nimmt man noch die Kombination zweier Momente hinzu, die einer gewöhnlichen Parabel folgen, Abb. 112,

$$\frac{I_c}{I}\int_0^s M\,\overline{M}\,ds = \frac{I_c}{I}\,\frac{16\,a\,b}{s^4}\int_0^s x^2\,(l - x)^2\,dx = \frac{8}{15}\,s'\,a\,b, \tag{83}$$

so liefern diese beiden Formeln die Ausgangsgleichungen für die Kombination aller Momentenflächen, die durch Überlagerung von Trapezen und gewöhnlichen Parabeln entstehen können.

Der Umfang der Zahlenrechnung läßt sich häufig dadurch verringern, daß man die Momentenflächen in symmetrische und antisymmetrische Teile aufspaltet. In Abb. 113 trägt ein symmetrisch bemessener Balken eine Einzellast P, für welche die Durchbiegung in Balkenmitte berechnet werden soll. Die Abstufung der Trägheitsmomente und die Knickpunkte in den Momentenflächen M und $\overline{M}$ führen zu den 5 gekennzeichneten Integrationsabschnitten. Da $\overline{M}$ symmetrisch verläuft, ist es zweckmäßig, in der M-Fläche durch die gestrichelte Linie den antisymmetrischen Teil abzuspalten, der auf die gefragte Formänderung ohne Einfluß ist. Dadurch wird die Beschränkung auf 3 Intervalle und eine Vereinfachung der Zahlenrechnung erreicht.

In Abb. 114 ist ein Dreigelenkrahmen mit einseitiger Streckenlast p t/m dargestellt. Der Momentenverlauf ist gekennzeichnet durch die Momente M_0 des einfachen Balkens, denen die Momente $-H\,y$ aus dem Horizontalschub mit den Eck- und Riegelmomenten $-H\,h$ zu überlagern sind. Es soll untersucht werden, nach welcher Seite hin und um welches Maß δ_r sich der Riegel verschiebt. Statt dessen kann auch die Drehung δ_r/h des Pfostens ermittelt werden. Die einzuführende Belastungseinheit der Geraden erzeugt die eingetragenen Stützkräfte und antisymmetrisch verlaufende Momente $\overline{M}$. Liegt symmetrische Bemessung des Rahmens vor, so können die Momente infolge H von vornherein außer acht gelassen werden, so daß die Kombination der Momente $\overline{M}$ mit

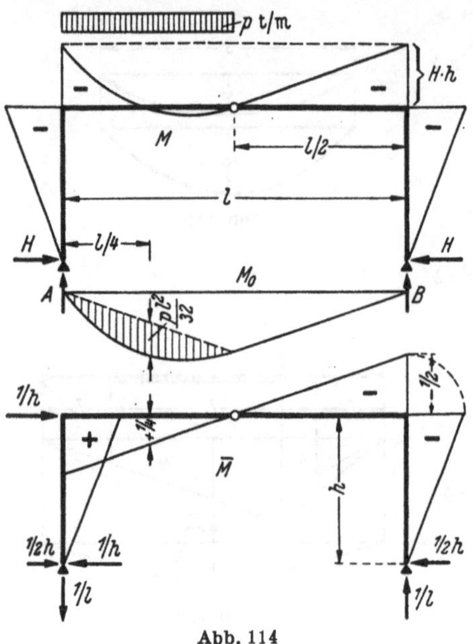

Abb. 114

M_0 im Riegel durchzuführen ist. Von letzteren läßt sich aber wiederum ein symmetrischer Teil abspalten, und es bleibt schließlich nur die schraffierte Parabelfläche mit dem Pfeil $\frac{p}{8}\,(l/2)^2 = p\,l^2/32$ übrig. Ist das Trägheitsmoment I_r im Riegel konstant und bleibt der Einfluß der Längskräfte unberücksichtigt, so ergibt sich die gesuchte Verdrehung zu

$$\frac{1}{E\,I_r}\,\frac{2}{3}\,\frac{p\,l^2}{32}\,\frac{l}{2}\,\frac{1}{4} = +\,\frac{p\,l^3}{384\,E\,I_r},$$

und der Riegel verschiebt sich bei linksseitiger Belastung um $\delta_r = \dfrac{p\,l^3\,h}{384\,E\,I_r}$ nach rechts.

Für den in Abb. 115 dargestellten Gelenkträger mit konstantem Trägheitsmoment I sind die lotrechte Verschiebung δ_g und die gegenseitige Drehung τ_g im Gelenk infolge gleichmäßig verteilter Last g t/m zu ermitteln. Die Momente M aus gegebener Belastung sowie die Momente $\overline{M}$ aus den einzuführenden Belastungseinheiten sind durch die Momentenflächen wiedergegeben. Die Rechnung liefert nach Gl. (82)

$$E\,I\,\delta_g = \frac{5\,\lambda}{6}(-4\cdot 0{,}125\,\lambda + 6\cdot 2\lambda)\,g\,\lambda^2 + \frac{2\lambda}{6}(6\cdot 2\lambda + 4\cdot 2{,}5\lambda)\,g\,\lambda^2$$

$$= \frac{(28{,}75+22)}{3}\,g\,\lambda^4, \quad \text{somit} \quad \delta_g = \frac{50{,}75}{3\,E\,I}\,g\,\lambda^4.$$

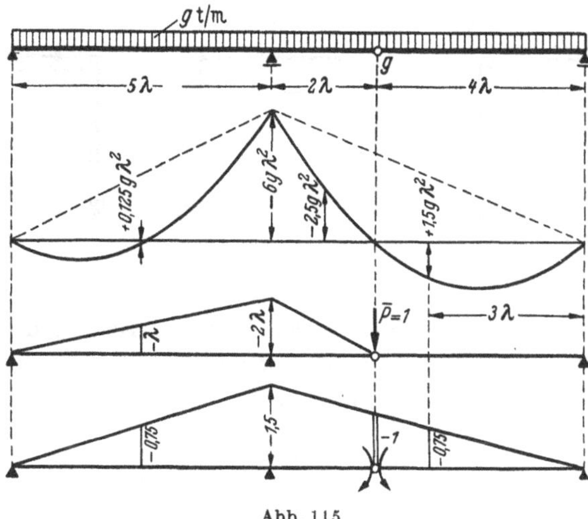

Abb. 115

Zur Berechnung von τ_g kann der Integralwert für δ_g der linken Öffnung mit den Multiplikator $+1{,}5/2\lambda$ benutzt werden, und man erhält

$$E\,I\,\tau_g = \frac{0{,}75\cdot 28{,}75}{3}\,g\,\lambda^3 + \frac{6\lambda}{6}(6\cdot 1{,}5 - 4\cdot 1{,}5\cdot 0{,}75)\,g\,\lambda^2$$

$$\tau_g = \frac{35{,}0625}{3\,E\,I}\,g\,\lambda^3.$$

Elastische Gewichte. Die Auswertung der Arbeitsgleichung läßt noch eine andere Deutung zu, wenn man den Begriff des *elastischen* Gewichtes einführt. Beim biegesteifen Stab versteht man darunter für das Stabelement ds den Wert $\frac{ds}{E\,I} = dg$ oder $ds\,\frac{I_c}{I} = dg'$ und für den Einzelstab von der Länge s den Wert $\frac{s}{E\,I}$ oder $s\,\frac{I_c}{I} = s'$. In Gl. (76) ist dann $\int_a^b M\,dg'\,x = S'_a$ als statisches Moment der M-fachen elastischen Gewichte in bezug auf Punkt a zu deuten.

Nach Abb. 116 sei die waagrechte Verschiebung $\delta_{b,P}$ des Lagers b infolge lotrechter Belastung des Riegels gesucht. Es wird

$$E I_c \delta_{b,P} = \int_0^l M\,ds \frac{I_c}{I_r} h = \int_0^l M\,dg' h \tag{84}$$

als statisches Moment der M-fachen elastischen Gewichte in bezug auf die Verschiebungsachse a—b erkannt.

Es sei weiterhin die Verschiebung $\delta_{b,H}$ ermittelt, die sich infolge einer in b nach außen wirkenden waagrechten Kraft H einstellt. Die

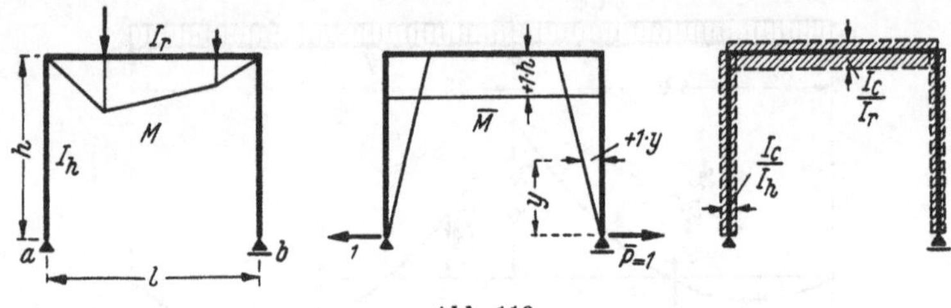

Abb. 116

Momente M aus dieser Ursache der Formänderung und $\overline{M}$ aus der einzuführenden Belastungseinheit unterscheiden sich nur durch den Faktor H. Mit $M = H\overline{M}$ erhält man

$$\begin{aligned} E I_c \delta_{b,H} &= H \Sigma \int \overline{M}^2\,ds\,I_c/I = H\left(2\int_0^h y^2\,ds\,I_c/I_h + \int_0^l h^2\,ds\,I_c/I_r\right) \\ &= H\left(2\int_0^h y^2\,dg' + \int_0^l h^2\,dg'\right), \end{aligned} \tag{85}$$

und man erkennt in dem Klammerausdruck das Trägheitsmoment der elastischen Gewichte in bezug auf die Verschiebungsachse. Wird das Verhältnis I_c/I längs der Stabachse aufgetragen, so erhält man die schraffierte Fläche, deren Trägheitsmoment in bezug auf die Achse a—b sich in Übereinstimmung mit dem Integralwert zu

$$2\frac{I_c}{I_h}\frac{h^3}{3} + l\frac{I_c}{I_r}h^2 = h^2(l_r' + 2h'/3)$$

ergibt.

Es liegt nahe, nach derjenigen Kraft H zu fragen, welche die Verschiebung $\delta_{b,P}$ rückgängig macht bzw. verhindern würde. H ist dann der Horizontalschub des einfach statisch unbestimmten Zweigelenkrahmens mit festem Lager bei b und ist aus der Bedingung $\delta_{b,P} + \delta_{b,H} = 0$ zu berechnen. Grundsätzlich ist dieser Rechnungsgang bei allen einfach statisch unbestimmten Tragwerken durchzuführen.

Der Bogenträger, Abb. 117, kann bei genügend enger Teilung durch ein Polygon ersetzt werden. Trägt man über den Polygonseiten s_n die M-fachen elastischen Gewichte (gleichbedeutend den verzerrten Momentenflächen) $M\, s_n\, I_c/I = F'_n$ auf, so ergibt sich die waagrechte Verschiebung des Punktes b infolge der Biegemomente aus gegebener Belastung durch das statische Moment der Flächen F'_n in bezug auf a—b. Die Integration wird durch Summenbildung ersetzt. Mit y_n ($= \overline{M}$ infolge $\overline{P}_b = 1$) als Abstand des auf die Polygonseite fallenden Schwerpunktes der F'_n- Fläche von der Verschiebungsachse erhält man

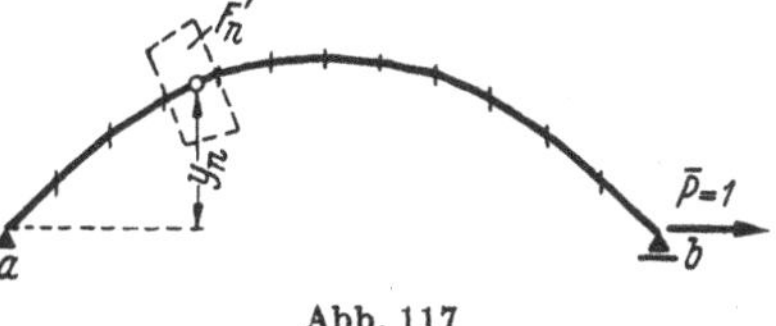

Abb. 117

$$E\, I\, \delta_b = \Sigma\, F_n\, y_n.$$

25. Der Maxwellsche Satz

Nach dem MAXWELLschen Satz von der Gegenseitigkeit der Formänderungen ist die Arbeit der Belastungseinheit i auf dem Wege, erzeugt durch die Belastungseinheit k, gleich der Arbeit der Belastungseinheit k auf dem Wege, erzeugt durch die Belastungseinheit i,

$$1 \cdot \delta_{ik} = 1 \cdot \delta_{ki}. \tag{86}$$

Der erste Zeiger gibt den Ort, der zweite die Ursache der Formänderung an. Infolge einer Last $P_m = 1$ in m (Abb. 118) wird in a die Verdrehung der Endvertikalen δ_{am} (als Bogenmaß am Einheitskreis) hervorgerufen, die aus der Kombination der Momentenflächen der Abb. 118 zu berechnen ist. Wird umgekehrt $M_a = 1$ als Ursache der Verschiebung des Punktes m in lotrechter Richtung angesehen, so ergibt sich für δ_{ma} (als Länge) der gleiche Zahlenwert. Der MAXWELLsche Satz ist insbesondere für die Ableitung von Einflußlinien für Formänderungen von Bedeutung. Soll irgend eine Formänderung δ_{im} in Abhängigkeit von einer über den Lastgurt wandernden Last $P_m = 1$ ermittelt werden, so kann δ_{im} für eine ausreichende Zahl von Lastpunkten m ermittelt und damit die Einflußlinie für die gesuchte Formänderung aufgetragen werden. Einfacher gestaltet sich die Rechnung, wenn von dem MAXWELLschen Satz Gebrauch gemacht und δ_{mi} als Biegelinie des Lastgurtes infolge der Belastungseinheit i bestimmt wird. So stellt δ_{ma} in

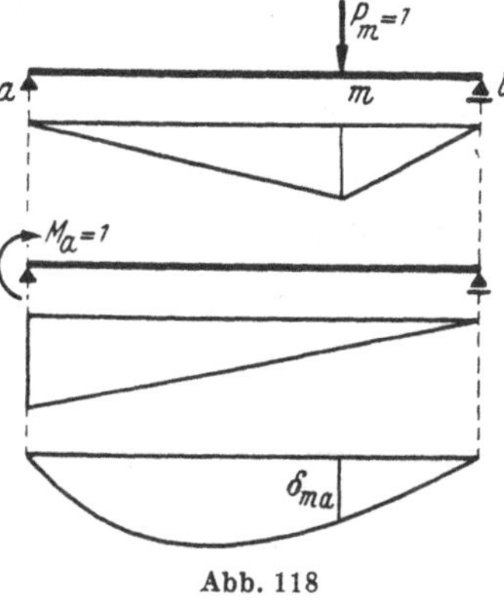

Abb. 118

Abb. 118 als Biegelinie infolge $M_a = 1$ die Einflußlinie für die Verdrehung der Endvertikalen oder auch für die Neigung der Tangente an die Biegelinie in a dar.

26. Die Biegelinie. *w*-Gewichte

Die Differentialgleichung der Biegelinie

$$\frac{d^2y}{dx^2} = -\frac{M_x}{EI} \tag{87}$$

besagt, daß die bei kleinen Ausbiegungen durch den zweiten Differentialquotienten dargestellte Krümmung an der Stelle x durch das Biegemoment M_x an dieser Stelle und durch die Biegesteifigkeit bestimmt wird. Ihre Lösung bietet i. a. keine Schwierigkeiten, sofern das Moment als Funktion von x angegeben werden kann und die Biegesteifigkeit konstant ist. Bei veränderlichem Trägheitsmoment kann

$$E I_c \frac{d^2y}{dx^2} = -M_x \frac{I_c}{I}$$

gesetzt werden. Da für die Beziehung zwischen Biegemomenten und Belastung die Differentialgleichung

$$\frac{d^2M}{dx^2} = -p \tag{88}$$

besteht, liegt es nahe, die zu ihrer Lösung zur Verfügung stehenden Möglichkeiten auf die Ermittlung der Biegelinie anzuwenden, indem die verzerrte Momentenfläche $\frac{M}{EI}$ oder auch $M\frac{I_c}{I}$ als Belastung aufgefaßt wird, wobei nun die für die Durchbiegungen bestehenden Randbedingungen zu beachten sind. Darauf beruhen die Mohrschen Sätze, nach denen aus der Belastung durch die verzerrte Momentenfläche in der Querkraft die Tangente an die Biegelinie und in den Momenten die Biegelinie selbst gewonnen wird. Dabei kann jeder beliebige Verlauf der Biegemomente und beliebig veränderliches Trägheitsmoment erfaßt werden, indem die verzerrte Momentenfläche in eine ausreichende Anzahl von „Einzellasten" aufgeteilt wird, deren Wirkungslinien durch die Flächenschwerpunkte bestimmt sind, Abb. 119. Das auf diese Weise erhaltene Polygon tangiert die tatsächliche Biegelinie und ergibt die richtigen Biegeordinaten in den Feldpunkten.

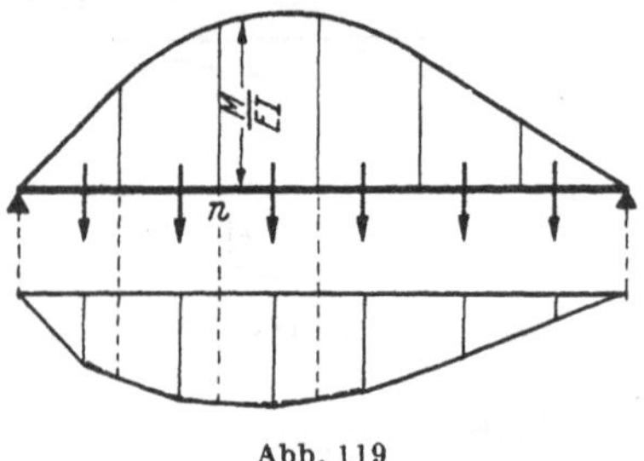

Abb. 119

Denkt man sich die Belastung aus der Momentenfläche in bestimmten Feldpunkten mittelbar übertragen, und wählt man die Teilung so, daß innerhalb eines Feldes das Trägheitsmoment konstant und der Verlauf der Momente linear angenommen werden darf, Abb. 120, so entfällt auf den Punkt n der „Lastanteil"

$$w_n = \frac{M_{n-1}}{E I_n} \frac{\lambda_n}{2} \frac{1}{3} + \frac{M_n}{E I_n} \frac{\lambda_n}{2} \frac{2}{3} + \frac{M_n}{E I_{n+1}} \frac{\lambda_{n+1}}{2} \frac{2}{3} + \frac{M_{n+1}}{E I_{n+1}} \frac{\lambda_{n+1}}{2} \frac{1}{3}$$

$$w_n = \frac{\lambda_n}{6 E I_n} (M_{n-1} + 2 M_n) + \frac{\lambda_{n+1}}{6 E I_{n+1}} (2 M_n + M_{n+1}). \tag{89}$$

Dieser Wert stellt nun offenbar die gegenseitige Drehung der Geraden $n-1, n$ und $n, n+1$ dar, wovon man sich leicht überzeugt, wenn man die Momente $\overline{M}$ aus der einzuführenden Belastungseinheit des Geradenpaares mit den gegebenen Momenten kombiniert. Er wird treffend als w-Gewicht bezeichnet, womit zum Ausdruck kommt, daß es sich um eine Winkeländerung handelt, und daß diese Winkeländerung als Last aufgefaßt werden darf. Durch die Werte w_n, die den Einzellasten P der Gleichgewichtsaufgabe ebenso entsprechen wie die Krümmung $\frac{1}{\varrho} = \frac{M}{EI}$ der Streckenlast p entspricht, ist das der Biegelinie einbeschriebene Polygon eindeutig bestimmt, und es können die in Abschn. III.14 über die Beziehungen zwischen Belastung, Querkraft und Biegemoment gemachten Ausführungen auch auf die Belastung durch w-Gewichte Anwendung finden. Die Einführung der w-Gewichte hat den Vorteil, daß die Schwerpunktsbestimmung entfällt, daß die Lasten in den Feldpunkten — in der Regel in gleichmäßigen Abständen λ — angreifen, und daß die wirklichen Ordinaten der Biegelinie erhalten werden. Aus der Ableitung der w-Gewichte geht hervor, daß sie als Formänderungen mit den im letzten Abschnitt erwähnten elastischen Gewichten zunächst in keinem Zusammenhang stehen. Betrachtet man aber das M-fache elastische Gewicht, $M\,dg = \frac{M\,ds}{EI} = \Delta d\varphi$, so erkennt man in ihm die gegenseitige Drehung der Querschnitte des Stabelementes von der Länge ds und damit den Grenzfall des w-Gewichtes beim Übergang in die stetige Krümmung.

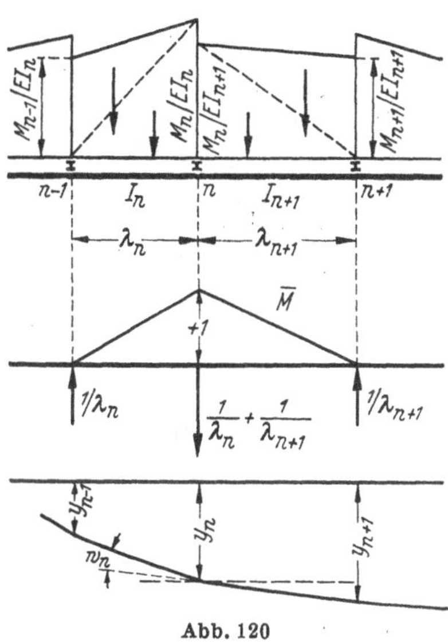

Abb. 120

Die durch die Belastung des Geradenpaares bei der Durchbiegung geleistete äußere Arbeit ist nach Abb. 120

$$-\frac{1}{\lambda_n} y_{n-1} + \left(\frac{1}{\lambda_n} + \frac{1}{\lambda_{n+1}}\right) y_n - \frac{1}{\lambda_{n+1}} y_{n+1} = -\left(\frac{y_{n+1} - y_n}{\lambda_{n+1}} - \frac{y_n - y_{n-1}}{\lambda_n}\right)$$

und stellt wieder den Winkel w_n dar. Für gleiche Feldteilung $\lambda_n = \lambda_{n+1} = \lambda$ und konstantes Trägheitsmoment erhält man durch Gleichsetzen der äußeren und inneren Arbeit in

$$\frac{y_{n+1} - 2\,y_n + y_{n-1}}{\lambda^2} = -\frac{1}{6\,E\,I}(M_{n-1} + 4\,M_n + M_{n+1}) = -\frac{w_n}{\lambda} \quad (90)$$

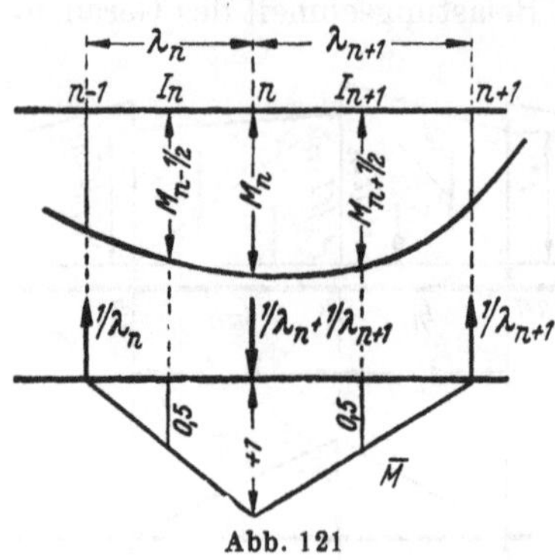

Abb. 121

die Differenzengleichung und beim Grenzübergang, $\lambda \to 0$, mit $M_{n-1} = M_n = M_{n+1} = M$ die Differentialgleichung der Biegelinie.

Die Ableitung der w-Gewichte nach Gl. (89) setzte nur der Einfachheit halber linearen Verlauf der Biegemomente voraus. Bei quadratischem Verlauf der Biegemomente erhält man mit Bezug auf Abb. 121 für die $E\,I_c$-fachen w-Gewichte nach Gl. (82)

$$E\,I_c w_n = w_n' = \frac{\lambda_n}{6}\frac{I_c}{I_n}\left(4\;M_{n-\frac{1}{2}} \cdot \frac{1}{2} + M_n\right) + \frac{\lambda_{n+1}}{6}\frac{I_c}{I_{n+1}}\left(M_n + 4\,M_{n+\frac{1}{2}} \cdot \frac{1}{2}\right)$$

$$E\,I_c w_n = w_n' = \frac{\lambda_n'}{6}(2\,M_{n-\frac{1}{2}} + M_n) + \frac{\lambda_{n+1}'}{6}(M_n + 2\,M_{n+\frac{1}{2}}). \quad (91)$$

Gleiche Feldteilung λ und $I_n = I_{n+1} = I$ führen mit $\lambda\frac{I_c}{I} = \lambda'$ zu

$$E\,I_c\,w_n = w_n' = \frac{\lambda'}{3}(M_{n-\frac{1}{2}} + M_n + M_{n+\frac{1}{2}}). \quad (92)$$

Bei geradlinigem Verlauf der Momente ist $2\,M_{n-\frac{1}{2}} = M_{n-1} + M_n$ und $2\,M_{n+1} = M_n + M_{n+1}$ zu setzen, so daß sich aus Gl. (91) in Übereinstimmung mit Gl. (89)

$$E\,I_c\,w_n = w_n' = \frac{\lambda_n'}{6}(M_{n-1} + 2\,M_n) + \frac{\lambda_{n+1}'}{6}(2\,M_n + M_{n+1}) \quad (93)$$

ergibt. Gleiche Feldteilung und $I_n = I_{n+1}$ führen hier zu

$$E\,I_c\,w_n = w_n' = \frac{\lambda'}{6}(M_{n-1} + 4\,M_n + M_{n+1}). \quad (94)$$

Die für die w-Gewichte gewonnenen Gleichungen gelten nur unter der Voraussetzung, daß die Punkte $n-1$, n und $n+1$ ein und derselben Scheibe angehören. Die Belastungseinheit des Geradenpaares zur Berechnung des w-Gewichtes in einem Gelenkpunkt erzeugt Stützkräfte, so daß sich die Momente $\overline{M}$ nicht mehr auf die Felder n und $n+1$ allein beschränken, wie in Abb. 122 für einen Gelenkträger dargestellt ist. Die Momente $\overline{M}$ können nun aufgespalten werden in die Momente, die sich aus einem Doppelmoment von der Größe -1 im Gelenk einerseits und andrerseits aus der Belastungseinheit des Geradenpaares $n-1, n$; $n, n+1$ ergeben, wenn kein Gelenk vorhanden

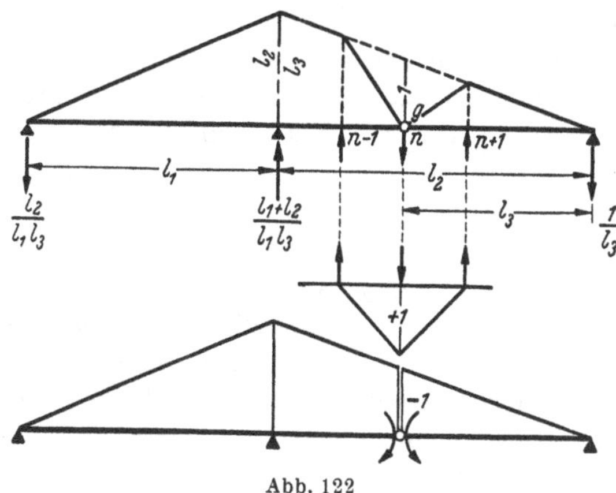

Abb. 122

ist. Daraus ergibt sich für das w-Gewicht im Gelenk, wenn die gegenseitige Drehung im Gelenk infolge gegebener Belastung mit τ_{go} bezeichnet wird, durch Überlagerung der Wert

$$w_g = \tau_{go} + w_n. \tag{95}$$

Die Drehung τ_{go} ist gesondert zu berechnen und w_n so zu ermitteln, als ob kein Gelenk vorhanden wäre; die beiden Beiträge haben i. a. entgegengesetzte Vorzeichen.

Sind sämtliche w-Gewichte berechnet, so ergeben sich für die Ermittlung der Biegelinie verschiedene Möglichkeiten, wie sie auch zur Ermittlung der Momente für eine gegebene Belastung bestehen, wobei nur den Randbedingungen für die Durchbiegungen Rechnung getragen werden muß.

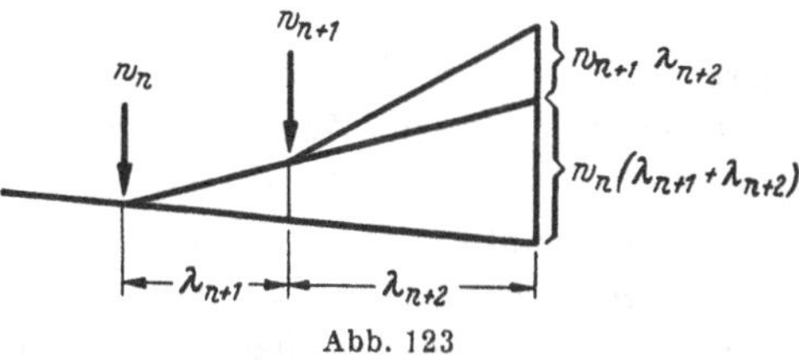

Abb. 123

Es kann zweckmäßig sein, entsprechend den Ausführungen in Abschn. III.14, von einer beliebigen Polygonseite als Nullinie ausgehend die w-Gewichte bzw. die Ordinaten nach Abb. 123 aufzutragen und die tatsächliche Nullinie nachträglich zu bestimmen.

Für den in den Endpunkten gestützten Balken bestehen die gleichen Möglichkeiten, die in der Gleichgewichtsaufgabe graphisch oder analytisch zur Ermittlung der Biegemomente führen.

Beim einseitig eingespannten Balken ist zu beachten, daß an der Einspannstelle keine Durchbiegung eintritt und der Balken für die Belastung durch w-Gewichte als am freien Ende eingespannt angesehen werden kann. Nach Abb. 124 wird die Durchbiegung am freien Ende

$$\delta_5 = w_0 \cdot 5\lambda + w_1 \cdot 4\lambda + w_2 \cdot 3\lambda + w_3 \cdot 2\lambda + w_4 \cdot \lambda.$$

Beim Balken mit Kragarmen kann zunächst Stützung an den beiden Balkenenden angenommen werden, wobei w-Gewichte auch in den tatsächlichen Stützpunkten anzusetzen sind, und die Nullinie wird durch deren Auflagerbedingungen bestimmt.

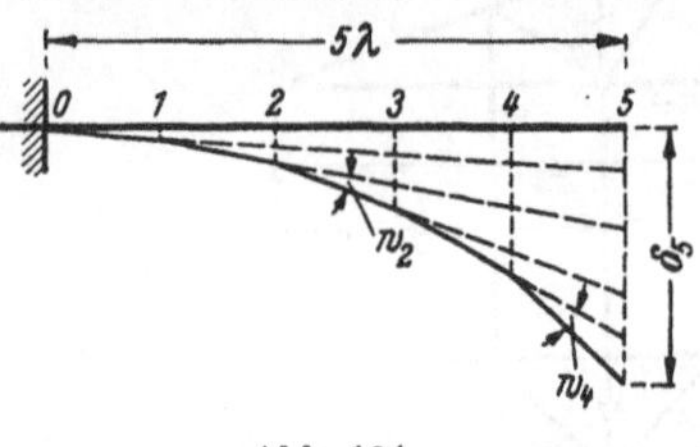

Abb. 124

Liegt ein über mehrere Öffnungen durchlaufender Träger vor, Abb. 125, so kann die Biegelinie für jede Öffnung als Balken auf 2 Stützen getrennt und unabhängig davon ermittelt werden, ob in einer der Öffnungen Gelenke vorhanden sind. Die w-Gewichte in den Stützpunkten werden dann nicht benötigt. Die Biegelinie kann aber auch zunächst für einen in vorhandenen Gelenkpunkten gestützten Balken ermittelt werden. Die Nullinie, durch die in b und c gegebenen Auflagerbedingungen bestimmt, ergibt die Durchbiegung in den Gelenkpunkten, und für die Endbalken ist Stützung in a und g_1 bzw. g_2 und d anzunehmen.

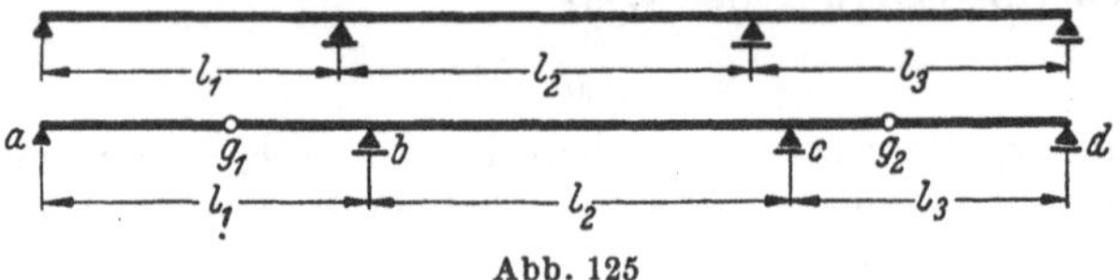

Abb. 125

Dieser Weg hat den Vorteil, daß die w-Gewichte in den Gelenkpunkten nicht benötigt werden. Zweckmäßiger ist es jedoch, den Balken von der Stützweite $l_1 + l_2 + l_3$ in a und d gestützt anzunehmen, wobei w-Gewichte sowohl in den Stützpunkten b und c als auch in den Gelenken anzusetzen sind. Man erhält dann unmittelbar die endgültige Biegelinie, in welcher die Auflagerbedingungen für die Zwischenstützen zwangläufig erfüllt sein müssen, so daß sich von selbst eine willkommene Kontrolle der Rechnung einstellt, auf die nicht verzichtet werden sollte.

27. Beispiele von Biegelinien vollwandiger Balken

Um einen Anhaltspunkt für die Größe des Fehlers zu gewinnen, der in Kauf genommen werden muß, wenn an Stelle quadratischen Momentenverlaufes in den einzelnen Intervallen M linear angenommen wird, soll die Vergleichsrechnung am einfachen Balken unter gleichmäßig verteilter Last durchgeführt werden.

In Abb. 126 sind die Biegemomente (Multiplikator: $p\,\lambda^2$) in den Achtelpunkten mit ${}_{\max}M = \frac{p\,l^2}{8} = \frac{16\,p\,\lambda^2}{8}$ eingetragen. Bei Annahme konstanten Trägheitsmomentes und Teilung in 4 Felder wird

für das Polygon: Gl. (94)

$$w_1' = \frac{\lambda}{6\cdot 8}(4\cdot 12 + 16)\,p\,\lambda^2 = \frac{32}{24}\,p\,\lambda^3$$

$$w_2' = \frac{\lambda}{6\cdot 8}(12 + 4\cdot 16 + 12)\,p\,\lambda^2 = \frac{44}{24}\,p\,\lambda^3$$

$$w_3' = w_1'$$

für die Parabel: Gl. (92)

$$w_1' = \frac{\lambda}{3\cdot 8}(7 + 12 + 15)\,p\,\lambda^2 = \frac{34}{24}\,p\,\lambda^3$$

$$w_2' = \frac{\lambda}{3\cdot 8}(15 + 16 + 15)\,p\,\lambda^2 = \frac{46}{24}\,p\,\lambda^3$$

$$w_3' = w_1'$$

Auflagerdruck aus w-Gewichten:

$$A_w = \frac{54}{24}\,p\,\lambda^3 \qquad\qquad A_w = \frac{57}{24}\,p\,\lambda^3$$

Durchbiegungen:

$$\delta_1 = \frac{54\,p\,\lambda^4}{24\,EI} = \frac{3{,}375\,p\,l^4}{384\,EI} \qquad\qquad \delta_1 = \frac{57\,p\,\lambda^4}{24\,EI} = \frac{3{,}5625\,p\,l^4}{384\,EI}$$

$$\delta_2 = \frac{(108-32)\,p\,\lambda^4}{24\,EI} = \frac{4{,}75\,p\,l^4}{384\,EI} \qquad\qquad \delta_2 = \frac{(114-34)\,p\,\lambda^4}{24\,EI} = \frac{5\,p\,l^4}{384\,EI}$$

Fehler: rund 5% Fehler: 0%

Bei verhältnismäßig grober Teilung wird somit schon eine recht gute Annäherung erreicht. Die Berechnung der w-Gewichte nach Gl. (92) setzt zwar die Kenntnis der Momentenwerte in den Feldmitten voraus, ist in der Durchführung dann aber einfacher als nach Gl. (94) und liefert genauere Ergebnisse.

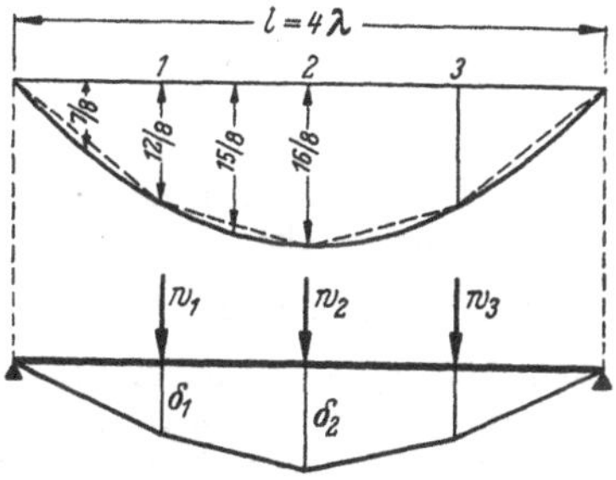

Abb. 126

In Abb. 127 sind die Biegemomente des auf S. 103 behandelten Gelenkträgers unter gleichmäßig verteilter Belastung g t/m aufgetragen (Multiplikator: $g\,\lambda^2$). Es soll die Biegelinie ermittelt werden. Die eingetragenen w-Gewichte (Faktor: $g\,\lambda^3/3$) werden nach Gl. (92) der Reihe nach berechnet:

$$w_1' = \frac{\lambda}{3}(0{,}525 + 0{,}8 + 0{,}825)\,g\,\lambda^2 = 2{,}15\,g\,\lambda^3/3,$$

$$w_2' = \frac{\lambda}{3}(0{,}825 + 0{,}6 + 0{,}125)\,g\,\lambda^2 = 1{,}55\,g\,\lambda^3/3, \quad \text{usf.}$$

In Punkt 7 ergibt sich ohne Berücksichtigung des Gelenkes

$$w'_7 = \frac{\lambda}{3}(-1{,}125 + 0 + 0{,}875)\, g\,\lambda^2 = -\,0{,}25\, g\,\lambda^3/3.$$

Auf S. 103 ist die gegenseitige Drehung im Gelenk zu $\tau'_g = 35{,}0625\, g\,\lambda^3/3$ berechnet worden, so daß sich nach Gl. (95) für das w-Gewicht im Gelenk

$$w'_g = (35{,}0625 - 0{,}25)\, g\,\lambda^3/3 = +\,34{,}8125\, g\,\lambda^3/3$$

ergibt. Um die weitere Zahlenrechnung einfacher zu gestalten, wird die durch τ_g bedingte Korrektur der Biegelinie nachträglich vorgenommen und zunächst mit w'_7 gerechnet. Unter der Annahme einer Stützung nur in den Endpunkten 0 und 11 wird die Rechnung mit den Zahlenwerten der w-Gewichte ohne den gemeinsamen Faktor $g\,\lambda^3/3$ in einer Tabelle (s. Berechnung zu Abb. 67, S. 47) durchgeführt.

1 Pkt. n	2 w'_n	3 $Q_n + B$	4 $\frac{M_n}{\lambda} + n\,B$	5 $-n\,B$	6 $\frac{M_n}{\lambda}$	7 $\frac{\delta'_n}{\lambda}(\tau_g)$	8 $\frac{\delta'_n}{\lambda}$
1	+ 2,15	− 15,15	− 15,15	+ 2,5	− 12,65	+ 12,75	+ 0,10
2	+ 1,55	− 17,30	− 32,45	+ 5,0	− 27,45	+ 25,5	− 1,95
3	− 2,05	− 18,85	− 51,30	+ 7,5	− 43,80	+ 38,25	− 5,55
4	− 8,65	− 16,80	− 68,10	+ 10,0	− 58,10	+ 51,0	− 7,10
5	− 14,4	− 8,15	− 76,25	+ 12,5	− 63,75	+ 63,75	0
6	− 7,75	+ 6,25	− 70,0	+ 15,0	− 55,0	+ 76,5	+ 21,50
7	− 0,25	+ 14,0	− 56,0	+ 17,5	− 38,5	+ 89,25	+ 50,75
8	+ 4,25	+ 14,25	− 41,75	+ 20,0	− 21,75	+ 66,9375	+ 45,1875
9	+ 5,75	+ 10,0	− 31,75	+ 22,5	− 9,25	+ 44,625	+ 35,375
10	+ 4,25	+ 4,25	− 27,5	+ 25,0	− 2,5	+ 22,3125	+ 19,8125
11			− 27,5	+ 27,5	0	0	0

$$B = -\,27{,}5 : 11 = -\,2{,}5$$

In Spalte 6 werden die durch die Feldweite λ dividierten Momente aus den w-Gewichten erhalten; in Punkt 5 ist $M_5/\lambda = -\,63{,}75$. Die gegenseitige Drehung im Gelenk ergibt nach Abb. 127 in Punkt 5 den Wert $35{,}0625\,\frac{4\cdot 5}{11} = +\,63{,}75$, so daß die Auflagerbedingung $\delta_5 = 0$ erfüllt ist. Die durch die Drehung τ_g bedingten Korrekturen sind in Spalte 7 eingetragen, so daß in Spalte 8 die Werte δ'_n/λ erscheinen, aus denen die tatsächlichen Durchbiegungen durch Multiplikation mit $\frac{g\,\lambda^4}{3EI}$ gewonnen werden. Im Gelenkpunkt ergibt sich die Senkung $\delta_7 = 50{,}75\,\frac{g\,\lambda^4}{3EI}$.

Aus Spalte 8 kann zur Kontrolle das w-Gewicht im Gelenk entnommen werden, es beträgt

$$w'_g = \left(\frac{50{,}75 - 21{,}5}{\lambda} + \frac{50{,}75 - 45{,}1875}{\lambda}\right) g\,\lambda^4/3 = +\,34{,}8125\, g\,\lambda^3/3$$

in Übereinstimmung mit dem früher errechneten Wert.

Es soll weiterhin die Einflußlinie für die Durchbiegung des Gelenkes ermittelt werden. Abb. 128 zeigt die Biegemomente aus der einzuführenden Belastungseinheit $P = 1$. Die durch sie erzeugte Biegelinie ist die gesuchte Einflußlinie. Die w-Gewichte werden entweder nach Gl. (94) oder nach Gl. (92) bestimmt, z. B.

$$w_2' = -\frac{\lambda^2}{6}(0{,}4 + 4 \cdot 0{,}8 + 1{,}2) = -\frac{4{,}8}{6}\lambda^2$$

oder

$$w_2' = -\frac{\lambda^2}{3}(0{,}6 + 0{,}8 + 1{,}0) = -2{,}4\,\lambda^2/3.$$

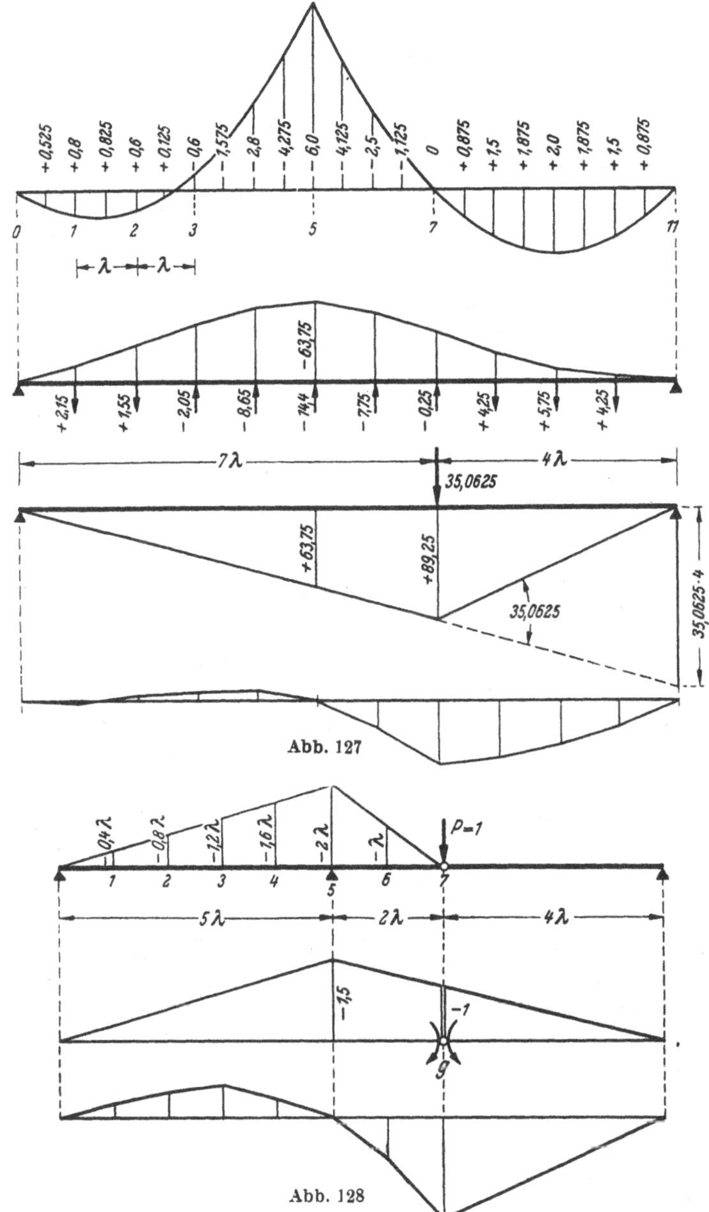

Abb. 127

Abb. 128

Für den Punkt 7 wird $w' = -0{,}5\,\lambda^2/3$ gefunden.
Die gegenseitige Drehung im Gelenk infolge $P = 1$ beträgt

$$EI\,\tau_g = \tau_g' = \frac{5\lambda}{3}\,2\lambda\cdot 1{,}5 + \frac{2\lambda}{3}\,(2\lambda\cdot 1{,}5 + \lambda\cdot 1) = 23\,\frac{\lambda^2}{3},$$

so daß sich $w_g' = (23 - 0{,}5)\,\frac{\lambda^2}{3} = 22{,}5\,\lambda^2/3$ ergibt.

Ferner ist $w_8 = w_9 = w_{10} = 0$. Mit den Zahlenwerten (ohne den Faktor $\lambda^2/3$) wird die Rechnung wieder tabellarisch durchgeführt, wobei Stützung in den Endpunkten *1* und *11* angenommen wird.

Pkt. n	w_n'	$Q_n + B$	$\frac{M_n}{\lambda} + nB$	$-nB$	$\frac{M_n}{\lambda}$
1	− 1,2	+ 2,2	+ 2,2	− 7	− 4,8
2	− 2,4	+ 3,4	+ 5,6	− 14	− 8,4
3	− 3,6	+ 5,8	+ 11,4	− 21	− 9,6
4	− 4,8	+ 9,4	+ 20,8	− 28	− 7,2
5	− 5,3	+ 14,2	+ 35,0	− 35	0
6	− 3,0	+ 19,5	+ 54,5	− 42	+ 12,5
7	+ 22,5	+ 22,5	+ 77,0	− 49	+ 28,0
8	0	0	+ 77,0	− 56	+ 21,0
9	0	0	+ 77,0	− 63	+ 14,0
10	0	0	+ 77,0	− 70	+ 7,0
11			+ 77,0	− 77	0
			$B = 77:11 = 7$		$\Sigma M_n/\lambda = +52{,}5$

Im Stützpunkt 5 ergibt sich zwangläufig und als Kontrolle der Rechnung der Wert 0. Die Ordinaten η der gesuchten Einflußlinie werden aus der letzten Spalte durch Multiplikation mit $\frac{\lambda^3}{3EI}$ gefunden. Die Einflußlinie ist in Abb. 128 aufgetragen. Ihr Flächeninhalt beträgt

$$F = \lambda\,\Sigma\,\eta = \lambda\,\Sigma\,\frac{M_n}{\lambda}\,\frac{\lambda^3}{3EI} = 52{,}5\,\frac{\lambda^4}{3EI},$$

und für gleichmäßig verteilte Belastung g t/m ergibt sich als lotrechte Verschiebung des Gelenkes

$$\delta_g = g\,F = 52{,}5\,\frac{g\,\lambda^4}{3EI}$$

gegenüber dem aus der Biegelinie gefundenen Wert von $50{,}75\,\frac{g\,\lambda^4}{3EI}$. Der Unterschied von rund 3,5% findet seine Aufklärung darin, daß die Einflußlinie als Polygon ermittelt wurde, welches i. a. auch maßgebend ist, wenn die Lasten in den Feldpunkten übertragen werden. Der Flächeninhalt der stetig gekrümmten Biegelinie, auf die Nullinie durch die Punkte *0* und *7* bezogen, muß etwas größer und der Gesamtinhalt der Einflußfläche somit etwas kleiner sein, da der positive Teil überwiegt.

Da konstantes Trägheitsmoment angenommen wurde, läßt sich im vorliegenden Fall auch leicht die Gleichung der Einflußlinie aufstellen. Die Belastung durch die Momentenfläche ergibt nach Abb. 129 für den in a und g gestützten Balken die Auflagerkräfte:

$$\text{in } a: \quad -\frac{1}{7\lambda}\left[\frac{2\lambda\cdot 5\lambda}{2}\left(2\lambda+\frac{5}{3}\lambda\right)+\frac{2\lambda\cdot 2\lambda}{2}\frac{2}{3}2\lambda\right]=-3\lambda^2$$

$$\text{in } g: \quad -\left[\frac{7\lambda\cdot 2\lambda}{2}-3\lambda^2\right]=-4\lambda^2.$$

Zwischen a und b ist die Gleichung der Einflußlinie

$$\eta_1=-\frac{1}{EI}\left(3\lambda^2 x_1-\frac{2\lambda}{5\lambda}\frac{x_1^2}{2}\frac{x_1}{3}\right)=-\frac{1}{EI}\left(3\lambda^2 x_1-\frac{x_1^3}{15}\right)$$

und zwischen g und b:

$$\eta_2=-\frac{1}{EI}\left(4\lambda^2 x_2-\frac{x_2^3}{6}\right).$$

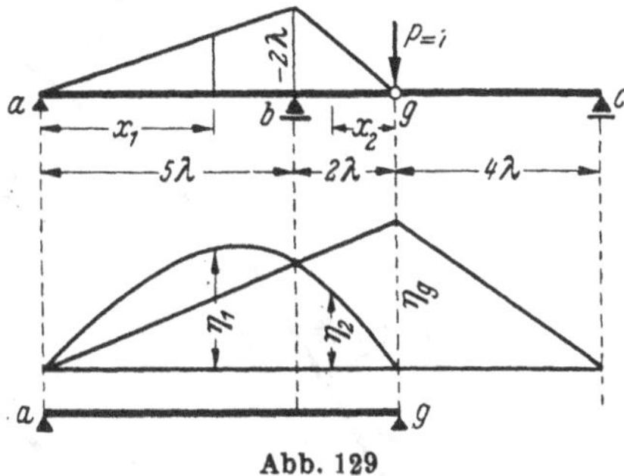

Abb. 129

Über der Stütze b liefern beide Gleichungen mit $x_1=5\lambda$ bzw. $x_2=2\lambda$ den Wert $-\frac{20\lambda^3}{3EI}$. Da im Stützpunkt b keine Durchbiegung auftritt, $\eta_b=0$ sein muß, ergibt die durch die Nullpunkte a und b bestimmte Nullinie im Gelenk die Ordinate

$$\eta_g=\frac{20\lambda^3}{3EI}\frac{7}{5}=\frac{28\lambda^3}{3EI}$$

in Übereinstimmung mit dem Ergebnis der w-Gewichte. Die Integration liefert jetzt den Inhalt der Einflußfläche zu

$$F=\frac{28\lambda^3}{3EI}\frac{11\lambda}{2}+\int_0^{5\lambda}\eta_1\,dx_1+\int_0^{2\lambda}\eta_2\,dx_2=\frac{\lambda^4}{EI}\left(\frac{308}{6}-\frac{162{,}5}{6}-\frac{44}{6}\right)=50{,}75\,\frac{\lambda^4}{3EI}$$

entsprechend dem aus der Biegelinie für ständige Last gefundenen Wert.

Um die Ordinaten der Einflußlinien zahlenmäßig berechnen zu können, werde die Feldweite $\lambda=2{,}0$ m und das Trägheitsmoment $I=100000$ cm^4 angenommen. Mit $EI=2100\cdot 10^4$ t/m$^2\cdot 100000\cdot 10^{-8}$ m$^4=0{,}21\cdot 100000$ tm^2 erhält man die Ordinate im Gelenk zu

$$\eta_7=\frac{28\cdot 2^3}{3\cdot 0{,}21\cdot 100000}\,(\text{m})=\frac{28\cdot 8\cdot 100}{0{,}63\cdot 100000}\,(\text{cm})=0{,}356\text{ cm}.$$

Es ist die lotrechte Verschiebung infolge $P=1$ t, so daß die Dimension genau genommen cm/t lauten muß.

Kontrolle durch Berechnung der Senkung im Gelenk infolge $P=1$ t:

$$\left(\frac{5\lambda}{3}+\frac{2\lambda}{3}\right)\frac{4\lambda^2}{EI}=\frac{14\cdot 4\cdot 4\cdot 100}{3\cdot 0{,}21\cdot 100000}\,(\text{cm})=0{,}356\text{ cm}.$$

Die Summe der Ordinaten der Einflußlinie in den Punkten *1* bis *10* beträgt

$$\Sigma\,\eta=0{,}356\cdot 52{,}5/28=0{,}6675\text{ cm},$$

und eine gleichmäßig verteilte Last $g=1$ t/m ergibt im Gelenk eine Senkung von

$$\delta_g=g\,F=g\,\lambda\,\Sigma\,\eta=1\text{ t/m}\cdot 2\text{ m}\cdot 0{,}6675\text{ cm/t}=1{,}335\text{ cm}.$$

28. Die Biegelinie rahmenartiger Tragwerke. Beispiel

Liegt ein biegesteifer Stabzug mit beliebig geneigten Stäben vor, Abb. 130, so haben i. a. auch die Normalkräfte N einen Einfluß auf die Größe der w-Gewichte. Die Teilung sei so gewählt, daß die Normalkraft N_n sowie der Querschnitt F_n und das Trägheitsmoment I_n für die Stablänge s_n konstant sind oder doch angenommen werden

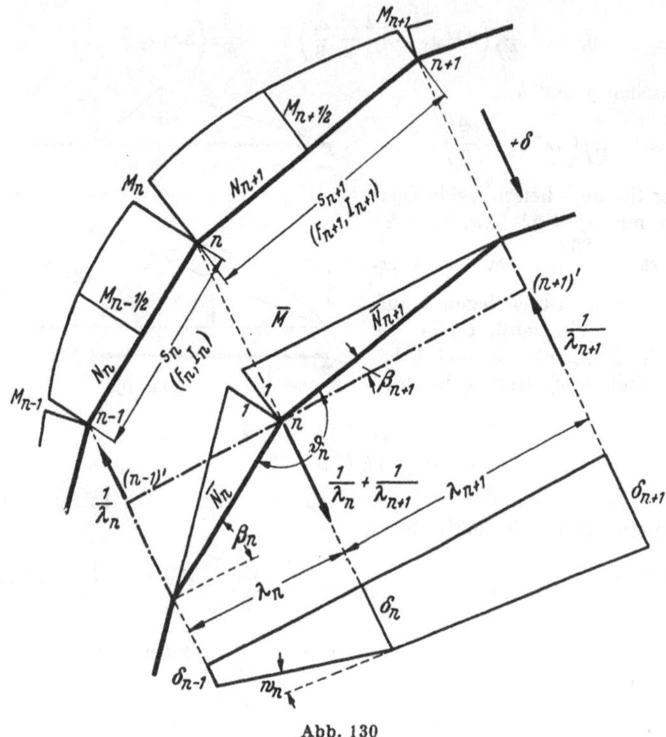

Abb. 130

dürfen. Wird die Biegelinie in der angegebenen Verschiebungsrichtung $+\delta$ gesucht, so ist der Winkel w_n, den die Polygonseiten $n-1, n$ und $n, n+1$ der Biegelinie miteinander bilden,

$$w_n = \frac{\delta_n - \delta_{n-1}}{\lambda_n} - \frac{\delta_{n+1} - \delta_n}{\lambda_{n+1}} .$$

Denkt man sich die Punkte $(n-1)'$ und $(n+1)'$ durch die strichpunktierten Stäbe parallel und normal zur Verschiebungsrichtung angeschlossen, so kommt in w_n wieder die äußere Arbeit der Belastungseinheit eines Geradenpaares zum Ausdruck, wenn die Feldweite λ normal zur Verschiebungsrichtung eingeführt und die Änderung des von den gedachten Stäben $(n-1)', n$ und $n, (n+1)'$ gebildeten gestreckten

Winkels betrachtet wird. Durch die Belastungseinheit entstehen Normalkräfte

$$\overline{N}_n = -\frac{1}{\lambda_n}\sin\beta_n = -\frac{\operatorname{tg}\beta_n}{s_n} \quad \text{und} \quad \overline{N}_{n+1} = +\frac{\operatorname{tg}\beta_{n+1}}{s_{n+1}}.$$

Man erhält als Änderung des gestreckten Winkels — Gl. (91) —

$$\begin{aligned} EI_c\, w_n = w'_n &= \frac{s'_n}{6}(2\,M_{n-\frac{1}{2}} + M_n) + \frac{s'_{n+1}}{6}(M_n + 2\,M_{n+\frac{1}{2}}) \\ &\quad - N_n \operatorname{tg}\beta_n \frac{I_c}{F_n} + N_{n+1}\operatorname{tg}\beta_{n+1}\frac{I_c}{F_{n+1}}. \end{aligned} \tag{96}$$

Der Anteil, der sich aus den Biegemomenten ergibt, ist von der Verschiebungsrichtung unabhängig und stellt offensichtlich die Änderung des von den Stäben gebildeten Winkels ϑ_n dar, denn die zu ihrer Berechnung einzuführende Belastungseinheit ergibt die gleichen Momente $\overline{M}$, aber keine Normalkräfte $\overline{N}$. Das w-Gewicht unterscheidet sich von $\Delta\vartheta_n$ somit nur durch den Beitrag der Normalkräfte und ist mit $\Delta\vartheta_n$ identisch, wenn deren Einfluß zu Null oder vernachlässigbar klein wird, was i. a. der Fall ist. Aus Gl. (96) lassen sich durch entsprechende Annahmen wieder die für den vollwandigen Balken gefundenen Werte der w-Gewichte, Gl. (92) bis (94) ableiten.

Der Vollständigkeit halber sei noch das w-Gewicht infolge von Temparaturänderungen bei konstanter Querschnitthöhe h angegeben. Mit den Bezeichnungen der Abb. 130 wird nach Gl. (69)

$$w_n = \alpha_t \frac{\Delta t}{h}\left(\frac{s_n}{2} + \frac{s_{n+1}}{2}\right) - \alpha_t\, t\,(\operatorname{tg}\beta_n - \operatorname{tg}\beta_{n+1}). \tag{97}$$

Beispiel. In nachfolgendem Beispiel wird die Formänderung des zweistieligen Rahmens Abb. 131 berechnet, die durch eine Einzellast $P = 32$ t erzeugt wird. Die Aufgabe ließe sich — etwas umständlich — dadurch lösen, daß Punkt für Punkt die lotrechte und waagrechte Verschiebung ermittelt wird. Die Biegelinien für Stiele und Riegel führen schneller zum Ziel. Zu beachten sind dabei die Randbedingungen in Punkt *3* und *8*. Wird, was hier geschehen soll, der Einfluß der Normalkräfte auf die Formänderung vernachlässigt, so kann sich der Punkt *8* nur in waagrechter Richtung, Punkt *3* in waagrechter und lotrechter Richtung verschieben. Die waagrechte Verschiebung ist für alle Riegelpunkte die gleiche. Zu ihrer Berechnung sind die Biegemomente aus der gegebenen Belastung mit denen aus der Belastungseinheit (waagrechte Last $\overline{P} = 1$ in Riegelhöhe) zu kombinieren, woraus sich die Riegelverschiebung bei durchweg gleichem Trägheitsmoment zu

$$EI\,u_r = u'_r = \frac{5}{3}\,24 + \frac{4}{3}\,36\cdot 1{,}5 + \frac{2}{3}\,24 + \frac{3}{3}\,36\cdot 1{,}5 = 182$$

ergibt. Im vorliegenden Fall verläuft die Momentenfläche aus der virtuellen Belastung völlig ähnlich derjenigen aus der gegebenen Belastung.

Zur Berechnung der lotrechten Verschiebung in *3* ist die lotrechte Last $\overline{P} = 1$ in *3* anzubringen, die wiederum ähnlichen Momentenverlauf mit dem Eckwert $+ 24/32 = 3/4$ in Punkt *3* ergibt, so daß sich die lotrechte Verschiebung v_3 unmittelbar aus der waagrechten ableiten läßt und zu

$$v_3' = u_r' \cdot 3/4 = 136{,}5$$

gefunden wird.

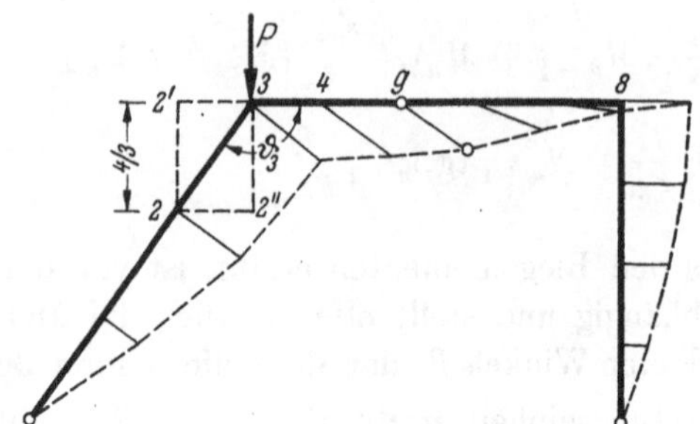

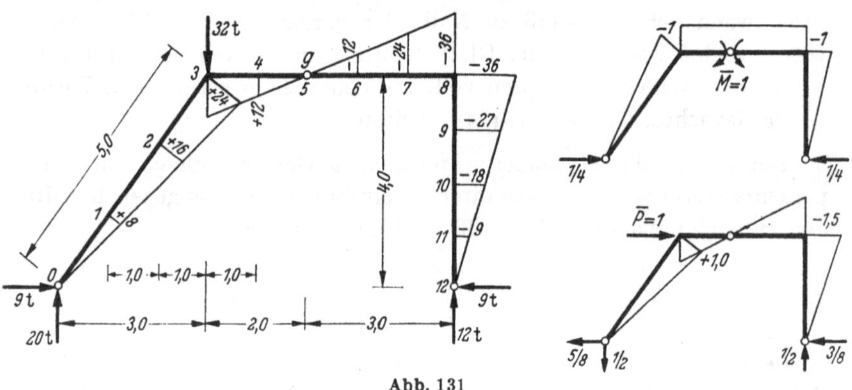

Abb. 131

Für die Berechnung des w-Gewichtes im Gelenk wird die gegenseitige Drehung in g benötigt. Die Kombination der Biegemomente mit denen infolge $\overline{M} = 1$ führt zu

$$\tau_g' = -\frac{5}{3}\,24 + \frac{4}{3}\,36 + 5\,\frac{36-24}{2} = +\,38.$$

Für die weitere Berechnung der Formänderung bestehen nun verschiedene Möglichkeiten. Einmal können für Pfosten und Riegel getrennt die Biegelinien mit Verschiebungsrichtung normal zur Stabachse berechnet werden, nachdem die in den Eckpunkten eintretenden Verschiebungen bekannt sind. Es können aber auch die lotrechten Verschiebungen der Punkte *1* bis *7* aus dem in *0* und *8* gestützten Balken und sodann die waagrechten Verschiebungen der Punkte *1* und *2* des linken und der Punkte *9* bis *11* des rechten Stieles berechnet werden. Der zweite Weg ist hier beschritten worden. Es werden zunächst sämtliche Winkeländerungen berechnet, auch für Punkt *8*, um hier später eine Kontrolle durchführen zu können.

$$w_1' = + \frac{5}{3 \cdot 6}(0 + 4 \cdot 8 + 16) = +13{,}333$$

$$w_2' = + \frac{5}{3 \cdot 6}(8 + 4 \cdot 16 + 24) = +26{,}666$$

$$w_3' = + \frac{5}{3 \cdot 6}(16 + 2 \cdot 24) + \frac{1}{6}(2 \cdot 24 + 12) = +27{,}78$$

$$w_4' = + \frac{1}{6}(24 + 4 \cdot 12 + 0) = +12$$

$$w_5' = 0 \quad \text{und somit} \quad w_g' = \tau_g' = +38$$

$$w_6' = \frac{1}{6}(0 - 4 \cdot 12 - 24) = -12$$

$$w_7' = \frac{1}{6}(-12 - 4 \cdot 24 - 36) = -24$$

$$w_8' = \frac{1}{6}(-24 - 4 \cdot 36 - 27) = -32{,}5$$

$$w_9' = \frac{1}{6}(-36 - 4 \cdot 27 - 18) = -27$$

$$w_{10}' = \frac{1}{6}(-27 - 4 \cdot 18 - 9) = -18$$

$$w_{11}' = \frac{1}{6}(-18 - 4 \cdot 9) = -9.$$

Berechnung der lotrechten Verschiebungen für 1 bis 7:

Pkt. n	w_n'	Q_{n+B}	$\frac{M_n}{\lambda} + nB$	$-nB$	v_n'
1	+ 13,33	+ 81,77	+ 81,77	− 18,5	+ 63,27
2	+ 26,66	+ 68,44	+ 150,21	− 37,0	+ 113,21
3	+ 27,78	+ 41,78	+ 192	− 55,5	+ 136,5
4	+ 12	+ 14	+ 206	− 74,0	+ 132,0
5	+ 38	+ 2	+ 208	− 92,5	+ 115,5
6	− 12	− 36	+ 172	− 111,0	+ 61,0
7	− 24	− 24	+ 148	− 129,5	+ 18,5
8			+ 148	− 148,0	0

$$B = 148:8 = 18{,}5$$

In Punkt *3* ergibt sich Übereinstimmung mit dem vorweg berechneten Wert für v_3', da die Feldweite 1 m gewählt ist und die letzte Spalte somit unmittelbar die EI-fachen Durchbiegungen ergibt.

Die folgenden Tabellen enthalten (unter Fortlassung des Kopfes mit $\frac{u_n'}{\lambda}$ in der letzten Spalte) die Berechnung der waagrechten Verschiebungen für den linken Stiel mit Feldweite $\lambda = 4/3$ m und den rechten Stiel mit Feldweite $\lambda = 1$ m, zu denen die Verschiebung aus der Verdrehung der Stiele infolge Riegelverschiebung zu addieren ist.

1	13,33	40	40	– 22,22	17,78
2	26,66	26,66	66,66	– 44,44	22,22

$$66{,}66:3 = 22{,}22$$

9	27	54	54	– 22,5	31,5
10	18	27	81	– 45	36
11	9	9	90	– 67,5	22,5

$$90:4 = 22{,}5$$

Die negativen Vorzeichen von w_9 bis w_{11} sind fortgelassen, da ein Zweifel über die Ausbiegung nicht bestehen kann. Die negativen Biegemomente bzw. w-Gewichte des rechten Pfosten ergeben für den in *8* und *12* gestützten Balken eine Durchbiegung nach außen. Für die waagrechten Verschiebungen werden damit folgende Werte erhalten:

$$u_1' = 17{,}78 \cdot 4/3 + 182/3 = 23{,}71 + 60{,}67 = 84{,}38$$
$$u_2' = 22{,}22 \cdot 4/3 + 182 \cdot 2/3 = 29{,}63 + 121{,}33 = 150{,}96$$
$$u_3' \text{ bis } u_8' = 182$$
$$u_9' = 31{,}5 + 182 \cdot 3/4 = 168$$
$$u_{10}' = 36 + 182 \cdot 1/2 = 127$$
$$u_{11}' = 22{,}5 + 182 \cdot 1/4 = 68.$$

Das Ergebnis der Berechnung ist in verzerrtem Maßstab in Abb. 131 dargestellt. Zur Kontrolle sollen noch die Winkeländerungen in den Ecken überprüft werden. Das kann auf Grund der Gl. (21) erfolgen, wobei zu beachten ist, daß hier lotrechte Verschiebungen nach unten positiv bezeichnet sind. Der Stab *3–4* erfährt eine Linksdrehung von der Größe

$$(136{,}5 - 132):1 = 4{,}5,$$

und der Stab *2–3* erfährt eine Rechtsdrehung von der Größe

$$\frac{(182 - 150{,}96)\ 4/5}{5/3} + \frac{(136{,}5 - 113{,}2)\ 3/5}{5/3} = 23{,}29,$$

so daß die Winkeländerung insgesamt

$$4{,}5 + 23{,}29 = 27{,}79 = w_3'$$

beträgt. Etwas einfacher gestaltet sich die Prüfung, wenn man nach den Bemerkungen zu Gl. (96) bedenkt, daß die Winkeländerung $\Delta\vartheta_3$ auch aus den Änderungen des gestreckten Winkels *2'–3–4* oder des rechten Winkels *2''–3–4* ermittelt werden kann. Sie beträgt dann

$$(136{,}5 - 132):1 + (136{,}5 - 113{,}21):1 = 4{,}5 + 23{,}29 = 27{,}79$$

oder auch

$$(136{,}5 - 132):1 + (182 - 150{,}96):4/3 = 4{,}5 + 23{,}28 = 27{,}78.$$

Entsprechend erhält man in *8* aus der Riegelverschiebung eine Verkleinerung des rechten Winkels von $182:4 = 45{,}5$, eine weitere Verkleinerung durch die Senkung des Punktes *7* von der Größe $v_7':1 = 18{,}5$ und eine Vergrößerung durch die waagrechte Teilverschiebung 31,5 in *9*; mithin insgesamt eine Verkleinerung von

$$45{,}5 + 18{,}5 - 31{,}5 = 32{,}5$$

in Übereinstimmung mit dem negativen Wert des w-Gewichtes in Punkt *8*.

Um über die tatsächliche Größe der Riegelverschiebung Aufschluß zu gewinnen, werde $I = 60640\ \text{cm}^4$ (I P 40, $F = 209\ \text{cm}^2$) angenommen. Sie beträgt

$$u_r = \frac{182 \cdot 100}{0{,}21 \cdot 60640}\,(\text{cm}) = 1{,}43\ \text{cm}.$$

Die Normalkräfte aus gegebener bzw. virtueller Belastung sind

im linken Stiel:	$N = -22\ \text{t}$,	$\overline{N} = +0{,}8\ \text{t}$
im Riegel:	$N = -\ 9\ \text{t}$,	$\overline{N} = -3/8\ \text{t}$
im rechten Stiel:	$N = -12\ \text{t}$,	$\overline{N} = -0{,}5\ \text{t}$.

Mit $I_c/F = 60640/209 = 290\ \text{cm}^2 = 0{,}029\ \text{m}^2$ errechnet sich nach Gl. (74) der Einfluß der Normalkräfte auf die waagrechte Riegelverschiebung zu

$$u_r' = 0{,}029\,(-22 \cdot 0{,}8 \cdot 5{,}0 + 9 \cdot 0{,}375 \cdot 5{,}0 + 12 \cdot 0{,}5 \cdot 4{,}0) = -1{,}36$$

gegenüber $u_r' = 182$ aus den Biegemomenten, so daß ihre Vernachlässigung im vorliegenden Fall durchaus angebracht ist.

29. Die Biegelinie des Fachwerkes

Bei Tragwerken aus biegesteifen Stäben wird die Biegelinie durch die Verschiebungen der auf der Stabachse liegenden Knotenpunkte bestimmt. Beim Fachwerk kann nach der Biegelinie des Diagonalzuges

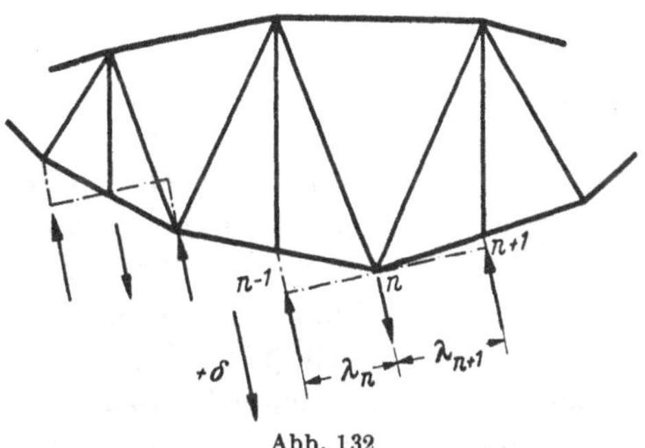

Abb. 132

gefragt werden, welche die Verschiebungen aller Knotenpunkte enthalten kann, oder, was in der Regel der Fall ist, die Biegelinie des Lastgurtes verlangt werden. Um w_n als Arbeit der Belastungseinheit des Geradenpaares zu erhalten, müssen die Einzellasten $1/\lambda_n$, $1/\lambda_{n+1}$ der Belastungseinheit parallel zur Verschiebungsrichtung δ angebracht werden. Nach Abb. 132 stellt w_n auch hier wieder die Winkeländerung gedachter Stäbe dar, die normal zur Verschiebungsrichtung einen gestreckten Winkel miteinander bilden. Mit den Stabkräften $\overline{S}$ aus der Belastungseinheit des Geradenpaares erhält man für das w-Gewicht

$$E F_c w_n = w_n' = \Sigma S \overline{S} s \frac{F_c}{F}, \tag{98}$$

oder wenn die Stablängenänderungen aus gegebener Belastung $\Delta s = \frac{S\,s}{EF}$ benutzt werden,

$$w_n = \Sigma \bar{S}\,\Delta s. \qquad (99)$$

Die Summen erstrecken sich über alle Stäbe, in denen Stabkräfte S und $\bar{S}$ gleichzeitig auftreten, und werden zweckmäßig in Tabellen berechnet. In Abb. 133 sind für verschiedene Fachwerke die Stäbe

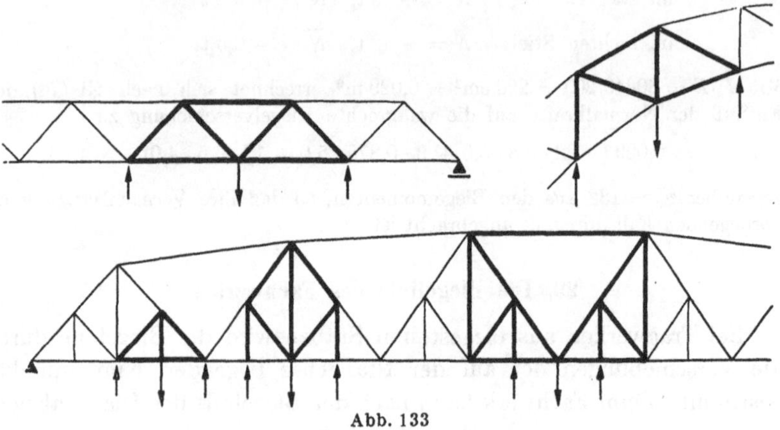

Abb. 133

gekennzeichnet, die in die w-Gewichte eingehen, wenn es sich um die Biegelinien der Untergurte handelt, wobei in allen Fällen die Lotrechte als Verschiebungsrichtung angenommen wurde.

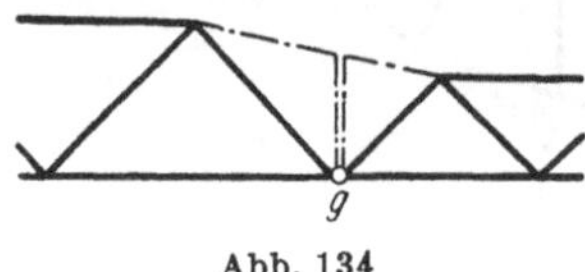

Abb. 134

Handelt es sich um das w-Gewicht in einem Gelenkpunkt zwischen zwei Fachwerkscheiben, Abb. 134, so kann die Berechnung durch sinngemäße Anwendung der Gl. (95) erfolgen. Der Winkel τ_{g0} ist aus der gegenseitigen Drehung gedachter Vertikalstäbe durch g zu bestimmen und w_n für den Gelenkpunkt so zu berechnen, als ob die Gelenkwirkung durch einen Gurtstab aufgehoben wäre.

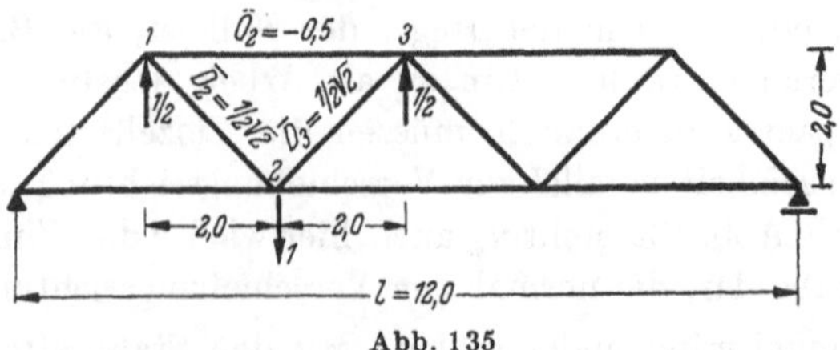

Abb. 135

Für den in Abb. 135 dargestellten Fachwerkträger wurden die Verschiebungskomponenten auf S. 20 berechnet. Es soll hier mit den dort angenommenen Stablängenänderungen die Biegelinie des Diagonalzuges berechnet werden. Die zur

Berechnung der w-Gewichte einzuführende Belastungseinheit ergibt die Stabkräfte

$$\bar{O} = -0{,}5 \quad \text{und} \quad \bar{D} = +0{,}5\sqrt{2}\,,$$

wenn es sich um einen Knotenpunkt des Untergurtes handelt; es wird

$$\bar{U} = +0{,}5 \quad \text{und} \quad \bar{D} = -0{,}5\sqrt{2}$$

für die w-Gewichte in den Obergurtknoten. Damit wird die Berechnung in nebenstehenden Tabellen durchgeführt.

Stab	Δs	$\bar{S}$	$\bar{S}\Delta s$
U_1	+ 0,23	+ 0,5	+ 0,115
D_1	− 0,27	− 0,707	+ 0,1909
D_2	+ 0,36	− 0,707	− 0,2545
		$w_1' =$	+ 0,0514
O_2	− 0,21	− 0,5	+ 0,105
D_2	+ 0,36	+ 0,707	+ 0,2545
D_3	− 0,10	+ 0,707	− 0,0707
		$w_2' =$	+ 0,2888
U_3	+ 0,27	+ 0,5	+ 0,135
D_3	− 0,10	− 0,707	+ 0,0707
D_4	− 0,10	− 0,707	+ 0,0707
		$w_3' =$	+ 0,2764

Mit den so ermittelten w-Gewichten wird die Biegelinie berechnet:

Pkt. n	w_n	Q_n	$M_{n/\lambda}$	v_n
1	+ 0,0514	+ 0,4784	+ 0,4784	+ 0,957
2	+ 0,2888	+ 0,4270	+ 0,9054	+ 1,811
3	+ 0,2764	+ 0,1382	+ 1,0436	+ 2,087

Die letzte Spalte enthält die lotrechten Verschiebungen der Knotenpunkte — hier positiv nach unten — in Übereinstimmung mit den S. 20 berechneten Werten.

VI. Querbelastete Balken mit Längskraft

30. Lösung durch Iteration

Im Abschn. II.7 wurde bereits auf den Einfluß von Formänderungen auf den Gleichgewichtszustand hingewiesen. Hier sollen verschiedene Möglichkeiten betrachtet werden, die tatsächlichen Biegemomente in einem querbelasteten Balken zu ermitteln, der gleichzeitig Längskräfte N zu übertragen hat. Ist M_0 das Biegemoment aus der Querbelastung allein, so ergibt sich das Biegemoment unter Berücksichtigung der Durchbiegung y zu

$$M = M_0 \mp N\,y,$$

wobei das obere Vorzeichen bei Längszugkraft und das untere bei Längsdruckkraft maßgebend ist, Abb. 136. Zunächst wird die Aufgabe durch Iteration gelöst, die bei jeder beliebigen Querlast und beliebig veränderlichem

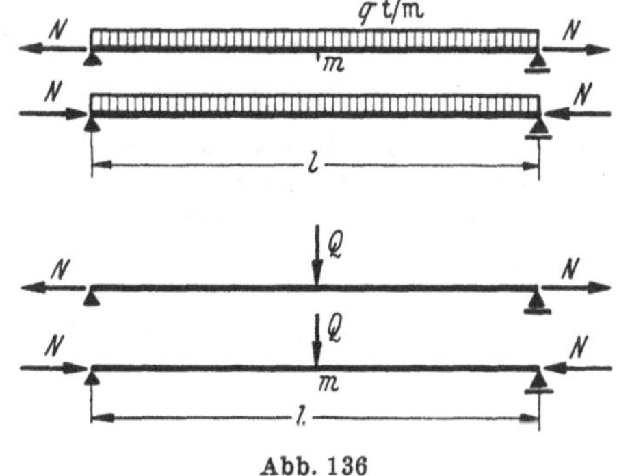

Abb. 136

Trägheitsmoment durchführbar ist. Daß bereits verhältnismäßig kleine Formänderungen eine genauere Berechnung nach der Theorie zweiter Ordnung rechtfertigen bzw. notwendig machen, zeigt das folgende Beispiel.

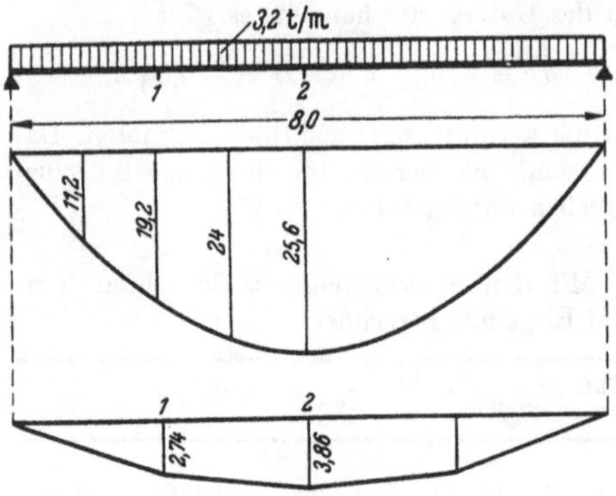

Abb. 137

Ein Träger von 8,0 m Länge bestehe aus einem I P 30 ($F = 154\ \mathrm{cm}^2$, $I = 25760\ \mathrm{cm}^4$); er habe eine Querbelastung von $q = 3{,}2$ t/m aufzunehmen und außerdem eine zentrische Längskraft $N = 122$ t als Zugkraft oder als Druckkraft zu übertragen. Die Lösung durch Iteration erfolgt schrittweise. Die Querbelastung allein ergibt die Biegemomente nach Abb. 137. Die durch sie erzeugten Durchbiegungen sind bei Beschränkung auf 4 Felder, $\lambda = 2{,}0$ m, durch die w-Gewichte w_1 und w_2 bestimmt und betragen

$$y_1 = (w_1 + 0{,}5\, w_2) \cdot 2{,}0 = 2\, w_1 + w_2$$

$$y_2 = (w_1 + 0{,}5\, w_2) \cdot 4{,}0 - w_1 \cdot 2{,}0 = 2\,(w_1 + w_2).$$

Die Zahlenrechnung ergibt die $E\,I$-fachen w-Gewichte

$$w_1' = \frac{2}{3}\,(11{,}2 + 19{,}2 + 24{,}0) = 36{,}2$$

$$w_2' = \frac{2}{3}\,(24{,}0 + 25{,}6 + 24{,}0) = 49{,}1$$

und mit $E\,I = 0{,}21 \cdot 25760 = 5410\ \mathrm{tm}^2$ die Durchbiegungen

$$y_1 = (2 \cdot 36{,}2 + 49{,}1) : 54{,}10 = 2{,}25\ \mathrm{cm}$$

$$y_2 = 2\,(36{,}2 + 49{,}1) : 54{,}10 = 3{,}16\ \mathrm{cm}.$$

Durch die Längskräfte N werden die Biegemomente

$$\Delta M_1 = N\, y_1 = \mp\, 122 \cdot 2{,}25 = \mp\, 274\ \mathrm{cmt}$$

$$\Delta M_2 = N\, y_2 = \mp\, 122 \cdot 3{,}16 = \mp\, 386\ \mathrm{cmt}$$

hervorgerufen. Das obere Vorzeichen gilt für Längszugkraft, das untere für Längsdruckkraft. Diese Biegemomente haben eine Abminderung der Durchbiegungen bei positivem N und eine zusätzliche Durchbiegung bei negativem N zur Folge, die durch die w-Gewichte

$$w_1' = \mp\, \frac{2}{6}\,(0 + 4 \cdot 2{,}74 + 3{,}86) = \mp\, 4{,}94$$

$$w_2' = \mp\, \frac{2}{6}\,(2{,}74 + 4 \cdot 3{,}86 + 2{,}74) = \mp\, 6{,}97$$

bestimmt werden. Damit wird

$$\Delta y_1 = \mp\, (2 \cdot 4{,}94 + 6{,}97) : 54{,}10 = \mp\, 0{,}311\ \mathrm{cm}$$

$$\Delta y_2 = \mp\, 2\,(4{,}94 + 6{,}97) : 54{,}10 = \mp\, 0{,}44\ \mathrm{cm},$$

und die Änderung der Biegemomente — mit positivem Vorzeichen für beide Fälle — beträgt

$$\Delta M_1 = 122 \cdot 0{,}311 = +\ 38 \text{ cmt}$$

$$\Delta M_2 = 122 \cdot 0{,}44 \quad = +\ 53{,}7 \text{ cmt}.$$

Der nächste Schritt führt über

$$w_1' = \frac{2}{6}(0 + 4 \cdot 0{,}38 + 0{,}537) = 0{,}652$$

$$w_2' = \frac{2}{6}(0{,}38 + 4 \cdot 0{,}537 + 0{,}38) = 0{,}97$$

zu

$$\Delta y_1 = (2 \cdot 0{,}652 + 0{,}97) : 54{,}10 = +\ 0{,}042 \text{ cm}$$

$$\Delta y_2 = \ 2\,(0{,}652 + 0{,}97) : 54{,}10 = +\ 0{,}06 \quad \text{cm}$$

und zu

$$\Delta M_1 = \mp\ 122 \cdot 0{,}042 = \mp\ 5{,}1 \text{ cmt}$$

$$\Delta M_2 = \mp\ 122 \cdot 0{,}06 \quad = \mp\ 7{,}3 \text{ cmt}.$$

Damit kann die Iteration abgebrochen werden mit dem Ergebnis für *Längszugkraft*:

$$y_1 = +\ 2{,}25 - 0{,}311 + 0{,}042 = +\ 1{,}981 \text{ cm}$$

$$y_2 = +\ 3{,}16 - 0{,}44 + 0{,}06 = +\ 2{,}78 \text{ cm}$$

$$M_1 = +\ 1920 - 274 + 38 - 5 = +\ 1679 \text{ cmt}$$

$$M_2 = +\ 2560 - 386 + 53 - 7 = +\ 2220 \text{ cmt}$$

für *Längsdruckkraft*:

$$y_1 = +\ 2{,}25 + 0{,}311 + 0{,}042 = +\ 2{,}603 \text{ cm}$$

$$y_2 = +\ 3{,}16 + 0{,}44 \ + 0{,}06 \ = +\ 3{,}66 \quad \text{cm}$$

$$M_1 = +\ 1920 + 274 + 38 + 5 = +\ 2237 \text{ cmt}$$

$$M_2 = +\ 2560 + 386 + 54 + 7 = +\ 3007 \text{ cmt}.$$

Das bedeutet im ersten Fall eine Abminderung des maximalen Biegemomentes M_2 um 13,3%, im zweiten Fall eine Vergrößerung um 17,5%.

31. Lösung der Differentialgleichung

Sind M_{ox} die Biegemomente aus der Querbelastung q t/m, so erhält man mit $M_x = M_{ox} \mp N\,y$ die Differentialgleichung der Biegelinie

$$y'' = -\frac{M_x}{EI} = -\frac{1}{EI}(M_{ox} \mp N\,y)$$

oder

$$y'' \mp \frac{N}{EI}\,y = -\frac{M_{ox}}{EI} \tag{100}$$

als gewöhnliche Differentialgleichung 2. Ordnung mit konstanten Koeffizienten, wenn das Trägheitsmoment I konstant angenommen wird. Das obere Vorzeichen gilt wieder bei positiver, das untere bei negativer Längskraft N.

Mit

$$\frac{N}{EI} = \alpha^2 \tag{101}$$

ist ihre Lösung, von deren Richtigkeit man sich durch Einsetzen in Gl. (100) leicht überzeugen kann,

bei Längszugkraft:

$$y = C_1 e^{\alpha x} + C_2 e^{-\alpha x} + \frac{M_{ox}}{N} - \frac{q}{\alpha^2 N}$$

bei Längsdruckkraft:

$$y = C_1 \sin\alpha x + C_2 \cos\alpha x - \frac{M_{ox}}{N} - \frac{q}{\alpha^2 N}.$$

Nach Bestimmung der Konstanten C_1 und C_2 aus den Randbedingungen $y = 0$ für $x = 0$ und $x = l$ erhält man

für Zugkraft N

$$y = \frac{q}{\alpha^2 N}\left(\frac{e^{\alpha x} + e^{\alpha(l-x)}}{e^{\alpha l} + 1} - 1\right) + \frac{M_{ox}}{N}$$

$$M_x = M_{ox} - N\,y$$

$$M_x = \frac{q}{\alpha^2}\left(1 - \frac{e^{\alpha x} + e^{\alpha(l-x)}}{e^{\alpha l} + 1}\right)$$

für Druckkraft N

$$y = \frac{q}{\alpha^2 N}\left(\frac{\sin\alpha x + \sin\alpha(l-x)}{\sin\alpha l} - 1\right) - \frac{M_{ox}}{N}$$

$$M_x = M_{ox} + N\,y$$

$$M_x = \frac{q}{\alpha^2}\left(\frac{\sin\alpha x + \sin\alpha(l-x)}{\sin\alpha l} - 1\right)$$

in Balkenmitte m $(x = l/2)$:

für Zugkraft N:

$$_{\max}y = \frac{q}{\alpha^2 N}\left(\frac{2e^{\alpha l/2}}{e^{\alpha l} + 1} - 1\right) + \frac{M_{om}}{N}$$

$$_{\max}M = \frac{q}{\alpha^2}\left(1 - \frac{2e^{\alpha l/2}}{e^{\alpha l} + 1}\right) \tag{102}$$

für Druckkraft N:

$$_{\max}y = \frac{q}{\alpha^2 N}\left(\frac{2\sin\alpha l/2}{\sin\alpha l} - 1\right) - \frac{M_{om}}{N}$$

$$_{\max}M = \frac{q}{\alpha^2}\left(\frac{2\sin\alpha l/2}{\sin\alpha l} - 1\right). \tag{103}$$

Für Längsdruckkraft werden $_{\max}y$ und $_{\max}M$ unendlich groß, wenn $\sin\alpha l = 0$, also $\alpha l = \pi$ wird, womit man aus Gl. (101) die EULERsche Knicklast erhält.

Zahlenrechnung für die durch Iteration gelösteAufgabe:

$$\alpha^2 = \frac{122}{0{,}21 \cdot 25760} = 0{,}0226\left(\frac{1}{m^2}\right); \quad \alpha = 0{,}15; \quad \alpha l = 1{,}2;$$

$$\frac{q}{\alpha^2 N} = \frac{EIq}{N^2} = 1{,}161\ (\mathrm{m}); \quad \frac{q}{\alpha^2} = 141{,}5\ (\mathrm{mt})$$

Zugkraft N

$$_{\max}y = 1{,}161\left(\frac{2 \cdot 1{,}82212}{3{,}32012 + 1} - 1\right) + \frac{25{,}6}{122}$$

$$= -1{,}161 \cdot 0{,}1565 + 0{,}2098$$

$$= 0{,}0281\ \mathrm{m}$$

$$_{\max}M = 141{,}5 \cdot 0{,}1565 = 22{,}2\ \mathrm{mt}$$

Druckkraft N

$$_{\max}y = 1{,}161\left(\frac{2 \cdot 0{,}56464}{0{,}93204} - 1\right) - \frac{25{,}6}{122}$$

$$= 1{,}161 \cdot 0{,}212 - 0{,}2098$$

$$= 0{,}0363\ \mathrm{m}$$

$$_{\max}M = 141{,}5 \cdot 0{,}212 = 30\ \mathrm{mt}.$$

Bei der Berechnung der Durchbiegung kann die Benutzung einer Rechenmaschine erforderlich werden. Das durch Iteration gefundene Ergebnis zeigt eine recht gute Übereinstimmung.

Zu einer einfachen Lösung der Aufgabe, bei welcher keine Funktionentafeln benötigt werden, führt der folgende Weg über die Differenzenrechnung.

32. Lösung durch Differenzenrechnung

a) Trägheitsmoment veränderlich, jedoch innerhalb der gewählten Feldweite λ konstant. Es ist $M_n = M_{o,n} - N\, y_n$ in die Rechnung einzuführen, wobei N als Längszugkraft das positive und als Längsdruckkraft das negative Vorzeichen erhält. Für die Biegemomente aus Querbelastung wird quadratischer Verlauf berücksichtigt. Die Momente $N\, y_n$ dürfen linear angenommen werden. Dann ergibt sich aus Gl. (90), (91) und (93)

$$
\begin{aligned}
y_{n-1} - 2y_n + y_{n+1} \\
= -\frac{\lambda^2}{6EI_c}\left[(2M_{o,n-\frac{1}{2}} + M_{o,n})\frac{I_c}{I_n} + (M_{o,n} + 2M_{o,n+\frac{1}{2}})\frac{I_c}{I_{n+1}}\right] \\
+ \frac{N\lambda^2}{6EI_c}\left[(y_{n-1} + 2y_n)\frac{I_c}{I_n} + (2y_n + y_{n+1})\frac{I_c}{I_{n+1}}\right].
\end{aligned}
$$

Wird
$$\frac{N\lambda^2}{6EI_c} = \beta; \qquad \frac{N\lambda^2}{6EI_n} = \beta_n \tag{104}$$

eingeführt, wobei zu beachten ist, daß die Zahlenwerte β für Längsdruckkraft negativ sind, so erhält man

$$
\begin{aligned}
y_{n-1}(1-\beta_n) - 2y_n(1+\beta_n+\beta_{n+1}) + y_{n+1}(1-\beta_{n+1}) \\
= -\frac{\beta}{N}\left[(2M_{o,n-\frac{1}{2}} + M_{o,n})\frac{I_c}{I_n} + (M_{o,n} + 2M_{o,n+\frac{1}{2}})\frac{I_c}{I_{n+1}}\right].
\end{aligned}
$$

Auf der rechten Seite der Gleichung erscheint das mit der Feldweite λ multiplizierte w-Gewicht aus der Querbelastung, und es wird

$$
\begin{aligned}
y_{n-1}(1-\beta_n) - 2y_n(1+\beta_n+\beta_{n+1}) + y_{n+1}(1-\beta_{n+1}) \\
= -\frac{\lambda}{EI_c}w'_{on} = -\lambda\, w_{on}.
\end{aligned} \tag{105}
$$

Bei Teilung in r Felder sind $r-1$ unbekannte Werte y_n zu berechnen, für welche die Gl. (105) ein System von $r-1$ dreigliedrigen, linearen Gleichungen darstellt, nach dessen Lösung die Biegemomente $M_n = M_{on} - N\, y_n$ berechnet werden können.

b) Trägheitsmoment konstant. Mit $\beta_n = \beta_{n+1} = \beta = \frac{N\lambda^2}{6EI}$ vereinfacht sich Gl. (105) zu

$$y_{n-1}(1-\beta) - 2y_n(1+2\beta) + y_{n+1}(1-\beta) = -\lambda\, w_{on}. \tag{106}$$

Häufig genügt die Ermittlung der maximalen Durchbiegung bzw. des maximalen Biegemomentes in Balkenmitte, für die sich aus vorstehender Gleichung für die Teilung $\lambda = l/2$ und $\lambda = l/4$ die nachfolgenden sehr einfachen Formeln ableiten lassen, deren Anwendung die Durchführung der Zahlenrechnung mit dem geringsten Aufwand ermöglicht.

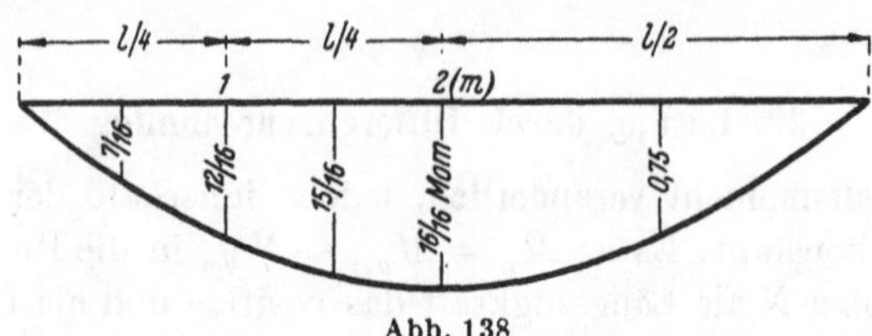

Abb. 138

Gleichmäßig verteilte Querlast q t/m, Abb. 138.

Die *Teilung* $\lambda = l/2$ ergibt $\beta = \frac{N\,l^2}{24\,EI}$. Im Viertelpunkt ist $M_0 = 0{,}75\,M_{0m} = 0{,}75\,q\,l^2/8$, somit in Balkenmitte m das w-Gewicht nach Gl. (92)

$$w_{0m} = \frac{l/2}{3\,EI}\,(0{,}75 + 1{,}0 + 0{,}75)\;M_{0m} = \frac{5\,M_{0m}\,l}{12\,EI}.$$

Aus Gl. (106)

$$-\,2\,y_m\,(1 + 2\beta) = -\frac{5\,M_{0m}\,l^2}{24\;\;EI}$$

folgt

$$y_m = \frac{5}{48}\,\frac{M_{0m}\,l^2}{EI}\,\frac{1}{1 + 2\,\beta} = \frac{y_{0m}}{1 + 2\,\beta} \tag{107}$$

und

$$M_m = \frac{q\,l^2}{8} - N\,y_m = \frac{q\,l^2}{8}\left(1 - \frac{2{,}5\,\beta}{1 + 2\,\beta}\right)$$

$$M_m = \frac{q\,l^2}{8}\cdot\frac{1 - 0{,}5\,\beta}{1 + 2\,\beta}. \tag{108}$$

Auf das frühere Zahlenbeispiel angewandt wird

$$\beta = \pm\frac{122\cdot 8^2}{24\cdot 0{,}21\cdot 25760} = \pm\,0{,}06016,$$

und es ergibt sich (mit $y_{0m} = 3{,}16$ cm; S. 124)

bei Längszugkraft:

$$y_m = 3{,}16/1{,}12032 = 2{,}82\text{ cm}$$

$$M_m = 25{,}6\cdot\frac{1 - 0{,}03008}{1{,}12032} = 22{,}2\text{ mt}$$

bei Längsdruckkraft:

$$y_m = 3{,}16/0{,}87968 = 3{,}59\text{ cm}$$

$$M_m = 25{,}6\cdot\frac{1{,}03008}{0{,}87968} = 30\text{ mt}.$$

Die Rechnung liefert trotz der recht groben Teilung $\lambda = l/2$ ganz geringfügige Abweichungen in der Durchbiegung und in den Biegemomenten den richtigen Wert. Mit ausreichender Genauigkeit wird immer zu rechnen sein, wenn N genügend Abstand von der Knicklast hat, die sich aus $1 + 2\beta = 0$ und $\beta = -0{,}5$ zu $N = -12\,EI/l^2$, also etwas größer als die EULER-Last ergibt.

Wird die *Teilung* $\lambda = l/4$ gewählt, so ist $\beta = \frac{N\,l^2}{96\,EI}$, und man erhält für die Biegemomente aus gleichmäßig verteilter Belastung (Abb. 138) die w-Gewichte

$$w_{0,1} = \frac{l/4}{3\,EI \cdot 16}(7 + 12 + 15)\,M_{0m} = \frac{34}{12 \cdot 16\,EI}\,M_{0m}\,l$$

$$w_{0,2} = \frac{l/4}{3\,EI \cdot 16}(15 + 16 + 15)\,M_{0m} = \frac{46}{12 \cdot 16\,EI}\,M_{0m}\,l\,.$$

Die Symmetrie, $y_1 = y_3$, führt zu den beiden Gl. (106)

$$-2\,y_1(1 + 2\beta) + y_2(1 - \beta) = -w_{0,1}\,l/4$$

$$2\,y_1(1 - \beta) - 2\,y_2(1 + 2\beta) = -w_{0,2}\,l/4$$

mit der Nennerdeterminante

$$D = 2 + 20\beta + 14\beta^2.$$

Die Knickbedingung $D = 0$ liefert $\beta = -0{,}1082$ und die Knicklast

$$N = -\frac{0{,}1082 \cdot 96\,EI}{l^2} = -\frac{10{,}3872\,EI}{l^2}\,.$$

Wird β^2 in der Nennerdeterminante vernachlässigt, so ergibt sich die Knicklast mit $\beta = -0{,}1$ zu

$$N = -\frac{9{,}6\,EI}{l^2}\,,$$

also etwas kleiner als die EULERsche Knicklast.

Die Auflösung der Gleichungen ergibt in Balkenmitte, $y_2 = y_m$, die Durchbiegung

$$y_m = \frac{(1 + 2\beta)\,w_{0,2} + (1 - \beta)\,w_{0,1}}{1 + 10\beta + 7\beta^2}\,l/4,$$

nach Einführung der w-Gewichte

$$y_m = y_{0m}\,\frac{1 + 0{,}725\,\beta}{1 + 10\,\beta + 7\beta^2} \tag{109}$$

und damit das Biegemoment

$$M_m = \frac{q\,l^2}{8}\,\frac{1 - 0{,}25\beta^2}{1 + 10\beta + 7\beta^2}\,.$$

Da für praktisch in Betracht kommende Werte von $\beta \leq 0{,}05$ — entsprechend der halben Knicklast — deren Quadrat vernachlässigt werden darf, erhält man mit großer Genauigkeit für das Biegemoment

$$M_m = \frac{q\,l^2}{8}\,\frac{1}{1+10\beta}\,. \tag{110}$$

Für das Zahlenbeispiel wird jetzt $\beta = 0{,}01504$,

bei Längszugkraft: $M_m = 25{,}6/1{,}1504 = 22{,}2$ mt

bei Längsdruckkraft: $M_m = 25{,}6/0{,}8496 = 30{,}2$ mt.

Querbelastung durch Einzellast Q in Balkenmitte, Abb. 139.

Teilung $\lambda = l/2$: $\beta = \dfrac{N\,l^2}{24\,EI}$.

In Balkenmitte ist

$$w_{0m} = \frac{l/2}{3\,EI}\,(0{,}5 + 1{,}0 + 0{,}5)\,\frac{Q\,l}{4} = \frac{Q\,l^2}{12\,EI}$$

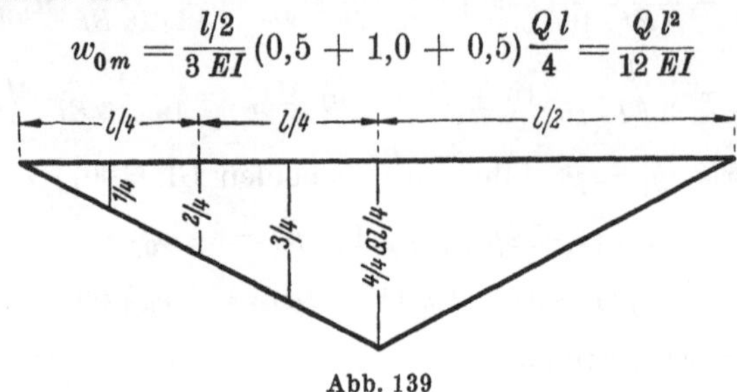

Abb. 139

nach Gl. (106)

$$y_m = \frac{Q\,l^3}{48\,EI}\,\frac{1}{1+2\,\beta} = \frac{y_{0m}}{1+2\,\beta} \tag{111}$$

damit

$$M_m = \frac{Q\,l}{4}\left(1 - \frac{2\,\beta}{1+2\,\beta}\right) = \frac{Q\,l}{4}\,\frac{1}{1+2\,\beta}\,. \tag{112}$$

Zahlenbespiel:

I P 30; Stützweite $l = 8$ m; $Q = 12$ t; $N = 120$ t; $y_{0m} = \dfrac{12 \cdot 8^3 \cdot 10^2}{48 \cdot 0{,}21 \cdot 25760}$ $= 2{,}37$ cm; $\beta = \dfrac{120 \cdot 64}{24 \cdot 5410} = 0{,}059$;

bei Längszugkraft: $y_m = 2{,}37/1{,}118 = 2{,}12$ cm; $M_m = 24/1{,}118 = 21{,}5$ mt

bei Längsdruckkraft: $y_m = 2{,}37/0{,}882 = 2{,}69$ cm; $M_m = 24/0{,}882 = 27{,}2$ mt.

Teilung $\lambda = l/4$: $\beta = \dfrac{N\,l^2}{96\,EI}$

$$w_{0,1} = \frac{l/4}{3\,EI}\left(\frac{1}{4} + \frac{2}{4} + \frac{3}{4}\right)\frac{Q\,l}{4} = \frac{6\,Q\,l^2}{12 \cdot 16\,EI}$$

$$w_{0,2} = \frac{l/4}{3\,EI}\left(\frac{3}{4} + \frac{4}{4} + \frac{3}{4}\right)\frac{Q\,l}{4} = \frac{10\,Q\,l^2}{12 \cdot 16\,EI}\,.$$

Die beiden Gleichungen

$$-\,2\,y_1\,(1+2\beta) + y_2\,(1-\beta) = -\,\frac{6}{16}\,\frac{Q\,l^3}{48\,EI} = -\,\frac{6}{16}\,y_{0m}$$

$$2\,y_1\,(1-\beta) - 2\,y_2\,(1+2\beta) = -\,\frac{10}{16}\,\frac{Q\,l^3}{48\,EI} = -\,\frac{10}{16}\,y_{0m}$$

ergeben die Durchbiegung in Balkenmitte

$$y_m = y_{0m} \frac{1 + 0{,}875\,\beta}{1 + 10\,\beta + \beta^2} \tag{113}$$

und damit das Biegemoment

$$M_m = \frac{Q\,l}{4} \; \frac{1 + 2\beta}{1 + 10\,\beta + 7\,\beta^2},$$

für welches wieder mit ausreichender Genauigkeit

$$M_m = \frac{Q\,l}{4} \; \frac{1 + 2\,\beta}{1 + 10\,\beta} \tag{114}$$

gesetzt werden darf.

Die Zahlenrechnung ergibt jetzt $\beta = 0{,}059/4 = 0{,}01475$ und die Biegemomente

$$M_m = 24 \cdot \frac{1{,}0295}{1{,}1475} = 21{,}55 \text{ mt} \quad \text{bei positiver Längskraft}$$

$$M_m = 24 \cdot \frac{0{,}9705}{0{,}8525} = 27{,}35 \text{ mt} \quad \text{bei negativer Längskraft.}$$

VII. Statisch unbestimmte Tragwerke

33. Kennzeichen der statischen Unbestimmtheit

Nach den Ausführungen über die Stabilitätsbedingungen liegt statische Unbestimmtheit vor, wenn ein Tragwerk Glieder enthält, die zur Stabilität nicht erforderlich sind, Abb. 14, 19, 20 und 21.

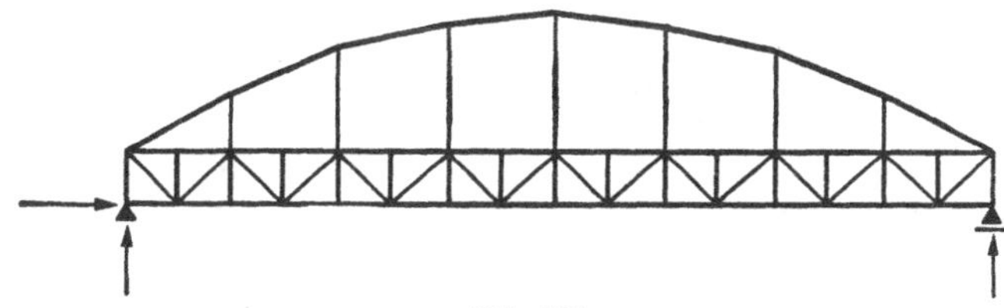

Abb. 140

In einem n-fach statisch unbestimmten System können n *überzählige* Glieder entfernt werden, ohne die Stabilität zu gefährden, wenn die verbleibenden, die *notwendigen* Glieder, ein brauchbares statisch bestimmtes Tragwerk ergeben. Als überzählige Glieder können i. a. sowohl äußere als auch innere Glieder angesehen werden. *Innere* statische Unbestimmtheit liegt vor, wenn die zur Stabilität erforderliche Mindestzahl an Stützungen angeordnet ist, so daß die Bildung eines statisch bestimmten Systems nur durch Entfernung von ausschließlich inneren Gliedern möglich ist. In dem Stabbogen mit Versteifungsträger, Abb. 140, kann der Stabbogen oder auch der mittlere Untergurtstab durchschnitten werden, wodurch eine innere statische Größe, eine Stabkraft, ausgeschaltet wird. Der Rahmenträger der Abb. 141 kann ebenfalls nur durch Entfernung innerer Glieder statisch bestimmt gemacht werden, indem z. B. durch Anordnung von 12 Gelenken 12 steife Ecken und damit 12 Biegemomente ausgeschaltet werden. Läßt sich ein statisch bestimmtes System durch Entfernen von ausschließlich äußeren Gliedern – Stützen und Einspannungen – bilden, so kann man von einem *äußerlich* statisch unbestimmten Tragwerk sprechen. Aus ihm lassen sich statisch bestimmte Systeme jedoch stets auch durch Ausschaltung von nur inneren oder von äußeren und inneren Gliedern bilden. In den

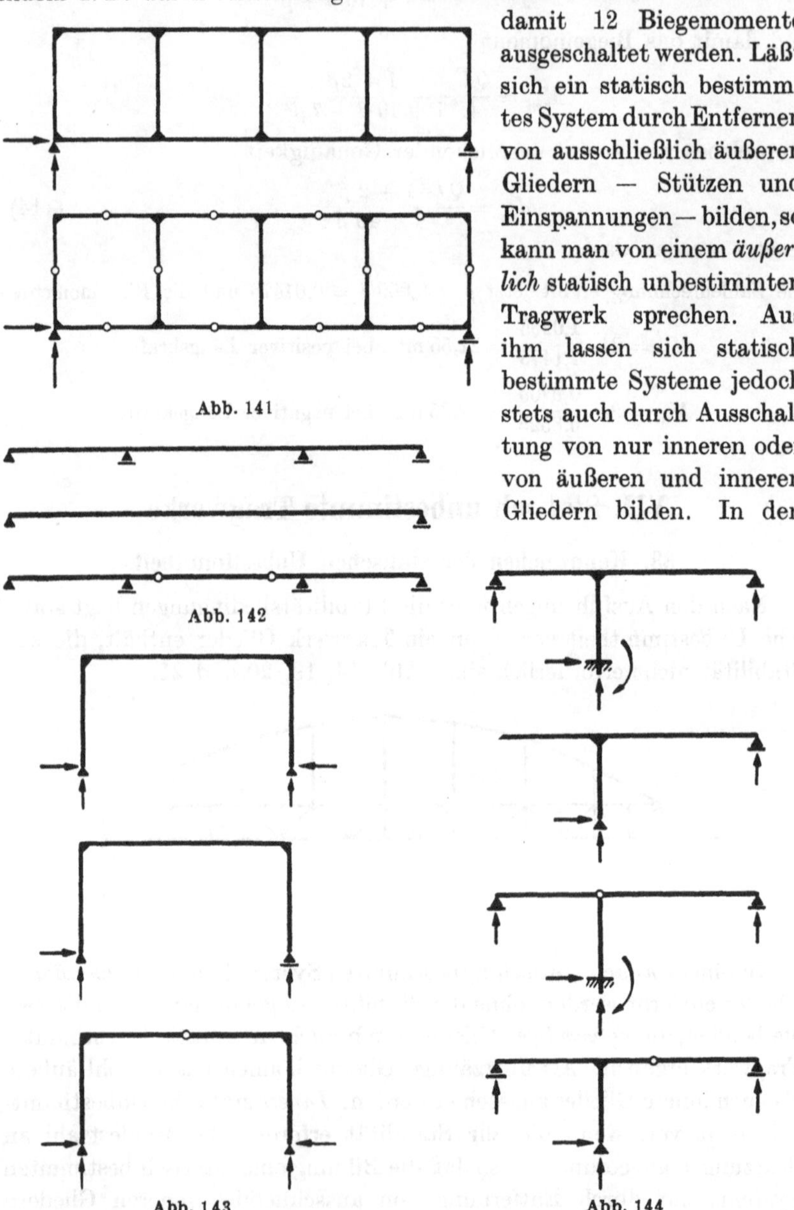

Abb. 141

Abb. 142

Abb. 143

Abb. 144

Abb. 142 bis 144 sind für derartige Tragwerke einige Möglichkeiten zur Bildung statisch bestimmter Systeme wiedergegeben.

Da die Zahl der verfügbaren Gleichgewichtsbedingungen mit der Anzahl der unbekannten statischen Größen in den Gliedern eines statisch bestimmten Systems übereinstimmt, lassen sich statisch unbestimmte Tragwerke mit Hilfe der Gleichgewichtsbedingungen allein nicht berechnen. Lediglich bei innerlich statisch unbestimmten Tragwerken sind, da statisch bestimmte Stützung vorliegt, die Stützkräfte und Einspannungen durch das Gleichgewicht der äußeren Kräfte bereits eindeutig bestimmt.

Statisch unbestimmte Tragwerke sind weiterhin dadurch gekennzeichnet, daß die Formänderung einzelner Glieder nicht mehr frei erfolgen kann, sondern an die Formänderung anderer Glieder gebunden

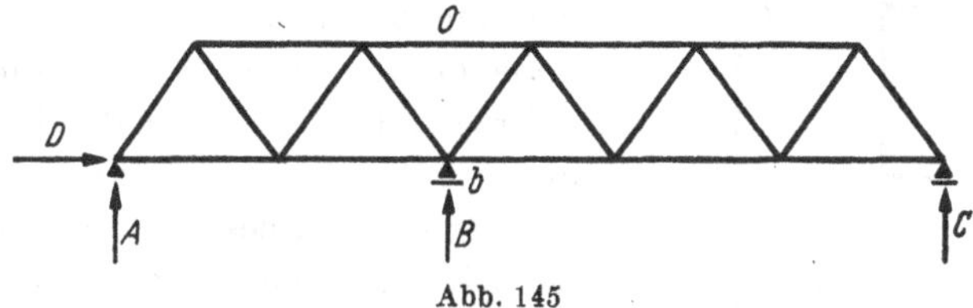

Abb. 145

ist. In einem statisch bestimmten System kann sich ein Gleichgewichtszustand nur unter der Wirkung äußerer Lasten einstellen. Dieser Gleichgewichtszustand ändert sich nicht, wenn einzelne Glieder eine geringfügige Formänderung erfahren oder wenn Stützenverschiebungen eintreten. In einem statisch unbestimmten System ist das nicht mehr der Fall. Eine Längenänderung etwa des Gurtstabes O oder eine lotrechte Verschiebung einer Stütze des in Abb. 145 dargestellten, über zwei Öffnungen durchlaufenden Fachwerkträgers ist nicht möglich, ohne daß damit gleichzeitig Stützkräfte sowie Stabkräfte in allen Stäben auftreten, auch wenn äußere Lasten gar nicht vorhanden sind. In statisch unbestimmten Tragwerken sind somit Gleichgewichtszustände ohne angreifende äußere Lasten möglich, z. B. durch Temperaturänderungen und Stützenverschiebungen, die bei statisch bestimmten Systemen nur den Formänderungszustand beeinflussen. Eine Sonderstellung nehmen wieder die innerlich statisch unbestimmten Systeme ein, bei denen gleichmäßige Temperaturänderungen in sämtlichen inneren Gliedern sowie Stützenverschiebungen ohne Einfluß auf die statischen Größen sind, da die damit verbundene Formänderung ohne Zwang erfolgen kann.

In einem einfach statisch unbestimmten System sind ∞ viele Gleichgewichtszustände denkbar. Wird z. B. die Stützkraft B des Balkens auf 3 Stützen, Abb. 145, als überzählige Größe aufgefaßt, so ist die Gleichgewichtsaufgabe lösbar, wenn für B ein beliebiger Wert in die Rechnung eingeführt wird, aber nur ein einziger Wert von B, den es zu bestimmen gilt, erfüllt gleichzeitig die Formänderungsbedingung des unbestimmten Systems, daß nämlich der Punkt b sich in lotrechter

Richtung nicht verschieben darf oder gegebenenfalls um ein bestimmtes Maß verschieben muß. Die Gleichgewichtsaufgabe des statisch unbestimmten Tragwerkes kann daher nur im Zusammenhang mit der Formänderungsaufgabe gelöst werden.

Die Formänderung eines Tragwerkes ist stets durch die $2k$ Verschiebungskomponenten (u, v) der Knotenpunkte bestimmt. Da sich diese aus geometrischen Bedingungen für $2k$ Glieder des Tragwerkes ermitteln lassen, stehen bei statisch unbestimmten Tragwerken mit n überzähligen Gliedern n Gleichungen mehr zur Verfügung als zur Lösung der Formänderungsaufgabe benötigt werden; d. h. die Formänderung eines statisch unbestimmten Tragwerkes ist durch die Formänderung von $2k$ Gliedern eines in ihm enthaltenen statisch bestimmten Tragwerkes eindeutig bestimmt. Diese Tatsache ist insofern von praktischer Bedeutung, als zur Berechnung von Formänderungen an statisch unbestimmten Systemen die einzuführenden Belastungseinheiten an allen statisch bestimmten Systemen wirkend angenommen werden dürfen, die aus dem unbestimmten System gebildet werden können. Ist z. B. die Berechnung des Gleichgewichtszustandes aus einer bestimmten Belastung für den Stockwerkrahmen, Abb. 146, durchgeführt, und soll die damit eintretende Verschiebung des oberen Riegels ermittelt werden, so wird die Belastungseinheit $\overline{P} = 1$ zweckmäßig an einem unten eingespannten Stiel wirkend angenommen, so daß sich die Integration nur über den linken oder den rechten Pfosten der drei Stockwerke erstreckt, wodurch der Umfang der Zahlenrechnung wesentlich reduziert wird.

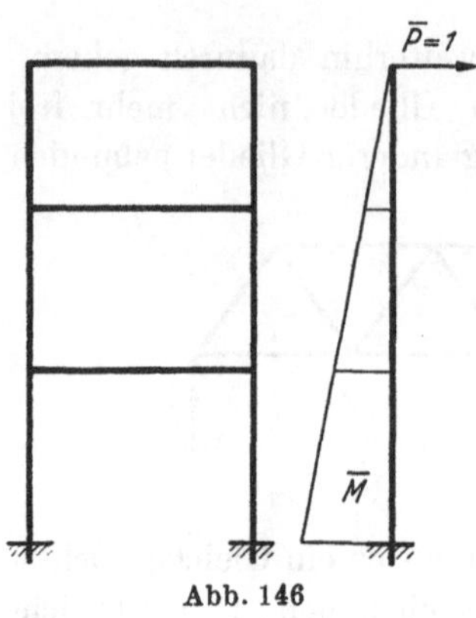

Abb. 146

34. Lösungsmöglichkeiten

Aus dem Gleichgewichtszustand eines Tragwerkes kann auf den Formänderungszustand geschlossen werden. Umgekehrt ist durch den Formänderungszustand auch der Gleichgewichtszustand bestimmt. Während bei statisch bestimmten Tragwerken die Zahl der Unbekannten in beiden Aufgaben die gleiche ist, übersteigt die Zahl der unbekannten statischen Größen bei statisch unbestimmten Tragwerken die Anzahl der Verschiebungskomponenten um n, den Grad der Unbestimmtheit. Da der Formänderungszustand somit durch die geringere Anzahl von Unbekannten bestimmt wird, liegt es nahe, über den Formänderungszustand auf den Gleichgewichtszustand statisch unbestimmter Tragwerke zu schließen. Die Frage, ob und wann sich daraus Vorteile für die praktische Berechnung ergeben, ist nur von Fall zu Fall zu beantworten.

Es bestehen somit grundsätzlich zwei verschiedene Lösungsmöglichkeiten, die als Kraftgrößenverfahren und Formänderungsgrößenverfahren bezeichnet werden. Im ersten Fall werden aus den verfügbaren Gl. (20) und (21) die geometrischen Größen, im zweiten Fall die statischen Größen eliminiert. An dem folgenden Beispiel, welches in der Literatur wiederholt angeführt worden ist, um darzulegen, daß beim Formänderungsgrößenverfahren mit weniger Gleichungen auszukommen ist, sollen beide Möglichkeiten angewandt werden, wobei sich herausstellt, daß in beiden Fällen zwei Gleichungen mit zwei Unbekannten zum Ziele führen.

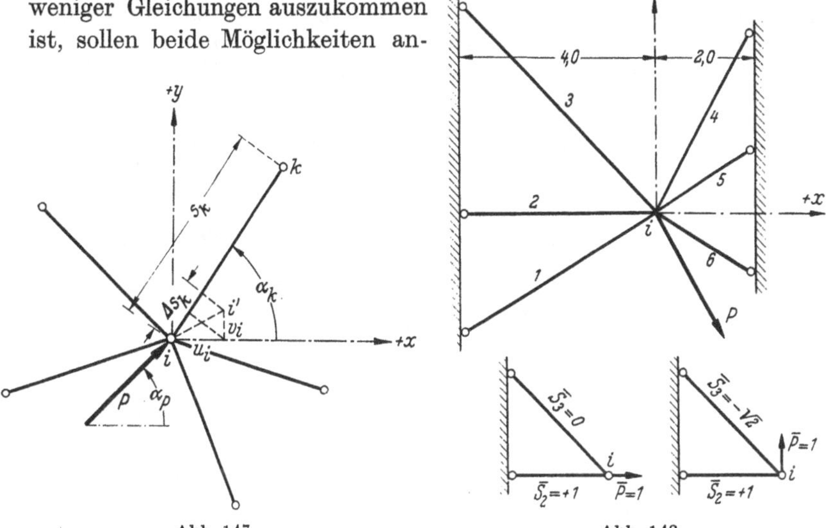

Abb. 147 Abb. 148

Der Punkt i, Abb. 147, sei durch r Stäbe an feste, unverschiebliche Punkte in einer Ebene angeschlossen. Da zwei Stäbe zur Festlegung des Punktes i genügen, liegt $(r-2)$-fache Unbestimmtheit vor. Die Kenntnis der Verschiebungskomponenten u_i und v_i unter der Wirkung der Last P ermöglicht die Berechnung sämtlicher Stabkräfte nach Gl. (20). Mit den Bezeichnungen der Abb. 147 ist hier

$$\Delta s_k = -u_i \cos\alpha_k - v_i \sin\alpha_k = \frac{S_k\, s_k}{E\, F_k}, \tag{115}$$

da für alle Stäbe $u_k = v_k = 0$ vorausgesetzt wurde.

Wird nun

$$S_k = -\frac{E\, F_k}{s_k}\,(u_i \cos\alpha_k + v_i \sin\alpha_k) \tag{116}$$

in die Gleichgewichtsbedingungen $\Sigma X = 0$, $\Sigma Y = 0$ für den Knotenpunkt i eingesetzt, so ergeben sich für die Verschiebungskomponenten u_i und v_i die beiden

Gleichungen

$$P \cos\alpha_P - E\,u_i \sum_{k=1}^{r} \frac{F_k}{s_k} \cos^2\alpha_k - E\,v_i \sum_{k=1}^{r} \frac{F_k}{s_k} \sin\alpha_k \cos\alpha_k = 0$$

$$P \sin\alpha_P - E\,u_i \sum_{k=1}^{r} \frac{F_k}{s_k} \cos\alpha_k \sin\alpha_k - E\,v_i \sum_{k=1}^{r} \frac{F_k}{s_k} \sin^2\alpha_k = 0.$$

Die Summen der vorstehenden Gleichungen werden für die in Abb. 148 angenommenen Verhältnisse und gleiche Stabquerschnitte F in sämtlichen Stäben in einer Tabelle ermittelt:

	α_k	$\cos\alpha_k$	$\sin\alpha_k$	s_k	$\frac{\cos^2\alpha_k}{s_k}$	$\frac{\sin\alpha_k\cos\alpha_k}{s_k}$	$\frac{\sin^2\alpha_k}{s_k}$
S_1	210°	− 0,866	− 0,5	4,62	+ 0,163	+ 0,094	+ 0,054
S_2	180°	− 1,0	0	4,0	+ 0,25	0	0
S_3	135°	− 0,707	+ 0,707	5,65	+ 0,0885	− 0,0885	+ 0,0885
S_4	60°	+ 0,5	+ 0,866	4,0	+ 0,0625	+ 0,108	+ 0,188
S_5	30°	+ 0,866	+ 0,5	2,31	+ 0,325	+ 0,187	+ 0,108
S_6	330°	+ 0,866	− 0,5	2,31	+ 0,325	− 0,187	+ 0,108
P	300°	+ 0,5	− 0,866	$\Sigma =$	+ 1,214	+ 0,1135	+ 0,5465

Man erhält somit für $EF\,u_i = u_i'$ und $EF\,v_i = v_i'$ die beiden Gleichungen

$$0{,}5P - 1{,}214\;u_i' - 0{,}1135\,v_i' = 0$$

$$-\,0{,}866\,P - 0{,}1135\,u_i' - 0{,}5465\,v_i' = 0$$

mit der Lösung

$$u_i' = +\,0{,}57P \quad \text{und} \quad v_i' = -\,1{,}7P.$$

Nach Kenntnis der Verschiebungskomponenten werden die Stabkräfte nach Gl. (116) gefunden:

$$S_1 = (+\,0{,}57\cdot 0{,}866 - 1{,}7\cdot 0{,}5)\quad P/4{,}62 = -\,0{,}077P$$

$$S_2 = (+\,0{,}57\cdot 1{,}0 \quad + 1{,}7\cdot 0)\quad P/4{,}0 \;= +\,0{,}143P$$

$$S_3 = (+\,0{,}57\cdot 0{,}707 + 1{,}7\cdot 0{,}707)\; P/5{,}65 = +\,0{,}284P$$

$$S_4 = (-\,0{,}57\cdot 0{,}5 \quad + 1{,}7\cdot 0{,}866)\; P/4{,}0 \;= +\,0{,}297P$$

$$S_5 = (-\,0{,}57\cdot 0{,}866 + 1{,}7\cdot 0{,}5)\quad P/2{,}31 = +\,0{,}154P$$

$$S_6 = (-\,0{,}57\cdot 0{,}866 - 1{,}7\cdot 0{,}5)\quad P/2{,}31 = -\,0{,}583P.$$

Beim Kraftgrößenverfahren werden die Verschiebungskomponenten eliminiert. Aus zwei der Gl. (115), etwa für die Stäbe *1* und *2*,

$$\Delta s_1 = -\,u_i \cos\alpha_1 - v_i \sin\alpha_1$$

$$\Delta s_2 = -\,u_i \cos\alpha_2 - v_i \sin\alpha_2$$

findet man mit der Nennerdeterminante

$$\cos\alpha_1 \sin\alpha_2 - \cos\alpha_2 \sin\alpha_1 = \sin(\alpha_2 - \alpha_1) = D$$

die Verschiebungskomponenten

$$D u_i = -\,\Delta s_1 \sin\alpha_2 + \Delta s_2 \sin\alpha_1 = -\,\frac{S_1\,s_1}{E F_1}\sin\alpha_2 + \frac{S_2\,s_2}{E F_2}\sin\alpha_1$$

$$D v_i = \quad \Delta s_1 \cos\alpha_2 - \Delta s_2 \cos\alpha_1 = +\,\frac{S_1\,s_1}{E F_1}\cos\alpha_2 - \frac{S_2\,s_2}{E F_2}\cos\alpha_1.$$

In Gl. (116) eingesetzt erhält man für die Stabkraft S_k allgemein

$$S_k = -\frac{E F_k}{s_k}\left[-\frac{S_1 s_1}{E F_1}\,\frac{\sin\alpha_2\cos\alpha_k - \cos\alpha_2\sin\alpha_k}{D} + \frac{S_2 s_2}{E F_2}\,\frac{\sin\alpha_1\cos\alpha_k - \cos\alpha_1\sin\alpha_k}{D}\right]$$

$$S_k = \frac{s_1}{s_k}\,\frac{F_k}{F_1}\,\frac{\sin(\alpha_2-\alpha_k)}{\sin(\alpha_2-\alpha_1)}\,S_1 - \frac{s_2}{s_k}\,\frac{F_k}{F_2}\,\frac{\sin(\alpha_1-\alpha_k)}{\sin(\alpha_2-\alpha_1)}\,S_2.$$

Sämtliche Stabkräfte S_k können somit als Funktionen von S_1 und S_2 ausgedrückt werden, und die Zahlenrechnung ergibt

$$S_3 = -1{,}15\,S_1 + 1{,}365\,S_2$$

$$S_4 = -2\,S_1 + S_2$$

$$S_5 = -2\,S_1$$

$$S_6 = 2\,S_1 - 3\,S_2.$$

Werden nunmehr wieder die beiden Gleichgewichtsbedingungen für Punkt i angeschrieben

$$P\cos\alpha_P + \sum_{k=1}^{r} S_k\cos\alpha_k = 0$$

$$P\sin\alpha_P + \sum_{k=1}^{r} S_k\sin\alpha_k = 0,$$

so erhält man aus

$$0{,}5\,P - 1{,}05\,S_1 - 4{,}07\,S_2 = 0$$

$$-0{,}866\,P - 5{,}05\,S_1 + 3{,}33\,S_2 = 0$$

die Stabkräfte

$$S_1 = -0{,}077\,P; \qquad S_2 = +0{,}143\,P$$

und damit die übrigen Stabkräfte S_3 bis S_6 in Übereinstimmung mit der ersten Rechnung.

Sind die Stabkräfte bekannt, so sind die Verschiebungskomponenten durch die Formänderung der Glieder eines statisch bestimmten Systems gegeben. Werden hierfür die Stäbe *2* und *3* gewählt, so erzeugt $\overline{P} = 1$ in waagrechter Richtung die Stabkräfte $\overline{S}_2 = +1$, $\overline{S}_3 = 0$ und $\overline{P} = 1$ in lotrechter Richtung die Stabkräfte $\overline{S}_2 = +1$, $\overline{S}_3 = -\sqrt{2}$.

Man erhält somit aus $E F_c\,\delta_m = \Sigma\, S\,\overline{S}\,s'$, Gl. (73),

$$E F u_i = S_2\,\overline{S}_2\,s_2 = 0{,}143\,P \cdot 1 \cdot 4 = +0{,}572\,P$$

$$E F v_i = 0{,}143\,P \cdot 1 \cdot 4 - 0{,}284\,P \cdot \sqrt{2} \cdot 4\sqrt{2} = -1{,}7\,P$$

in Übereinstimmung mit dem früheren Ergebnis.

Für die praktische Berechnung statisch unbestimmter Systeme erweisen sich i. a. andere Wege als zweckmäßiger, indem beim Kraftgrößenverfahren die n statischen Größen X_1 bis X_n in den überzähligen Gliedern und beim Formänderungsverfahren, welches im wesentlichen nur für Tragwerke aus biegesteifen Stäben Bedeutung hat, die Knotendrehwinkel φ und Stabdrehwinkel ϑ als Unbekannte eingeführt werden.

35. Aufstellung der Elastizitätsgleichungen

Werden die statischen Größen X_i ($i = 1$ bis n) in den überzähligen Gliedern als Unbekannte eingeführt, so entsteht für $X_i = 0$ das *statisch bestimmte Hauptsystem.* Werden die in ihm aus gegebener Belastung auftretenden statischen Größen in äußeren und inneren Gliedern allgemein mit Z_0 und die aus der alleinigen Wirkung von $X_i = 1$ sich ergebenden Größen mit Z_i bezeichnet, so ergibt sich der endgültige Gleichgewichtszustand des unbestimmten Systems nach dem Superpositionsgesetz durch Überlagerung der Gleichgewichtszustände am statisch bestimmten Hauptsystem bei gleichzeitiger Wirkung der gegebenen Lasten und der Größen X_i. Da letztere die Werte $+ Z_i X_i$ erzeugen, so erhält man für jede statische Größe Z des unbestimmten Systems (117)

$$Z = Z_0 + Z_1 X_1 + Z_2 X_2 + \cdots + Z_i X_i \cdots + Z_n X_n = Z_0 + \sum_{i=1}^{n} Z_i X_i .$$

Nach Kenntnis der statisch unbestimmten Größen X_i kann danach stets der Gleichgewichtszustand des unbestimmten Tragwerkes vollständig berechnet werden. Um nun Gleichungen für die Unbekannten X_i zu gewinnen, werden bestimmte Formänderungen des Hauptsystems berechnet, die unter der Wirkung gegebener Lasten, Temperaturänderungen und Stützenverschiebungen einerseits und unter der Wirkung der statisch unbestimmten Größen X_i andrerseits auftreten, und diese Formänderungen werden den vom statisch unbestimmten Tragwerk zu erfüllenden Bedingungen unterworfen. Diese Bedingungen bestehen z. B. darin, daß ein Stützpunkt, in welchem eine Stützkraft X als statisch unbestimmte Größe eingeführt wird, sich in der Wirkungslinie dieser Stützkraft nicht verschieben darf oder gegebenenfalls auch um ein vorgeschriebenes Maß verschieben muß, daß in einem einfachen Stab, der zur Ausschaltung einer Stabkraft X nicht entfernt sondern geschnitten gedacht wird, eine gegenseitige Verschiebung der Querschnitte an der Schnittstelle nicht eintreten kann, oder daß in einem Gelenk, welches zur Ausschaltung eines Biegemomentes X angenommen wird, keine gegenseitige Drehung der Querschnitte des biegesteifen Stabes möglich ist.

Für die am Hauptsystem zu berechnenden Formänderungen oder Wege an den Angriffstellen von i werden die folgenden Bezeichnungen — positiv in Richtung $X_i = + 1$ — eingeführt:

δ_{io} ist der Weg infolge gegebener äußerer Lasten,

δ_{it} ist der Weg infolge von Temperaturänderungen,

δ_{is} ist der Weg infolge von Stützenverschiebungen,

δ_{ik} ist der Weg infolge $X_k = 1$ ($k = 1, 2, 3 \ldots n$).

Da auch für die Formänderungen das Superpositionsgesetz Gültigkeit hat, ist der Weg δ_i am statisch unbestimmten System

$$\delta_i = \delta_{i0} + \delta_{it} + \delta_{is} + X_1\,\delta_{i1} + X_2\,\delta_{i2} + \cdots + X_n\,\delta_{in}.$$

Handelt es sich bei X_i um eine innere statische Größe, so ist $\delta_i = 0$ die vom unbestimmten System zu erfüllende Bedingung. Für eine äußere Größe X_i ist ebenfalls $\delta_i = 0$ zu setzen, wenn eine Stützenverschiebung am Stützpunkt i oder eine Verdrehung an der Einspannstelle i nicht eintritt; andernfalls stellt δ_i die Arbeit von $X_i = 1$ dar und wird dann zweckmäßig mit δ_{is} zur Arbeit L_i aller Stützkräfte und Einspannungen des Zustandes $X_i = 1$ in $L_i = \delta_i - \delta_{is}$ zusammengefaßt. Man erhält so die n Elastizitätsgleichungen für die statisch unbestimmten Größen X_1 bis X_n in der Form

$$X_1\,\delta_{i1} + X_2\,\delta_{i2} + \cdots + X_i\,\delta_{ii} + \cdots + X_n\,\delta_{in} = -\,\delta_{i0} - \delta_{it} + L_i$$

oder

$$\sum_{k=1}^{n} X_k\,\delta_{ik} = -\,\delta_{i0} - \delta_{it} + L_i = B_i \qquad (i = 1 \text{ bis } n). \tag{118}$$

Die *Beiwerte* δ_{ik} der linken Seite sind symmetrisch zur Diagonalen, $\delta_{ik} = \delta_{ki}$, und ergeben sich, wenn der Einfluß der Querkräfte unberücksichtigt bleibt, aus Gl. (68):

$$\delta_{ik} = \delta_{ki} = \int \frac{M_i\,M_k\,ds}{E\,I} + \int \frac{N_i\,N_k\,ds}{E\,F} + \sum \frac{S_i\,S_k\,s}{E\,F}. \tag{119}$$

Die *Belastungsglieder* der rechten Seite sind als Wege von $X_i = 1$ infolge gegebener Lasten, Temperaturänderungen und Stützenverschiebungen nach Gl. (68), (69) und (65) zu berechnen:

$$\left.\begin{aligned} \delta_{i0} &= \int \frac{M_0\,M_i\,ds}{E\,I} + \int \frac{N_0\,N_i\,ds}{E\,F} + \sum \frac{S_0\,S_i\,s}{E\,F} \\ \delta_{it} &= \alpha_t \left[\int M_i \frac{\Delta t}{h}\,ds + \int N_i\,t\,ds + \Sigma\,S_i\,t\,s\right] \\ L_i &= \Sigma\,C_i\,c + \Sigma\,E_i\,\tau_e. \end{aligned}\right\} \tag{120}$$

Der Zeiger 0 kennzeichnet die Größen des Gleichgewichtszustandes $X = 0$ des Hauptsystems infolge gegebener Lasten, der Zeiger i die Größen des Zustandes $X_i = 1$ und der Zeiger k die Größen des Zustandes $X_k = 1$. Die Zustände $X_i = 1$, $X_k = 1$ können als virtuelle Belastungen — Belastungseinheiten — zur Berechnung der Formänderungen aufgefaßt werden.

Das Prinzip der virtuellen Verrückungen führt ebenfalls zu den vorstehenden Elastizitätsgleichungen, wenn es auf den Formänderungszustand des statisch unbestimmten Systems und den Gleichgewichtszustand $X_i = 1$ angewandt wird. In Gl. (67) ist an Stelle des Querstriches der Indes i zu setzen. Man erhält aus

$$L_i - \int M_i \Delta d\varphi - \int N_i \Delta ds - \Sigma S_i \Delta s = 0,$$

wenn die Formänderungen nach Gl. (16) bis (18) eingeführt werden,

$$L_i - \int \frac{M M_i\, ds}{E I} - \int \frac{N N_i\, ds}{E F} - \sum \frac{S S_i\, s}{E F}$$
$$- \alpha_t \left[\int M_i \frac{\Delta t}{h}\, ds + \int N_i\, t\, ds + \Sigma S_i\, t\, s \right] = 0.$$

Werden in dieser Gleichung die statischen Größen des unbestimmten Systems nach Gl. (117) durch

$$M = M_0 + \sum_1^n M_i X_i; \quad N = N_0 + \sum_1^n N_i X_i; \quad S = S_0 + \sum_1^n S_i X_i$$

ausgedrückt, so ergeben sich wieder die Elastizitätsgleichungen, Gl. (118). Zweckmäßig werden hierin die EF_c-fachen bzw. EI_c-fachen Werte der Formänderungen eingeführt.

Die Berechnung eines n-fach statisch unbestimmten Systems ist somit in der Regel durch folgende Schritte gekennzeichnet:

1. Wahl des statisch bestimmten Hauptsystems und damit der statisch unbestimmten Größen X_i,
2. Festlegung der Verhältniswerte F_c/F; I_c/I und gegebenenfalls I_c/F,
3. Berechnung der Gleichgewichtszustände $X_i = 1$ ($i = 1$ bis n),
4. Berechnung sämtlicher Beiwerte der Elastizitätsgleichungen,
5. Berechnung der Gleichgewichtszustände des statisch bestimmten Hauptsystems, $X = 0$, für die zu untersuchenden Belastungsfälle,
6. Berechnung der Belastungsglieder B_i für alle zu untersuchenden Einflüsse,
7. Aufstellung der Elastizitätsgleichungen und Lösung für alle Einflüsse gesondert,
8. Berechnung der Gleichgewichtszustände des statisch unbestimmten Systems nach Gl. (117).

Die Auflösung der Elastizitätsgleichungen bildet bei hochgradig statisch unbestimmten Tragwerken einen wesentlichen Teil der Berechnung. Durch geeignete Wahl des Hauptsystems kann der Rechenaufwand u. U. erheblich verringert werden. Die Wahl des Hauptsystems ist im übrigen freigestellt. Es werden i. a. Systeme bevorzugt, für welche sich einfache Gleichgewichtszustände $X_i = 1$ ergeben und möglichst viele Beiwerte δ_{ik} zu Null werden.

Bei symmetrischen Tragwerken empfiehlt es sich stets, die Aufspaltung in symmetrische und antisymmetrische Belastungszustände vorzunehmen, da sich dadurch die Zahl der Elastizitätsgleichungen verringert. (Beispiele unter Abschn. VII.38.)

Die Auflösung der Elastizitätsgleichungen kann dadurch umgangen werden, daß eine stufenweise Berechnung — vom einfach statisch unbestimmten zum n-fach statisch unbestimmten System fortschreitend — durchgeführt wird. Für das i-fach statisch unbestimmte System werden die Wege in i am $(i-1)$-fach statisch unbestimmten System ermittelt, z. B. $\delta_{i0}^{(i-1)}$ infolge gegebener Belastung und $\delta_{ii}^{(i-1)}$ infolge $X_i = 1$, so daß sich

$$X_i^{(i)} = -\frac{\delta_{i0}^{(i-1)}}{\delta_{ii}^{(i-1)}} \quad (\text{für } i = 1 \text{ bis } n) \tag{121}$$

ergibt. Die so ermittelten statisch unbestimmten Größen X_i stellen aber bis auf $X_n^{(n)}$ nicht die endgültigen Werte dar, da alle $X_i^{(i)}$ wieder durch $X_{i+1}^{(i+1)}$ bis $X_n^{(n)}$ beeinflußt werden, wodurch sich die Rechnung etwas unübersichtlich gestaltet. Durch die Einführung von Gruppen statisch unbestimmter Größen wird der gleiche Weg in übersichtlicherem Rechnungsgang beschritten (Abschn. VII. 42).

Schließlich ist noch darauf hinzuweisen, daß in einem n-fach statisch unbestimmten Tragwerk jede statische Größe Z in einem überzähligen Glied als statisch unbestimmte Größe X_n eines $(n-1)$-fach statisch unbestimmten Systems aufgefaßt und unmittelbar aus

$$Z = X_n = -\frac{\delta_{n0}^{(n-1)}}{\delta_{nn}^{(n-1)}} \tag{122}$$

berechnet werden kann, wenn die Formänderungen am $(n-1)$-fach statisch unbestimmten System eingeführt werden.

36. Der eingespannte Balken

Dem eingespannten Balken kommt besondere Bedeutung zu, wenn Formänderungen als Unbekannte eingeführt werden. Im Hinblick darauf sollen zunächst der einseitig und beiderseits eingespannte Balken mit Hilfe der Elastizitätsgleichungen behandelt werden. Den abgeleiteten Formeln wird konstantes Trägheitsmoment I zugrunde gelegt. Ist dieses innerhalb der Balkenlänge veränderlich, so ist die Rechnung grundsätzlich in gleicher Weise durchzuführen, doch sind alle Beiwerte und Belastungsglieder unter Berücksichtigung der Veränderlichkeit von I zu ermitteln.

1. Der einseitig eingespannte Balken. Zur Bildung des statisch bestimmten Hauptsystems wird die Einspannung bei a beseitigt und $M_a = X_1$ als statisch unbestimmte Größe eingeführt, Abb. 149. Sie ist nach Gl. (118) aus

$$X_1\,\delta_{11} = -\,\delta_{10} - \delta_{1t} + L_1$$

zu berechnen. Am Hauptsystem, dem einfachen Balken, werden die Biegemomente M_0 infolge gegebener Lasten und M_1 infolge $X_1 = 1$ ermittelt und durch ihre Momentenflächen dargestellt.

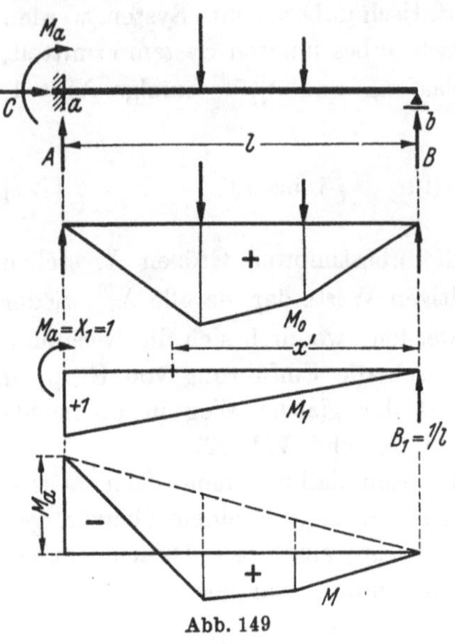

Abb. 149

Unter der Annahme konstanten Trägheitsmomentes ist nach Gl. (76) bzw. Gl. (79):

$$EI\,\delta_{10} = S_b/l$$

und

$$EI\,\delta_{11} = l/3,$$

womit sich das Einspannmoment

$$X_1 = M_a = -\frac{3S_b}{l^2} \qquad (123)$$

ergibt. Durch Überlagerung wird der endgültige Momentenverlauf des eingespannten Balkens mit $M_1 = +x'/l$ gefunden:

$$M = M_0 + M_1 X_1 = M_0 + \frac{M_a}{l}\,x'.$$

Der Zähler $EI\,\delta_{10}$ kann in vielen Fällen einfacher auf Grund der Auswertungsformeln Gl. (79) bis (82) oder an Hand dafür zur Verfügung stehender Tafeln berechnet werden.

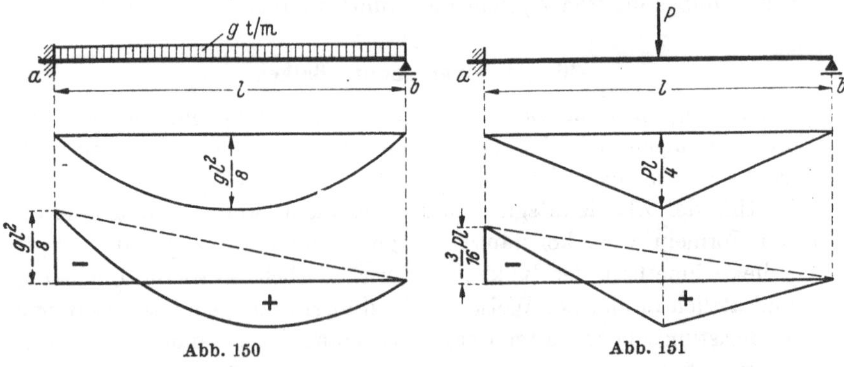

Abb. 150 Abb. 151

Für symmetrische Belastung ist nach Aufspaltung der M_1-Fläche in ihren symmetrischen und antisymmetrischen Teil $EI\,\delta_{10}$ gleich dem halben Inhalt der M_0-Fläche.

Man erhält somit für *gleichmäßig verteilte Belastung* g t/m, Abb. 150,

$$E\,I\,\delta_{10} = \frac{2}{3}\,l\,\frac{g\,l^2}{8}\,\frac{1}{2} = \frac{g\,l^3}{24},$$

und damit

$$M_a = -\frac{g\,l^3}{24}\,\frac{3}{l} = -\frac{g\,l^2}{8}\,. \tag{124}$$

Für eine *Einzellast* P in Balkenmitte, Abb. 151, ist

$$E\,I\,\delta_{10} = \frac{P\,l}{4}\,\frac{l}{2}\,\frac{1}{2} = \frac{P\,l^2}{16}$$

und somit

$$M_a = -\frac{3}{16}\,P\,l. \tag{125}$$

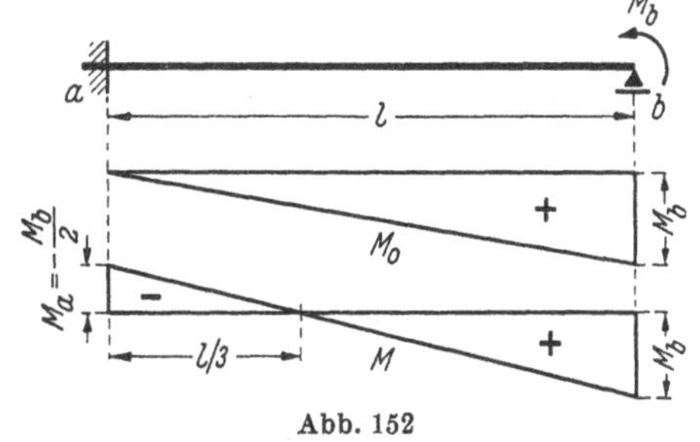

Abb. 152

Für ein in b angreifendes *Moment* M_b, Abb. 152, wird $EI\,\delta_{10} = M_b\,l/6$ und

$$M_a = -\,M_b/2, \tag{126}$$

so daß sich im Abstande $l/3$ von a ein Momentennullpunkt ergibt.

Wird eine *Verschiebung des Stützpunktes* b um das Maß v_b angenommen, Abb. 153, so ergibt sich die Arbeit der Stützkräfte des Zustandes $X_1 = 1$ zu

$$L_1 = -\,B_1\,v_b = -\,v_b/l,$$

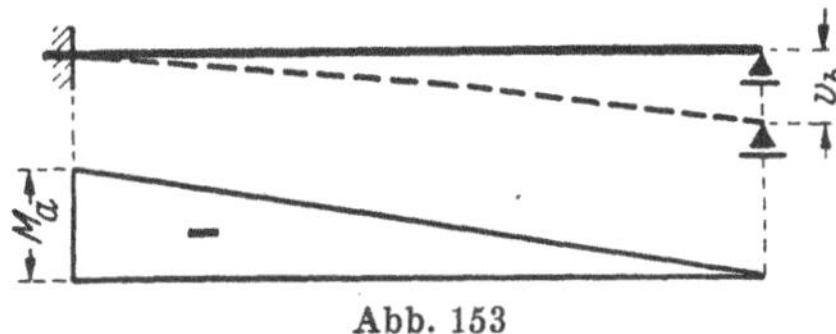

Abb. 153

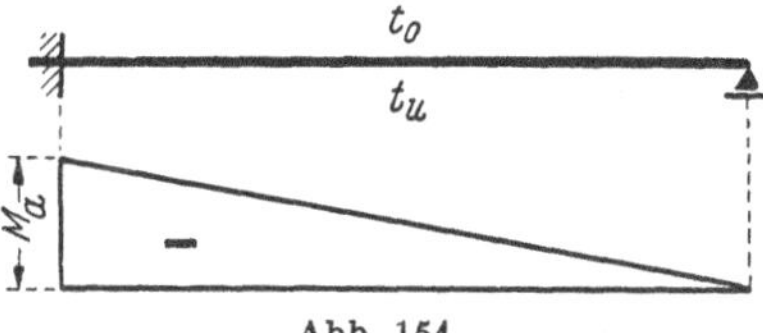

Abb. 154

und man erhält das Einspannmoment

$$M_a = -\frac{E\,I\,v_b/l}{E\,I\,\delta_{11}} = -\frac{3\,E\,I}{l^2}\,v_b\,. \tag{127}$$

Ein *Temperaturunterschied* $\Delta t = t_u - t_o$ zwischen unterer und oberer Randfaser des Balkens, Abb. 154, führt nach Gl. (69) zu

$$\delta_{1t} = \alpha_t\,\frac{\Delta t}{h}\int_0^l M_1\,dx = \alpha_t\,\frac{\Delta t}{h}\,\frac{l}{2}$$

und

$$M_a = -\frac{E\,I\,\delta_{1t}}{E\,I\,\delta_{11}} = -\,1{,}5\,E\,I\,\alpha_t\,\frac{\Delta t}{h}\,. \tag{128}$$

In den beiden letztbehandelten Fällen verlaufen die Biegemomente im eingespannten Balken von Null auf M_a geradlinig anwachsend.

2. Der beiderseits eingespannte Balken. Zur Bildung des statisch bestimmten Hauptsystems werden die Einspannungen bei a und b entfernt, und ein Lager ist waagrecht verschieblich anzunehmen. Sofern nur lotrechte Lasten vorhanden sind oder der Einfluß der Normalkräfte vernachlässigt wird, sind $M_a = X_1$ und $M_b = X_2$ die statisch unbestimmten Größen, Abb. 155.

Nach Ermittlung der Biegemomente M_0 aus gegebener Belastung, M_1 infolge $X_1 = 1$ und M_2 infolge $X_2 = 1$ erhält man

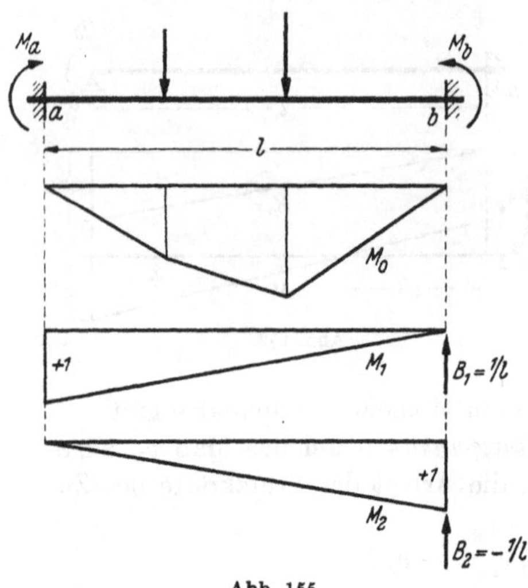

Abb. 155

$$EI\,\delta_{10} = \frac{S_b}{l} \quad \text{und} \quad EI\,\delta_{20} = \frac{S_a}{l}$$

$$EI\,\delta_{11} = EI\,\delta_{22} = l/3$$

und

$$EI\,\delta_{12} = l/6.$$

Die beiden Elastizitätsgleichungen

$$\left.\begin{aligned} X_1\,\delta_{11} + X_2\,\delta_{12} &= -\,\delta_{10} \\ X_1\,\delta_{21} + X_2\,\delta_{22} &= -\,\delta_{20} \end{aligned}\right\} \qquad (129)$$

oder

$$M_a\frac{l}{3} + M_b\frac{l}{6} = -\,\frac{S_b}{l}$$

$$M_a\frac{l}{6} + M_b\frac{l}{3} = -\,\frac{S_a}{l}$$

ergeben die allgemeine Lösung

$$\left.\begin{aligned} M_a &= -\,\frac{2}{l^2}\,(2S_b - S_a) \\ M_b &= -\,\frac{2}{l^2}\,(2S_a - S_b). \end{aligned}\right\} \qquad (130)$$

Besonders einfach gestaltet sich die Rechnung wieder für symmetrische Belastung, für die $S_a = S_b = S$ und

$$M_a = M_b = -\,2S/l^2$$

wird. Da $2S = 2F_0\,l/2 = F_0\,l$ gesetzt werden kann, wird

$$M_a = M_b = -\,F_0/l, \qquad (131)$$

wenn F_0 den Inhalt der M_0-Fläche darstellt.

Zum gleichen Ergebnis gelangt man, wenn man die Summe der Verdrehungen in a und b aus gegebener Belastung einerseits und aus gleichzeitiger Wirkung von $M_a = 1$ und $M_b = 1$ andrerseits und damit eine Gruppe von statisch unbestimmten Größen in die Rechnung einführt. Da infolge der angenommenen Symmetrie $X_1 = X_2$ ist, so folgt aus den beiden Elastizitätsgleichungen Gl. (129)

$$X_1\,(\delta_{11} + 2\,\delta_{12} + \delta_{22}) = -\,(\delta_{10} + \delta_{20})$$

oder

$$X_1\,\mu_{11} = -\,\mu_{10}, \quad \text{also} \quad X_1 = -\,\frac{\mu_{10}}{\mu_{11}}, \qquad (132)$$

worin μ_{10} die Summe der Wege in a und b infolge gegebener Lasten und μ_{11} die Summe der Wege in a und b bei gleichzeitiger Wirkung von $X_1 = 1$ und $X_2 = 1$ darstellen. Da die gleichzeitige Wirkung von $M_a = 1$ und $M_b = 1$ für den Balken das konstante Moment $+1$ ergeben, Abb. 156, so ist $E I \mu_{10} = F_0$ und $E I \mu_{11} = l$.

Für *gleichmäßig verteilte Belastung* g t/m erhält man

$$M_a = M_b = -\frac{2}{3} l \frac{g l^2}{8} \frac{1}{l} = = -\frac{g l^2}{12}. \tag{133}$$

Für eine *Einzellast* P in Balkenmitte wird

$$M_a = M_b = -\frac{l}{2} \frac{P l}{4} \frac{1}{l} = = -\frac{P l}{8}. \tag{134}$$

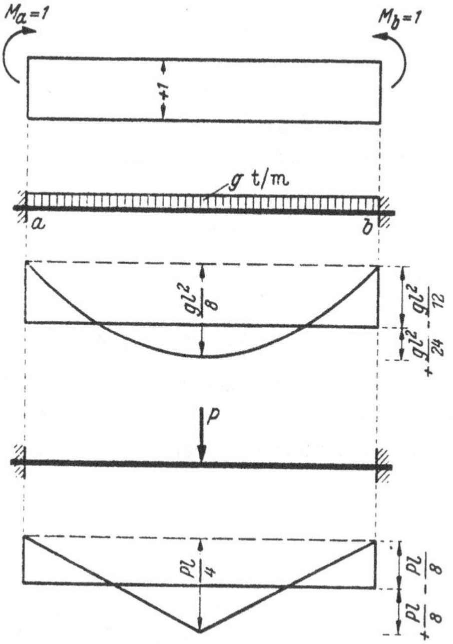

Abb. 156

Eine *Senkung der Stütze* b um das Maß v_b, Abb. 157, liefert für die Zustände $M_a = 1$ bzw. $M_b = 1$, Abb. 155, die Arbeit der Stützkräfte

$$L_1 = -B_1 v_b = -v_b/l$$

und

$$L_2 = -B_2 v_b = +v_b/l.$$

Somit lauten die Elastizitätsgleichungen

$$M_a \frac{l}{3} + M_b \frac{l}{6} = -\frac{E I}{l} v_b$$

$$M_a \frac{l}{6} + M_b \frac{l}{3} = +\frac{E I}{l} v_b.$$

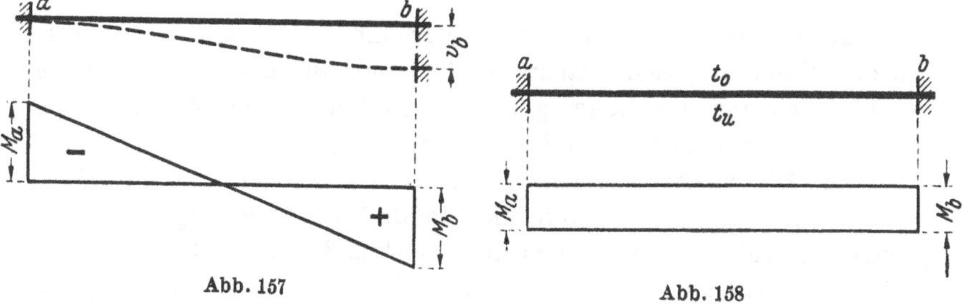

Abb. 157

Abb. 158

Ihre Lösung liefert mit

$$M_a = -M_b = -\frac{6 E I}{l^2} v_b \tag{135}$$

den in Abb. 157 dargestellten Momentenverlauf als verschränktes Trapez.

Bei *Temperaturunterschied* der Randfasern, $\Delta t = t_u - t_o$, wird zweckmäßig wieder von Gl. (132) Gebrauch gemacht. Mit

$$\mu_{1t} = \alpha_t \frac{\Delta t}{h} \int_0^l 1 \cdot ds = \alpha_t \frac{\Delta t}{h} l \quad \text{und} \quad E\,I\,\mu_{11} = l$$

erhält man

$$M_a = M_b = -E\,I\,\alpha_t \frac{\Delta t}{h} \tag{136}$$

und damit konstanten Momentenverlauf zwischen a und b, Abb. 158.

Gleichmäßige Temperaturänderung um $t°$ erzeugt lediglich eine Längskraft, die nach Gl. (16) aus

$$\Delta l = \frac{N\,l}{EF} + \alpha_t\,t\,l = 0 \quad \text{zu} \quad N = -E\,F\,\alpha_t\,t \tag{137}$$

ermittelt wird.

37. Formänderungen als Unbekannte

Die Ableitung der Bedingungsgleichungen soll auf die Knotendrehwinkel φ und die Stabdrehwinkel ϑ als Unbekannte der Formänderungsaufgabe beschränkt werden. Gelangt der biegesteife Stab i—k in die

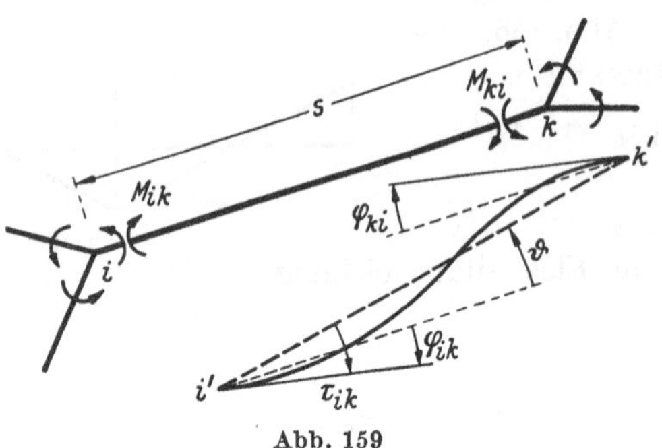

Abb. 159

Gleichgewichtslage i'—k', Abb. 159, so erfolgt eine Drehung des Stabes um den Winkel ϑ, den ***Stabdrehwinkel***, und die ***Knotendrehwinkel*** φ ergeben sich aus der Neigung der Tangenten an die Stabachse des deformierten Stabes in i' und k' zur Richtung i—k im unverformten Zustand. Die Knotendrehwinkel φ_{ik} und φ_{ki} werden der Abbildung entsprechend im Uhrzeigersinn, die Stabdrehwinkel ϑ entgegengesetzt positiv eingeführt. Es ist üblich und zweckmäßig, abweichend von der bisher getroffenen Vorzeichenfestsetzung die Stabendmomente M_{ik} und M_{ki} im Uhrzeigersinn drehend als positiv zu bezeichnen, so daß alle auf einen steifen Knotenpunkt wirkenden positiven Biegemomente linksherum drehen, was bei Vergleichen mit Ergebnissen anderer Rechnungsarten zu beachten ist.

Wird mit τ_{ik} bzw. τ_{ki} die Verdrehung der Endquerschnitte in i' und k' oder die Tangentenneigung zur Richtung i'–k' bezeichnet, so ist

$$\tau_{ik} = \varphi_{ik} + \vartheta \quad \text{und} \quad \tau_{ki} = \varphi_{ki} + \vartheta. \tag{138}$$

Nach Abb. 160 erhält man durch Einführung der Belastungseinheiten

$M_{ik} = +1$ und $M_{ki} = +1$:

$E\,I\,\tau_{ik} = \frac{S_k}{s}$ aus dem statischen Moment S_k der Momentenfläche M_0 des in i und k frei gestützten Balkens in bezug auf k,

$E\,I\,\tau_{ik} = \frac{s}{3}\,M_{ik} - \frac{s}{6}\,M_{ki}$ infolge der Stabendmomente,

$E\,I\,\tau_{ik} = E\,I\,\alpha_t\,\frac{\Delta t}{h}\,\frac{s}{2}$ aus ungleichmäßiger Temperaturänderung.

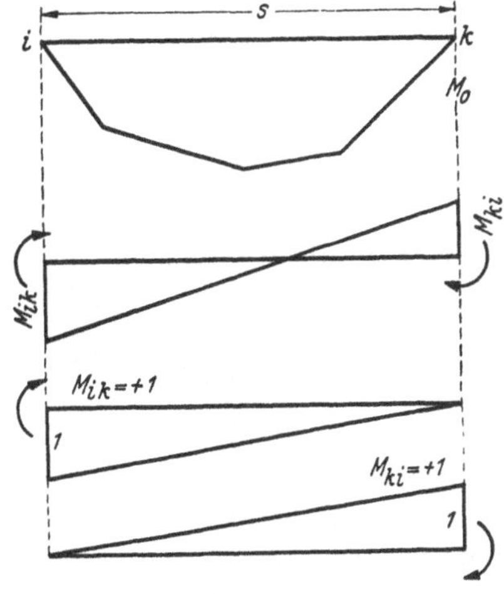

Abb. 160

Für τ_{ki} erhält man entsprechend

$$E\,I\,\tau_{ki} = -\frac{S_i}{s}; \quad E\,I\,\tau_{ki} = -\frac{s}{6}\,M_{ik} + \frac{s}{3}\,M_{ki}; \quad E\,I\,\tau_{ki} = -EI\,\alpha_t\,\frac{\Delta t}{h}\,\frac{s}{2}.$$

Damit werden die beiden Gleichungen gewonnen:

$$E\,I\,\tau_{ik} = +\frac{S_k}{s} + M_{ik}\frac{s}{3} - M_{ki}\frac{s}{6} + E\,I\,\alpha_t\frac{\Delta t}{h}\,\frac{s}{2} = E\,I\,(\varphi_{ik} + \vartheta)$$

$$E\,I\,\tau_{ki} = -\frac{S_i}{s} - M_{ik}\frac{s}{6} + M_{ki}\frac{s}{3} - E\,I\,\alpha_t\frac{\Delta t}{h}\,\frac{s}{2} = E\,I\,(\varphi_{ki} + \vartheta).$$

Aus ihnen ergeben sich die Stabendmomente als Funktionen der Belastung, der Temperaturänderung und der Knoten- bzw. Stabdrehwinkel:

$$\left.\begin{aligned} M_{ik} &= -\frac{2}{s^2}\,(2\,S_k - S_i) - E\,I\,\alpha_t\frac{\Delta t}{h} + \frac{2\,E\,I}{s}\,(2\varphi_{ik} + \varphi_{ki} + 3\vartheta) \\ M_{ki} &= +\frac{2}{s^2}\,(2\,S_i - S_k) + E\,I\,\alpha_t\frac{\Delta t}{h} + \frac{2\,E\,I}{s}\,(2\varphi_{ki} + \varphi_{ik} + 3\vartheta). \end{aligned}\right\} \tag{139}$$

Werden die Knotenpunkte i und k unverdrehbar und unverschieblich festgehalten, so ist mit $\varphi_{ik} = \varphi_{ki} = 0$ und $\vartheta = 0$

$$\left.\begin{aligned} M_{ik} &= -\frac{2}{s^2}\,(2\,S_k - S_i) - E\,I\,\alpha_t\frac{\Delta t}{h} = M^0_{ik} \\ M_{ki} &= +\frac{2}{s^2}\,(2\,S_i - S_k) + E\,I\,\alpha_t\frac{\Delta t}{h} = M^0_{ki}. \end{aligned}\right\} \tag{140}$$

In diesen Werten erkennt man — bei Beachtung der unterschiedlichen Festlegung der Vorzeichen — nach Gl. (130) und (136) die Einspannmomente des beiderseits eingespannten Balkens infolge gegebener Belastung bzw. ungleichmäßiger Temperaturänderung.

Ist der Stab in k gelenkig gelagert oder angeschlossen, also $M_{ki} = 0$, so folgt aus Gl. (139) mit s_g als Stablänge

$$\frac{2\,E\,I}{s_g}\varphi_{ki} = -\frac{1}{s_g^2}(2\,S_i - S_k) - E\,I\,\alpha_t\frac{\Delta t}{h}\frac{1}{2} - \frac{E\,I}{s_g}(\varphi_{ik} + 3\vartheta)$$

und damit wird

$$M_{ik} = -\frac{3\,S_k}{s_g^2} - 1{,}5\,E\,I\,\alpha_t\frac{\Delta t}{h} + \frac{3\,E\,I}{s_g}(\varphi_{ik} + \vartheta). \tag{141}$$

Werden die Knotenpunkte i und k unverschieblich und wird i unverdrehbar festgehalten, so folgt

$$M_{ik} = -\frac{3\,S_k}{s_g^2} - 1{,}5\,E\,I\,\alpha_t\frac{\Delta t}{h} = M_{ik}^0, \tag{142}$$

d. h. nach Gl. (123) und (128) ist M_{ik} dann das Einspannmoment des in i eingespannten und in k gelenkig gestützten Balkens.

Beim Kraftgrößenverfahren erhält man das statisch bestimmte Hauptsystem, wenn sämtliche Unbekannten $X_i = 0$ gesetzt werden. Werden beim Formänderungsgrößenverfahren alle Unbekannten, sämtliche Knotendrehwinkel φ und Stabdrehwinkel ϑ gleich Null gesetzt, so erhält man offenbar ein System, welches von höherem Grade statisch unbestimmt ist als das zu berechnende, da zur Verwirklichung der Bedingungen $\varphi = 0$ und $\vartheta = 0$ zusätzliche Glieder notwendig sind. Es wird als geometrisch bestimmtes Hauptsystem bezeichnet, welches aus lauter einseitig oder beiderseits fest eingespannten Stäben besteht.

Erfährt lediglich der Knotenpunkt i die Verdrehung $\varphi_{ik} = 1$ — entsprechend der Einführung von $X_i = 1$ beim Kraftgrößenverfahren —, so folgt aus Gl. (139)

$$M_{ik} = \frac{4\,E\,I}{s} \quad \text{und} \quad M_{ki} = \frac{2\,E\,I}{s} \tag{143}$$

für den beiderseits eingespannten Stab. Aus $M_{ki} = 0$ und $\varphi_{ki} = -1/2$ folgt

$$M_{ik} = \frac{3\,E\,I}{s_g} \tag{144}$$

für den in i eingespannten und in k gelenkig angeschlossenen Stab.

Eine Stabdrehung $\vartheta = 1$ ergibt mit $\varphi_{ik} = \varphi_{ki} = 0$ die Stabendmomente

$$M_{ik} = M_{ki} = \frac{6\,E\,I}{s} \tag{145}$$

für den beiderseits eingespannten Stab in Übereinstimmung mit Gl. (135), wenn hierin $v_b/l = -\vartheta = -1$ gesetzt wird. Für den in k gelenkig gestützten Stab wird mit $\vartheta = 1$ aus Gl. (139)

$$M_{ki} = \frac{2\,E\,I}{s_g}(2\varphi_{ki} + 3) = 0, \quad \text{somit} \quad \varphi_{ki} = -1{,}5$$

und $$M_{ik} = \frac{3\,E\,I}{s_g} \tag{146}$$
entsprechend Gl. (127).

Nachdem in den Gl. (139) die Stabendmomente und damit auch die auf die steifen Knotenpunkte wirkenden Momente durch die unbekannten Knoten- und Stabdrehwinkel ausgedrückt sind, erhält man die Bedingungsgleichungen für die Unbekannten als Gleichgewichtsbedingungen. Für jeden Knotenpunkt, der einer Drehung unterliegt, ist die Bedingung $\Sigma M = 0$ zu erfüllen. Für alle von i ausgehenden Stäbe i–k (mit Ausnahme der in i gelenkig angeschlossenen Stäbe) kann $\varphi_{ik} = \varphi_i$ gesetzt werden. Wird ferner

$$E\,I_c\,\varphi = \varphi', \qquad E\,I_c\,\vartheta = \vartheta' \qquad \text{und} \qquad s\,I_c/I = s'$$

eingeführt, so erhält man aus $\Sigma M_{ik} = 0$ die Bedingungsgleichung

$$\varphi_i'\left(\Sigma\frac{4}{s'} + \Sigma\frac{3}{s_g'}\right) + \Sigma\frac{2}{s'}\varphi_{ki}' + \Sigma\frac{6}{s'}\vartheta' + \Sigma\frac{3}{s_g'}\vartheta' + \Sigma M_{ik}^0 = 0. \tag{147}$$

In ΣM_{ik}^0 sind auch äußere unmittelbar (etwa durch Kragarme) auf den steifen Knotenpunkt i wirkende Momente zu erfassen.

Es empfiehlt sich in den meisten Fällen, von auftretenden Knotenverschiebungen und damit verbundenen Stabdrehwinkeln zunächst abzusehen und die Knotendrehwinkel für die Annahme unverschieblicher Tragwerke zu ermitteln. Der Einfluß der Stabdrehungen ist dann getrennt zu untersuchen, wozu weitere Gleichgewichtsbedingungen, $\Sigma H = 0$ und gegebenenfalls $\Sigma V = 0$, hinzugezogen werden müssen.

Nach Ermittlung sämtlicher Knoten- und Stabdrehwinkel sind die Stabendmomente nach Gl. (139) zu berechnen, woraus sich weitere Schlüsse über Längs- und Querkräfte folgern lassen.

38. Behandlung von Sonderfällen. Statisch unbestimmte Hauptsysteme

Durch die Elastizitätsgleichungen Gl. (118) und die Bedingungsgleichungen Gl. (147) ist der allgemeine Weg zur Berechnung statisch unbestimmter Tragwerke gekennzeichnet. In Sonderfällen, die aber recht häufig vorliegen, insbesondere bei symmetrischen Tragwerken führen Betrachtungen über die vom statisch unbestimmten System zu erfüllenden Formänderungsbedingungen unmittelbar zu den Elastizitätsgleichungen, wenn über den Gleichgewichtszustand des unbestimmten Systems im voraus gewisse Aussagen gemacht werden können. In den nachfolgenden Beispielen werden solche Fälle behandelt, wobei sich Gelegenheit bietet, Vergleiche zwischen Kraftgrößen- und Formänderungsgrößenverfahren anzustellen, den Vorteil der Benutzung statisch unbestimmter Hauptsysteme aufzuzeigen und auf Rechenkontrollen für den Gleichgewichtszustand des statisch unbestimmten Systems hinzuweisen.

1. Balken auf drei Stützen. Unter lotrechter Belastung stellt sich ein Gleichgewichtzustand ein, der durch die M_0-Flächen zweier einfacher Balken und das Stützmoment M_b über der Mittelstütze gekennzeichnet ist, Abb. 161. Das statisch unbestimmte System muß die Formänderungsbedingungen erfüllen, daß die gegenseitige Drehung benachbarter Querschnitte an beliebiger Stelle des Balkens oder auch die Verschiebung eines der Stützpunkte zu Null werden. Um diese Formänderungen zu berechnen, ist die Belastungseinheit an einem statisch bestimmten System wirkend anzunehmen; nach Abb. 161 etwa das Doppelmoment $\overline{M} = 1$ über der Stütze oder in einem beliebigen Punkt i oder auch $\overline{P} = 1$ in c. Die sich aus den virtuellen Belastungen ergebenden Biegemomente $\overline{M}$ unterscheiden sich lediglich durch einen Faktor.

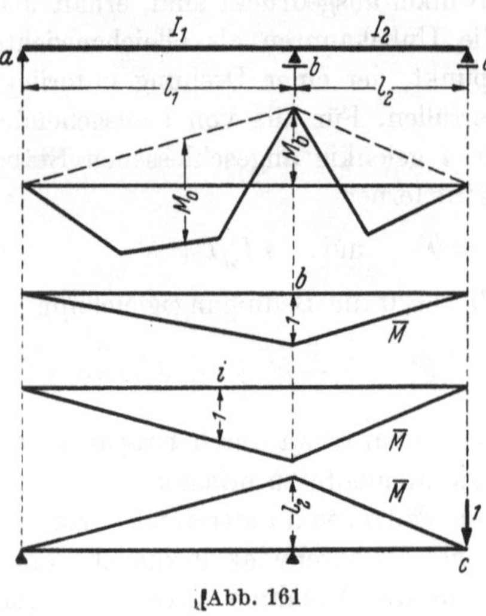

Abb. 161

Ihre Kombination mit dem Gleichgewichtszustand des unbestimmten Systems muß in jedem Fall Null ergeben, so daß diesem Faktor keine Bedeutung zukommt. Man erhält mit dem Wert $\overline{M} = 1$ in b die Bedingung:

$$M_b\left(\frac{l_1'}{3} + \frac{l_2'}{3}\right) + \frac{S_a}{l_1}\frac{I_c}{I_1} + \frac{S_c}{l_2}\frac{I_c}{I_2} = 0.$$

M_b ist positiv in die Rechnung einzuführen, wenn über das Vorzeichen des Stützmomentes im voraus keine Angabe gemacht wird. Unter S_a und S_c sind die statischen Momente der M_0-Flächen in bezug auf die Stützpunkte a und c zu verstehen; Auswertungsformel Gl. (76). Mit

$$S_a' = S_a \frac{I_c}{I_1} \quad \text{und} \quad S_c' = S_c \frac{I_c}{I_2}$$

erhält man für das Stützmoment

$$M_b = -\frac{3\left(\frac{S_a'}{l_1} + \frac{S_c'}{l_2}\right)}{l_1' + l_2'}. \tag{148}$$

Ist $l_1 = l_2 = l$, ferner $I_1 = I_2$, und liegt in bezug auf die Lotrechte durch b Symmetrie in der Belastung vor, so wird mit $S_a = S_c = S$

$$M_b = -\frac{3S}{l^2}. \tag{149}$$

Sofern die Belastung auch noch in jeder Öffnung Symmetrie aufweist, wird mit dem Flächeninhalt F_0 der M_0-Fläche einer Öffnung $S = F_0\, l/2$ und damit

$$M_b = -\frac{1{,}5\, F_0}{l}\,. \tag{150}$$

Für gleichmäßig verteilte Last p t/m in beiden Öffnungen erhält man mit $F_0 = \frac{p\, l^2}{8}\, \frac{2}{3}\, l$

$$M_b = -\frac{p\, l^2}{8}\,, \quad \text{Abb. 162a},$$

und für Einzellasten P in Feldmitte mit $F_0 = \frac{P\, l}{4}\, \frac{l}{2}$

$$M_b = -\frac{3}{16}\, P\, l\,, \quad \text{Abb. 162b}.$$

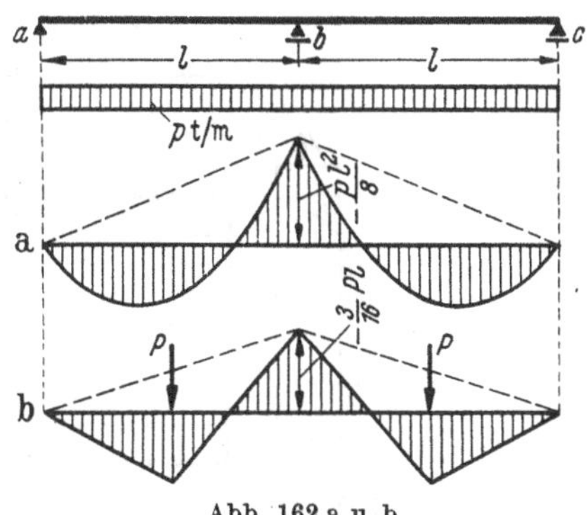

Abb. 162 a u. b

Da bei vorliegender Symmetrie des Systems und der Belastung die Tangente an die Biegelinie über der Stütze b waagrecht verläuft, und da damit die Stützung in b einer vollkommenen Einspannung entspricht, müssen die Ergebnisse mit den für den einseitig eingespannten Balken erhaltenen Werten, Gl. (123) bis (125) übereinstimmen.

2. Geschlossene Rahmen unter gleichmäßiger Belastung. Unter der Belastung p_a t/m bzw. p_b t/m treten in dem 3-fach statisch unbestimmten Rahmen Biegemomente auf, die bestimmt sind durch die parabelförmigen M_0-Flächen und die konstanten Momente M_e, Abb. 163. Da in den steifen Ecken gegenseitige Drehungen der Querschnitte nicht auftreten, führt die Kombination des Gleichgewichtszustandes im unbestimmten System mit dem Zustand $M_e = 1$ zu

$$\frac{p_a\, a^2}{8}\, \frac{2}{3}\, a' + \frac{p_b\, b^2}{8}\, \frac{2}{3}\, b' + M_e\,(a' + b') = 0,$$

woraus sich

$$M_e = -\frac{p_a\, a^2\, a' + p_b\, b^2\, b'}{12\,(a' + b')} \tag{151}$$

ergibt.

Mit $p_a = p_b = p$, $b/a = \beta$ und $b'/a' = \frac{b}{a}\, \frac{I_a}{I_b} = \beta'$ wird

$$M_e = -\frac{1 + \beta^2\, \beta'}{12\,(1 + \beta')}\, p\, a^2. \tag{152}$$

3. Symmetrischer zweistieliger Rahmen mit gelenkiger Stützung. Das statisch bestimmte Hauptsystem wird in der Regel durch Einführung des Horizontalschubes als statisch unbestimmte Größe gebildet. Lotrechte Belastung des Riegels erzeugt außer den lotrechten Stützkräften A und B die Horizontalschübe H_a und H_b, die einander gleich sein müssen, $\Sigma H = 0$. Da bei *lotrechten* Stielen die in ihnen auftretenden Biegemomente allein vom Horizontalschub abhängig sind, müssen auch die Eckmomente einander gleich sein, $M_c = M_d$, Abb. 164a. Das wird auch ersichtlich, wenn man eine unsymmetrische Riegelbelastung in

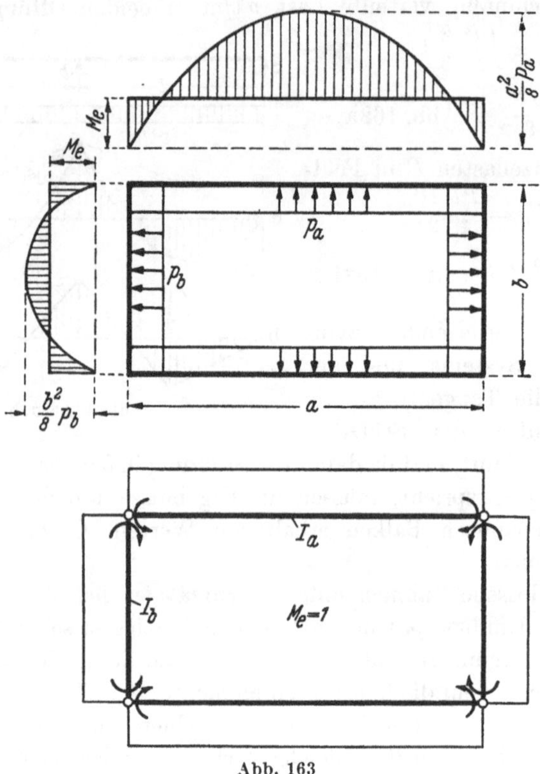

Abb. 163

symmetrischen und antisymmetrischen Anteil aufspaltet, Abb. 164c und d. Letzterer erzeugt keinen Horizontalschub, da $H_a = -H_b$ sein müßte, andrerseits aber $\Sigma H = H_a - H_b = 0$ ist. Die Eckmomente des Rahmens sind somit durch den symmetrischen Lastanteil allein bestimmt — lotrechte Stiele vorausgesetzt.

Da im statisch unbestimmten System eine gegenseitige Drehung der Stabenden in c und d nicht eintritt, muß jede für sich und ihre Summe zu Null werden. Zu ihrer Berechnung wird die Belastungseinheit $\overline{M} = 1$ gleichzeitig in c und d wirkend angenommen, Abb. 164b, und die vom statisch unbestimmten System zu erfüllende Formänderungsbedingung lautet:

$$F_0 + M_c\left(l + \frac{2}{3}h'\right) = 0,$$

F_0 = Inhalt der M_0-Fläche, die sich nur über den Riegel erstreckt,

$h' = h\frac{I_r}{I_v}$.

Man erhält somit für die Eckmomente

$$M_c = M_d = -\frac{3F_0}{3l + 2h'}. \qquad (153)$$

Die Berechnung nach dem Formänderungsgrößenverfahren ist ebenso einfach durchzuführen, obwohl zunächst die Knotendrehwinkel φ_c und

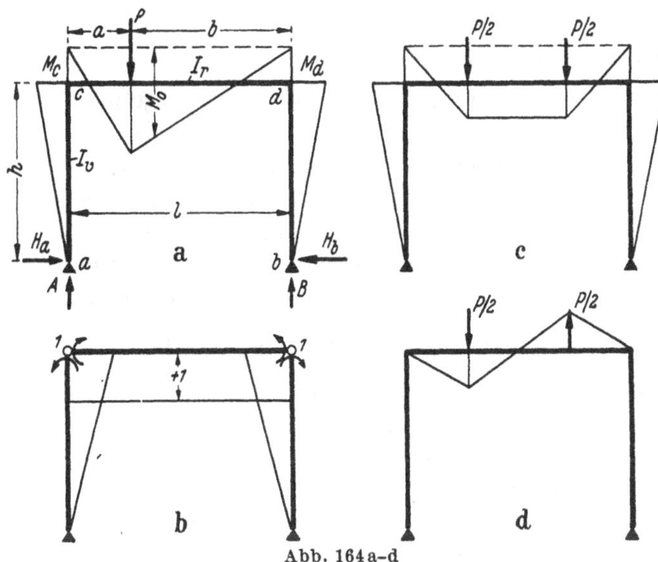

Abb. 164a–d

φ_d sowie der Stabdrehwinkel ϑ der Pfosten unbekannt sind. Wird aber der antisymmetrische Lastanteil als statisch bestimmter Zustand abgesondert, so bestehen für die symmetrische Belastung bei Beachtung der Vorzeichen für die Stabendmomente nach Abb. 159 die Bedingungen:

$$M_{cd} = -M_{dc}; \quad \varphi_c = -\varphi_d; \quad \vartheta = 0.$$

Da entsprechend Gl. (131) für den beiderseits eingespannten Balken

$$M^0_{cd} = -F_0/l \quad \text{und} \quad M^0_{dc} = +F_0/l$$

zu setzen ist, so erhält man nach Gl. (147)

$$\varphi'_c\left(\frac{4}{l} + \frac{3}{h'}\right) + \varphi'_d\frac{2}{l} + M^0_{cd} = 0$$

oder

$$\varphi'_c\left(\frac{2}{l} + \frac{3}{h'}\right) - \frac{F_0}{l} = 0,$$

daraus

$$\varphi'_c = \frac{F_0 h'}{3l + 2h'}$$

und nach Gl. (139) mit $\varphi'_c = -\varphi'_d$

$$M_{cd} = -\frac{F_0}{l} + \frac{2\varphi'_c}{l} = -\frac{F_0}{l}\left(1 - \frac{2h'}{3l + 2h'}\right) = -\frac{3F_0}{3l + 2h'},$$

ferner nach Gl. (141)

$$M_{ca} = \frac{3\varphi'_c}{h'} = +\frac{3F_0}{3l + 2h'}$$

in Übereinstimmung mit Gl. (153).

4. Symmetrischer zweistieliger Rahmen mit eingespannten Stielen. Der Rahmen ist 3-fach statisch unbestimmt, doch führt auch hier die Aufspaltung der Belastung zu Gleichungen mit nur einer Unbekannten. Für den symmetrischen Anteil aus lotrechter Riegelbelastung ergibt sich der Momentenverlauf nach Abb. 165a mit den Eckmomenten $M_c = M_d$. Da die Punkte c und d unter symmetrischer Belastung keine Verschiebung erfahren, ist nach Gl. (126) das Einspannmoment

$$M_a = -M_c/2 \quad \text{und} \quad M_b = -M_d/2.$$

Der Gleichgewichtszustand des unbestimmten Systems hat u. a. die Bedingungen zu erfüllen, daß an den Stützenfüßen keine Verdrehungen eintreten, und daß auch eine gegenseitige Abstandsänderung der Stützpunkte a und b nicht möglich ist. Wegen der Symmetrie der Belastung genügt es wieder, die Bedingung für die Summe der Verdrehungen in a und b aufzustellen, wozu die Belastungseinheiten gleichzeitig in a und b wirkend angenommen werden. Die Kombination des Gleichgewichtszustandes, Abb. 165a, mit den am statisch bestimmten System wirkenden Belastungseinheiten nach Abb. 165b bzw. c führt zu den Bedingungen, daß unter Beachtung unterschiedlichen Trägheitsmomentes in Stielen und Riegel der Flächeninhalt der Momentenfläche des statisch unbestimmten Systems oder auch das statische Moment der M-Fläche in bezug auf die Verschiebungsachse a–b zu Null werden muß. Mit F_0 als Inhalt der M_0-Fläche des in c und d frei gestützten Riegels, $I_r = I_c$ und $h\frac{I_r}{I_v} = h'$ erhält man

$$F_0 + M_c l + 2\frac{h'}{2}(M_c - M_c/2) = 0$$

oder auch

$$F_0 h + M_c l h + \frac{2h'}{3}\left(M_c h - \frac{1}{2}\frac{M_c}{2}h\right) = 0,$$

daraus

$$M_c = -\frac{F_0}{l + 0{,}5h'}. \tag{154}$$

Der *symmetrische* Anteil einer *Einzellast* P, Abb. 165a, deren Lage durch die Abstände a und b gegeben sei, ergibt mit $F_0 = \frac{P\,a\,b}{l}\,\frac{l}{2} = \frac{P\,a\,b}{2}$

$$\left.\begin{aligned} M_c &= M_d = -\frac{P\,a\,b}{2l+h'} \\ M_a &= M_b = +\frac{P\,a\,b}{2(2l+h')}\,. \end{aligned}\right\} \qquad (155)$$

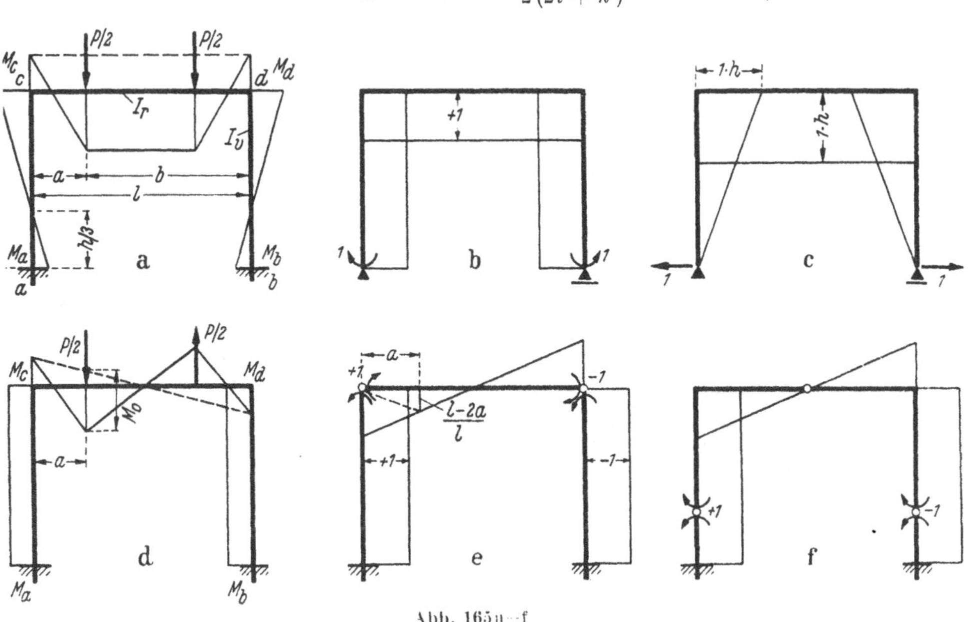

Abb. 165a—f

Die *antisymmetrische* Belastung kann nur einen Momentenverlauf nach Abb. 165d ergeben, für den $M_c = -M_d$ ist. Im Stiel muß das Biegemoment konstant sein, da die Antisymmetrie keine Querkraft im Pfosten zuläßt, denn $\Sigma H = 0$ muß erfüllt sein. Unter den Lasten $P/2$ ist für den in c und d frei gestützten Riegel das Biegemoment

$$M_0 = \pm \frac{P\,a}{2l}(l-2a)\,.$$

Um hier eine Bedingung für die Formänderung des unbestimmten Systems aufzustellen, ist zu beachten, daß an keiner Stelle des Rahmens eine gegenseitige Drehung der Querschnitte eintreten kann. Zweckmäßig werden zwei symmetrisch gelegene Querschnitte betrachtet. Es muß dann sowohl die Summe als auch die Differenz der gegenseitigen Drehung in diesen Punkten verschwinden. Die erste Bedingung ist wegen der Antisymmetrie der Belastung ohne weiteres erfüllt, wie bei symmetrischer Belastung stets die zweite Bedingung erfüllt ist. Die zweite Bedingung — Differenz der Verdrehungen gleich Null — führt zu den Belastungseinheiten nach Abb. 165e an einem einfach statisch unbestimmten System oder auch nach Abb. 165f an einem statisch bestimmten System. Aus der Kombination mit dem Gleichgewichtszustand d):

$$M_c\left(\frac{l}{3} + 2h'\right) + \frac{l}{3}\,\frac{l-2a}{l}\,\frac{P\,a}{2l}\,(l-2a) + \frac{2a}{6}\,\frac{P\,a}{2l}\,(l-2a) = 0$$

ergibt sich

$$M_c = -M_d = -\frac{P\,a\,b}{2l}\,\frac{l-2a}{l+6h'}\,. \tag{156}$$

Zahlenbeispiel:

Für die in Abb. 166 angegebenen Verhältnisse wird nach Gl. (155)

$$M_c = M_d = -\frac{3\cdot 9}{2\cdot 12+9}\,P = -\frac{9}{11}\,P\ \text{mt}$$

nach Gl. (156)

$$M_c = -M_d = -\frac{3\cdot 9}{2\cdot 12}\,\frac{12-6}{12+6\cdot 9}\,P = -\frac{9}{88}\,P\ \text{mt.}$$

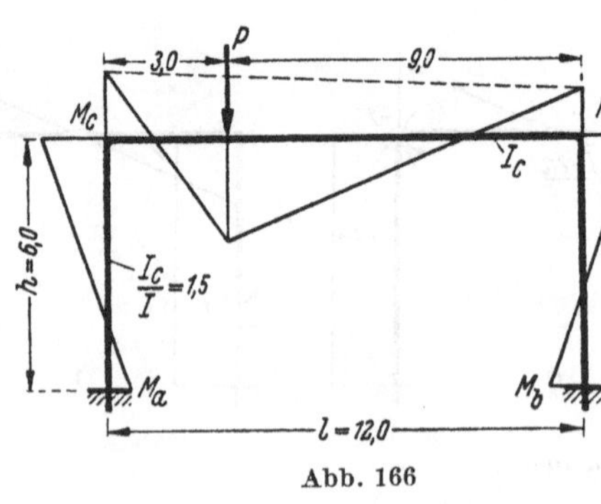

Abb. 166

Der endgültige Momentenverlauf infolge einer Einzellast P im Viertelpunkt des Riegels ist somit gekennzeichnet durch die Werte

$$M_c = \left(-\frac{9}{11} - \frac{9}{88}\right)P = -\frac{81}{88}\,P\ \text{mt;}$$

$$M_d = \left(-\frac{9}{11} + \frac{9}{88}\right)P = -\frac{63}{88}\,P\ \text{mt;}$$

$$M_a = \left(+\frac{9}{22} - \frac{9}{88}\right)P = +\frac{27}{88}\,P\ \text{mt;}$$

$$M_b = \left(+\frac{9}{22} + \frac{9}{88}\right)P = +\frac{45}{88}\,P\ \text{mt.}$$

Für das gleiche Zahlenbeispiel werde die Berechnung nach dem Formänderungsgrößenverfahren durchgeführt, wobei die Knotendrehwinkel φ_c und φ_d sowie der für die beiden Stiele gleiche Stabdrehwinkel ϑ als Unbekannte auftreten.

Die Einspannmomente des beiderseits fest eingespannten Balkens ergeben sich für die Last P im Viertelpunkt nach Gl. (130) oder werden Tabellen (Schleicher, Taschenbuch für Bauingenieure, 2. Auflage, S. 338) entnommen:

$$M^0_{cd} = -\frac{P\,a\,b^2}{l^2} = -\frac{27}{16}\,P\ \text{mt;}\quad M^0_{dc} = +\frac{P\,a^2\,b}{l^2} = +\frac{9}{16}\,P\ \text{mt.}$$

Nach Gl. (147) erhält man

$$\text{(1)}\qquad \left(\frac{4}{l} + \frac{4}{h'}\right)\varphi_c' + \frac{2}{l}\,\varphi_d' + \frac{6}{h'}\,\vartheta' - \frac{27}{16}\,P = 0$$

$$\text{(2)}\qquad \frac{2}{l}\,\varphi_c' + \left(\frac{4}{l} + \frac{4}{h'}\right)\varphi_d' + \frac{6}{h'}\,\vartheta' + \frac{9}{16}\,P = 0.$$

Diese beiden Gleichungen reichen zur Lösung nicht aus. Als weitere Bedingung wird die Gleichgewichtsbedingung $\Sigma H = 0$ hinzugezogen. Aus den Stabendmomenten erhält man in den Stielen die Querkräfte (Abb. 167)

$$Q_a = \frac{M_{ca} + M_{ac}}{h} \quad \text{und} \quad Q_b = \frac{M_{db} + M_{bd}}{h},$$

deren Summe Null sein muß, da waagrechte äußere Lasten nicht angreifen. Somit ergibt sich als weitere Gleichung

$$(3) \qquad M_{ca} + M_{ac} + M_{db} + M_{bd} = 0.$$

Nun ist nach Gl. (139), da $\varphi_a = \varphi_b = 0$ (feste Einspannung der Stiele),

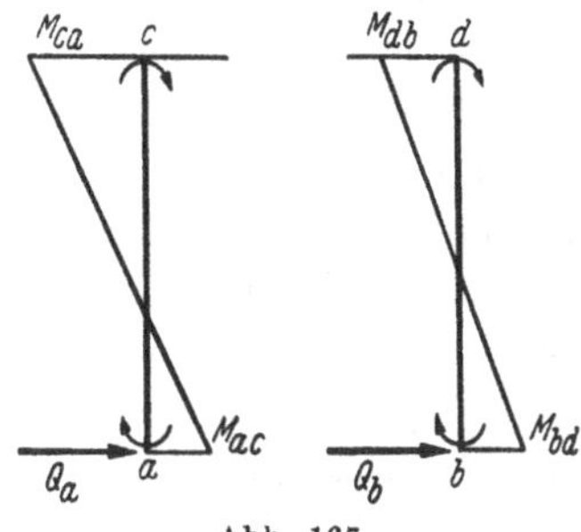

Abb. 167

$$M_{ca} = \frac{2}{h'}(2\varphi_c' + 3\vartheta')$$

$$M_{ac} = \frac{2}{h'}(\ \varphi_c' + 3\vartheta')$$

$$M_{db} = \frac{2}{h'}(2\varphi_d' + 3\vartheta')$$

$$M_{bd} = \frac{2}{h'}(\ \varphi_d' + 3\vartheta').$$

Ihre Summe nach Gl. (3) ergibt

$$\varphi_c' + \varphi_d' + 4\vartheta' = 0, \quad \text{somit} \quad \vartheta' = -\frac{\varphi_c' + \varphi_d'}{4}.$$

Mit $\frac{6}{h'}\vartheta' = -\frac{1{,}5}{h'}\varphi_c' - \frac{1{,}5}{h'}\varphi_d'$ erhält man aus Gl. (1) und (2) für die Knotendrehwinkel die beiden Gleichungen

$$(1) \qquad \left(\frac{4}{l} + \frac{4}{h'} - \frac{1{,}5}{h'}\right)\varphi_c' + \left(\frac{2}{l} - \frac{1{,}5}{h'}\right)\varphi_d' = +\frac{27}{16}P$$

$$(2) \qquad \left(\frac{2}{l} - \frac{1{,}5}{h'}\right)\varphi_c' + \left(\frac{4}{l} + \frac{4}{h'} - \frac{1{,}5}{h'}\right)\varphi_d' = -\frac{9}{16}P.$$

Da für die angenommenen Verhältnisse $\frac{2}{l} - \frac{1{,}5}{h'} = \frac{2}{12} - \frac{1{,}5}{9} = 0$ ist, wird

$$\left(\frac{4}{12} + \frac{2{,}5}{9}\right)\varphi_c' = \frac{5{,}5}{9}\varphi_c' = +\frac{27P}{16} \quad \text{und} \quad \frac{5{,}5}{9}\varphi_d' = -\frac{9P}{16},$$

somit

$$\varphi_c' = +\frac{243}{88}P; \quad \varphi_d' = -\frac{81}{88}P \quad \text{und} \quad \vartheta' = -\frac{40{,}5}{88}P.$$

Nunmehr können die Stabmomente nach Gl. (139) ermittelt werden:

$$M_{cd} = -\frac{27}{16}P + \frac{2}{l}(2\varphi_c' + \varphi_d') = -\frac{27}{16}P + \frac{2}{12}\frac{405}{88}P = -\frac{81}{88}P\,\text{mt}$$

$$\text{Kontrolle:} \quad M_{ca} = \frac{2}{h'}(2\varphi_c' + 3\vartheta') = \frac{2}{9}\frac{364{,}5}{88}P = +\frac{81}{88}P\,\text{mt}$$

$$M_{dc} = +\frac{9}{16}P + \frac{2}{l}(2\varphi_d' + \varphi_c') = +\frac{9}{16}P + \frac{2}{12}\frac{81}{88}P = +\frac{63}{88}P\,\text{mt}$$

$$\text{Kontrolle:}\quad M_{ab} = \frac{2}{h'}(2\varphi_d' + 3\vartheta') = -\frac{2}{9}\frac{283{,}5}{88}P = -\frac{63}{88}P\,\text{mt}$$

$$M_{ac} = \frac{2}{h'}(\varphi_c' + 3\vartheta') = \frac{2}{9}\frac{121{,}5}{88}P = +\frac{27}{88}P\,\text{mt}$$

$$M_{bd} = \frac{2}{h'}(\varphi_d' + 3\vartheta') = -\frac{2}{9}\frac{202{,}5}{88}P = -\frac{45}{88}P\,\text{mt}$$

in Übereinstimmung mit der ersten Rechnung.

Eine *waagrechte Last* W, in Riegelhöhe angreifend, Abb. 168, stellt ebenfalls eine antisymmetrische Belastung dar, wenn Normalkräfte bei Berechnung der Formänderungen unberücksichtigt bleiben, da W je zur Hälfte in c und d angreifend angenommen werden darf. Somit ist $M_c = -M_d$ wieder als einzige Unbekannte anzusehen. Werden in c und d Gelenke angenommen, so stellt sich der Gleichgewichtszustand

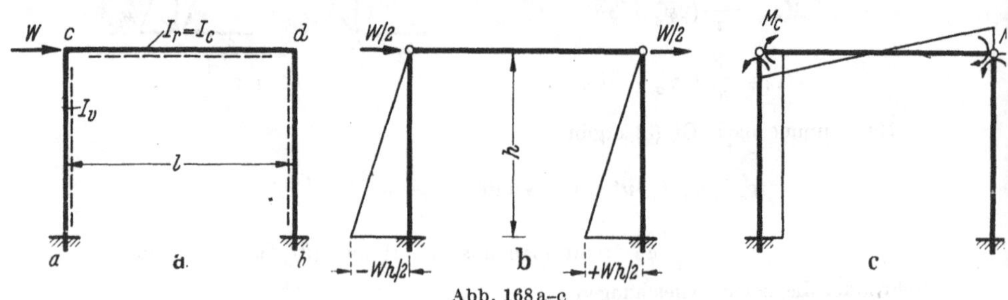

Abb. 168 a–c

des einfach statisch unbestimmten Systems nach Abb. 168 b ein, dem im dreifach statisch unbestimmten System die Momente nach Abb. 168 c zu überlagern sind. Die Summe der gegenseitigen Drehungen in c und d, zu ermitteln durch die Belastungseinheiten $M_c = 1$ und $M_d = 1$ gleichzeitig wirkend, ist Null. Ihre Differenz ergibt sich aus der Kombination der Zustände b) und c) mit dem virtuellen Gleichgewichtszustand der Abb. 165 e und führt zu der Bedingung

$$M_c\left(2h' + \frac{l}{3}\right) - 2\,\frac{W\,h}{2}\,\frac{h'}{2} = 0,$$

woraus sich die Eckmomente

$$M_c = -M_d = \frac{W\,h}{2}\,\frac{3h'}{l + 6h'} \tag{157}$$

und die Einspannmomente

$$M_a = -M_b = -\frac{W\,h}{2} + M_c = -\frac{W\,h}{2}\,\frac{l + 3h'}{l + 6h'} \tag{158}$$

ergeben.

Werden Formänderungen als Unbekannte eingeführt, so reduziert sich deren Anzahl auf zwei, da die Antisymmetrie der Belastung gleiche Knotendrehwinkel in c und d ergibt, $\varphi_c = \varphi_d = \varphi$. Durch die waagrechte Last W werden Einspannmomente M^0 nicht erzeugt, somit besteht für den Eckknoten die Gl. (147)

$$\left(\frac{6}{l}+\frac{4}{h'}\right)\varphi' + \frac{6}{h'}\vartheta' = 0. \tag{1}$$

Die Gleichgewichtsbedingung $\Sigma H = 0$ lautet jetzt

$$\frac{M_{ca}+M_{ac}}{h} + \frac{M_{db}+M_{bd}}{h} + W = 0$$

mit den Stabendmomenten

$$M_{ca} = M_{db} = \frac{2}{h'}(2\varphi' + 3\vartheta')$$

$$M_{ac} = M_{bd} = \frac{2}{h'}(\varphi' + 3\vartheta'),$$

so daß man als 2. Bedingungsgleichung erhält

$$\frac{3}{h'}\varphi' + \frac{6}{h'}\vartheta' = -\frac{Wh}{4}. \tag{2}$$

Die Lösung der Gl. (1) und (2) ergibt

$$\varphi' = +\frac{Wh}{4}\,\frac{l\,h'}{l+6h'} \qquad \text{und} \qquad \vartheta' = -\frac{Wh}{4}\,\frac{(2l+3h')\,h'}{3\,(l+6h')}$$

und damit die Stabendmomente

$$M_{cd} = \left(\frac{4}{l}+\frac{2}{l}\right)\varphi' = +\frac{Wh}{2}\,\frac{3h'}{l+6h'}$$

$$M_{ca} = \frac{4}{h'}\varphi' + \frac{6}{h'}\vartheta' = -\frac{Wh}{2}\,\frac{3h'}{l+6h'}$$

entsprechend Gl. (157).

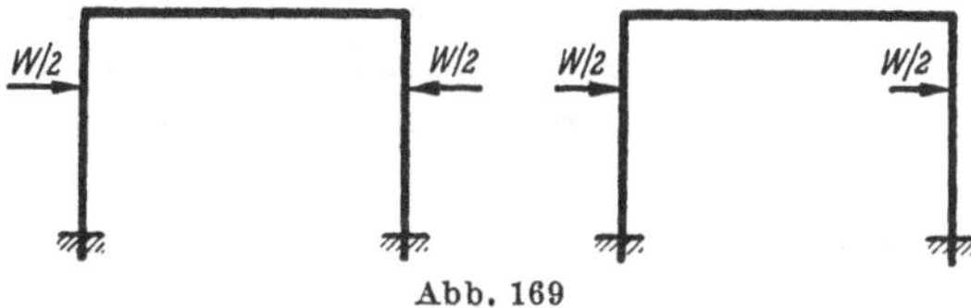

Abb. 169

Greift die Last W in beliebiger Höhe an, so wird zweckmäßig auch hier die Aufspaltung der Belastung nach Abb. 169 vorgenommen, die zu einer einfachen Lösung der Aufgabe führt.

5. Der dreistielige Rahmen. Der dreistielige *symmetrische* Rahmen nach Abb. 170 ist 3-fach statisch unbestimmt, wenn gelenkige Stützung vorliegt, und 6-fach statisch unbestimmt, wenn die Stützenfüße eingespannt werden. Im Riegel sei das Trägheitsmoment $I_r = I_c$ konstant, in den äußeren Stielen I_a und im mittleren Pfosten I_m, somit $l\frac{I_c}{I_r} = l$, $h\frac{I_c}{I_a} = h'$ und $h\frac{I_c}{I_m} = h'_m$.

Symmetrische Belastung. In beiden Fällen gestaltet sich die Rechnung äußerst einfach, wenn auch die Belastung Symmetrie aufweist, so daß eine Riegelverschiebung nicht eintritt. Im mittleren Stiel treten dann keine Biegemomente auf, der Riegel kann in Punkt *2* als fest eingespannt angesehen werden. Als einzige Unbekannte wird das Eckmoment $M_1 = M_3$ eingeführt, für welches der Gleichgewichtszustand des einfach bzw. 4-fach statisch unbestimmten Hauptsystems mit $M_2 = -M_1/2$ und $M_a = 0$ bzw. $M_a = M_c = -M_1/2$ sofort angegeben werden kann, Abb. 170 c und d. Bei einer symmetrischen Riegelbelastung ist der Momentenverlauf in den statisch unbestimmten Hauptsystemen durch die Stützenmomente des durchlaufenden Balkens, Gl. (149) und (150), bestimmt.

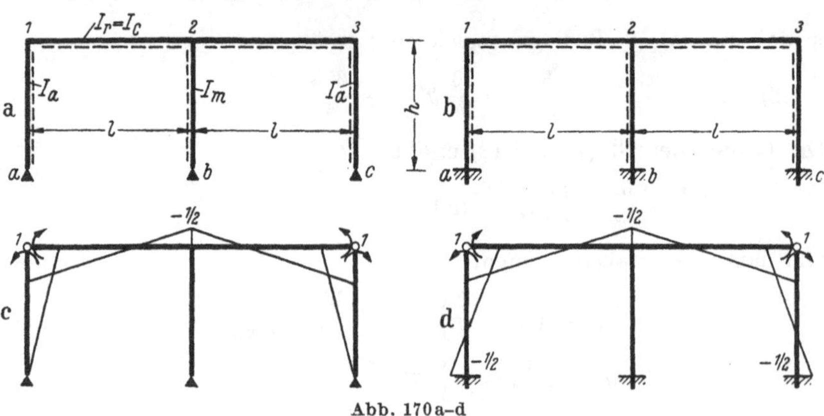

Abb. 170a–d

Da die Zustände $M_1 = M_3 = 1$ Gleichgewichtszustände statisch unbestimmter Hauptsysteme darstellen, darf zur Berechnung von δ_{10} die M_0-Fläche eines statisch bestimmten Systems — Gelenk in Punkt *2* — benutzt werden. Ferner ist

bei gelenkiger Stützung:

$$EI_c\,\delta_{11} = \frac{2l}{4} + \frac{2h'}{3} = \frac{3l + 4h'}{6}$$

bei eingespannten Stützen:

$$EI_c\,\delta_{11} = \frac{2l}{4} + \frac{2h'}{4} = \frac{l + h'}{2}.$$

a) Gelenkige Stützung. Zur Hauptachse durch *b* symmetrische Riegelbelastung ergibt mit

$$EI_c\,\delta_{10} = \frac{1}{l}\left(S_2 - \frac{1}{2}S_1\right)\cdot 2$$

die Eckmomente

$$M_1 = M_3 = -\frac{6}{l}\,\frac{2S_2 - S_1}{3l + 4h'}. \tag{159}$$

Liegt auch noch in jeder Öffnung symmetrische Belastung vor, so ist $S_2 = S_1 = S$. Wird mit F_0 als Inhalt der M_0-Fläche des in *1* und *2* frei gestützten Riegels $S/l = F_0/2$ eingeführt, so erhält man

$$M_1 = M_3 = -\frac{3F_0}{3l + 4h'}, \tag{160}$$

und das Moment über der Mittelstütze wird auf Grund der Gl. (150)

$$M_2 = -\frac{1{,}5}{l}F_0 - \frac{M_1}{2} = -\frac{3F_0}{l}\frac{l + 2h'}{3l + 4h'}. \tag{161}$$

b) Eingespannte Stiele. Zur Hauptachse symmetrische Riegelbelastung mit gleichem Wert δ_{10} ergibt die Eckmomente

$$M_1 = M_3 = -\frac{2}{l}\frac{2S_2 - S_1}{l + h'}. \tag{162}$$

Bei Symmetrie der Belastung in jeder der beiden Öffnungen wird mit $S_2 = S_1 = S = F_0\, l/2$

$$M_1 = M_3 = -\frac{F_0}{l + h'}, \tag{163}$$

und das Moment über der Mittelstütze ergibt sich zu

$$M_2 = -\frac{1{,}5}{l}F_0 - \frac{M_1}{2} = -\frac{F_0}{l}\frac{l + 1{,}5h'}{l + h'}. \tag{164}$$

Unsymmetrische Belastung. Bei unsymmetrischer Belastung empfiehlt sich wieder deren Aufspaltung. In Mitte des linken Riegels greife eine Einzellast P an.

a) Gelenkige Stützung. Unter Beibehaltung der für I_c/I getroffenen Annahmen ist der Momentenverlauf für die symmetrische Teillast (Abb. 171a) nach Gl. (160) und (161) bestimmt. Die antisymmetrische Belastung ergibt aus leicht ersichtlichen Gründen für das zweifach statisch unbestimmte System mit beweglichem Lager in *b* den Momentenverlauf nach Abb. 171b, und man erhält den Horizontalschub H_b mit den Momenten nach Abb. 171c für $H_b = 1$ aus

$$EI_c\,\delta_{10} = -2\frac{Pl}{8}\frac{l}{2}\frac{h}{2} = -F_0 h$$

$$EI_c\,\delta_{11} = \frac{h^2}{4}\left(2l + \frac{2h'}{3}\right) + \frac{h'_m}{3}h^2 = \frac{h^2}{6}(3l + h' + 2h'_m)$$

zu

$$H_b = +\frac{6F_0}{h(3l + h' + 2h'_m)}. \tag{165}$$

Eine waagrechte Belastung W, in Höhe des Riegels angreifend, ergibt am zweifach statisch unbestimmten System die Momente nach Abb. 171e, und für den Horizontalschub H_b erhält man aus der Kombination mit Abb. 171c

$$EI_c\,\delta_{10} = -\,2\left(\frac{l}{2}\,\frac{W h}{2}\,\frac{h}{2} + \frac{h'}{3}\,\frac{W h}{2}\,\frac{h}{2}\right) = -\,\frac{W h^2}{6}\,(1{,}5l + h')$$

und

$$H_b = +\,\frac{1{,}5l + h'}{3l + h' + 2h'_m}\,W. \tag{166}$$

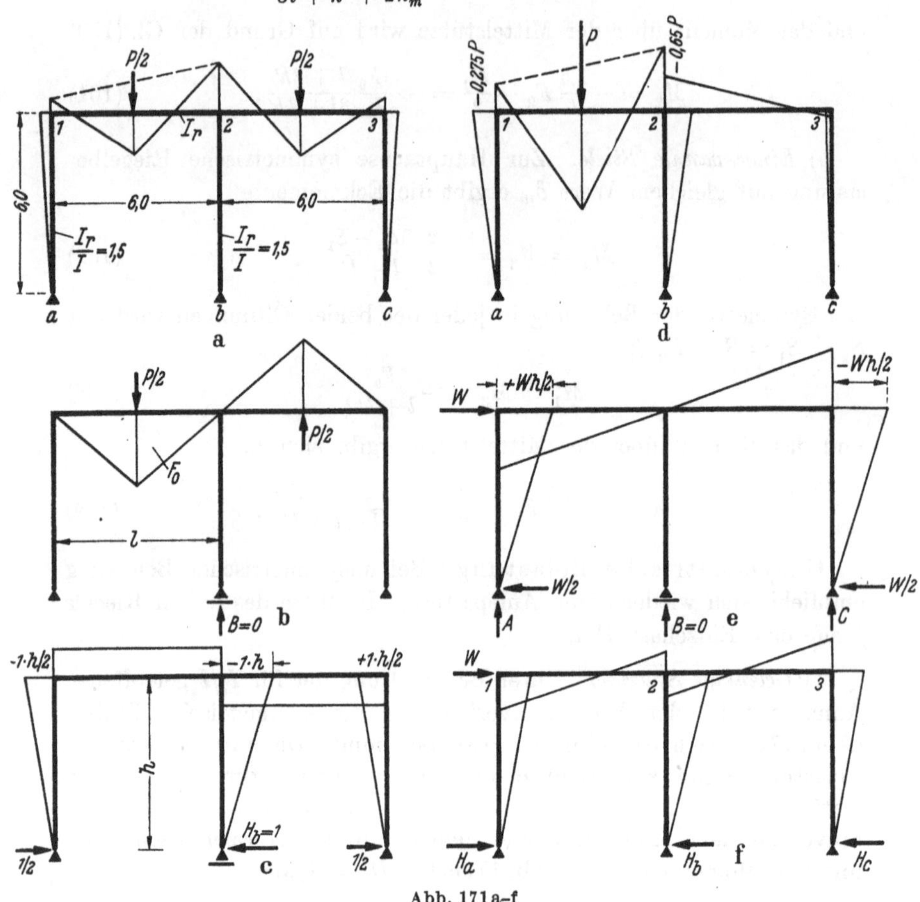

Abb. 171a–f

Zahlenrechnung

1. *Einzellast* P in Mitte des linken Riegels. Abmessungen nach Abb. 171a, für alle Stiele $I_c/I = 1{,}5$, also $h' = 9$.

Für den symmetrischen Lastanteil erhält man mit $F_0 = \frac{P\,l}{8}\,\frac{l}{2} = \frac{P\,l^2}{16}$ den Momentenverlauf der Abb. 171a nach Gl. (160) und (161)

$$M_1 = M_3 = -\,\frac{3\,P\cdot 6^2}{16\,(3\cdot 6 + 4\cdot 9)} = -\,\frac{P}{8}\,\text{mt}$$

$$M_2 = -\,\frac{3\,P\cdot 6}{16\,(18 + 36)} = -\,\frac{P}{2}\,\text{mt}.$$

Für den antisymmetrischen Lastanteil wird nach Gl. (165)

$$H_b = + \frac{6\,P \cdot 6^2}{16 \cdot 6\,(3 \cdot 6 + 9 + 18)} = + \frac{P}{20}\,\text{t};$$

$$M_1 = M_{21} = -M_3 = -M_{23} = -H_b\,h/2 = -\frac{3}{20}\,P\,\text{mt}; \quad M_{2b} = -H_b\,h = -\frac{6}{20}\,P\,\text{mt}.$$

Die Überlagerung gibt den Momentenverlauf nach Abb. 171d mit

$$M_1 = \left(-\frac{1}{8} - \frac{3}{20}\right) P = -\frac{11}{40}\,P\,\text{mt}; \quad M_3 = \left(-\frac{1}{8} + \frac{3}{20}\right) P = +\frac{1}{40}\,P\,\text{mt};$$

$$M_{21} = \left(-\frac{1}{2} - \frac{3}{20}\right) P = -\frac{26}{40}\,P\,\text{mt}; \quad M_{23} = \left(-\frac{1}{2} + \frac{3}{20}\right) P = -\frac{14}{40}\,P\,\text{mt};$$

$$M_{2b} = -\frac{12}{40}\,P\,\text{mt},$$

2. *Waagrechte Last* W in Höhe des Riegels.
Nach Gl. (166):

$$H_b = \frac{1{,}5 \cdot 6 + 9}{18 + 9 + 18}\,W = +0{,}4\,W,$$

somit

$$H_a = -\frac{W}{2} + \frac{1}{2} \cdot 0{,}4\,W = -0{,}3\,W; \quad H_c = +\frac{W}{2} - \frac{1}{2} \cdot 0{,}4\,W = +0{,}3\,W.$$

Daraus die Momente, deren Verlauf in Abb. 171f wiedergegeben ist:

$$M_1 = -M_3 = +0{,}3\,W\,h; \quad M_{21} = -M_{23} = -0{,}4\,W\,h/2 = -0{,}2\,W\,h;$$

$$M_{2b} = -0{,}4\,W\,h.$$

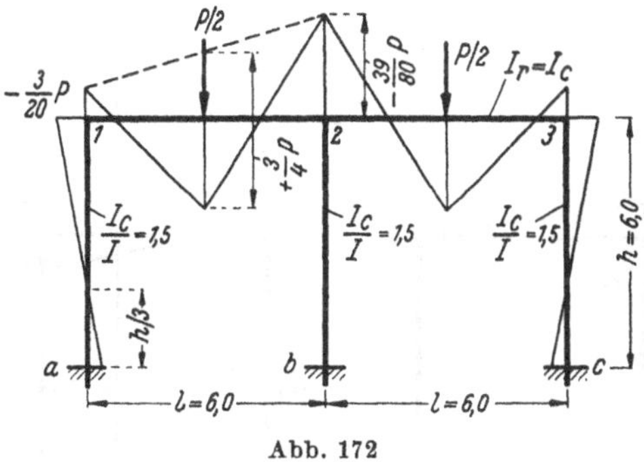

Abb. 172

b) *Eingespannte Stiele.*

1. *Einzellast* P in Mitte des linken Riegels.
Symmetrischer Lastanteil nach Abb. 172 ergibt auf Grund der Gl. (163) und (164)

mit $F_0 = \frac{P\,l^2}{16} = \frac{9}{4}\,P$

$$M_1 = M_3 = -\frac{9}{4\,(6+9)}\,P = -\frac{3}{20}\,P\,\text{mt}$$

$$M_2 = -\frac{9\,(6 + 1{,}5 \cdot 9)}{4 \cdot 6\,(6+9)}\,P = -\frac{39}{80}\,P\,\text{mt}.$$

Für den *antisymmetrischen* Lastanteil erhält man für den Rahmen ohne Mittelstiel aus Gl. (156), wenn hierin $2l$ statt l eingesetzt wird,

$$M_1 = -M_3 = -\frac{3 \cdot 9}{24} \frac{12 - 6}{12 + 6 \cdot 9} P = -\frac{9}{88} P \text{ mt}$$

und damit den Momentenverlauf nach Abb. 173b.

Für die antisymmetrische Belastung wird die Stützkraft $B = 0$, und es werden als statisch unbestimmte Größen die Querkraft X_1 und

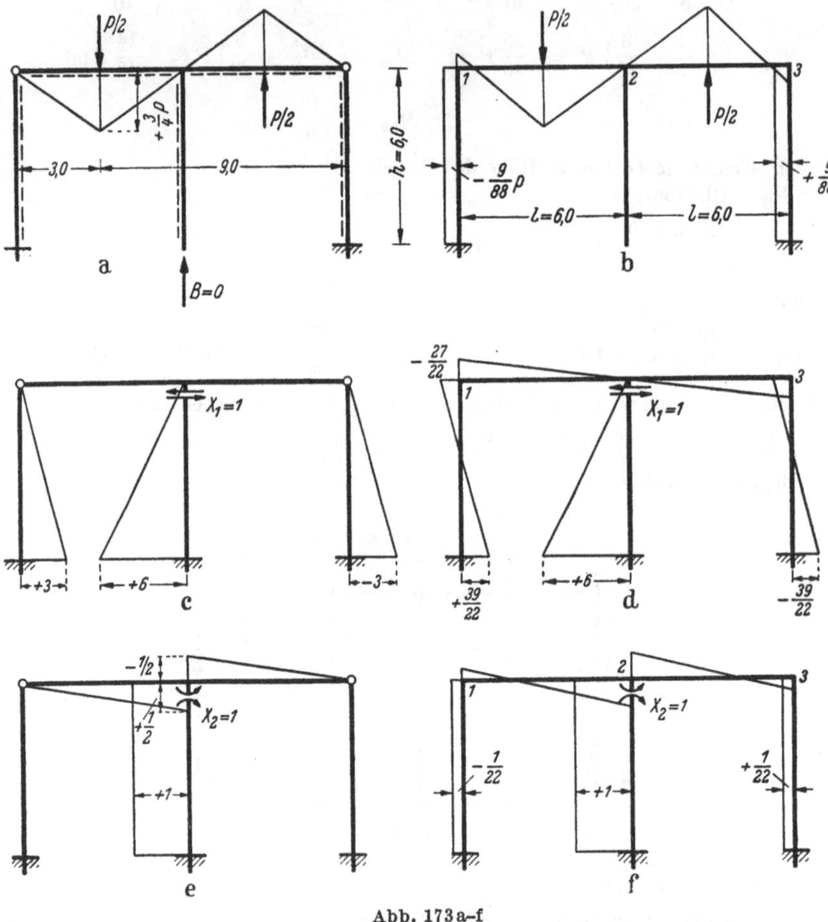

Abb. 173a–f

das Biegemoment X_2 im mittleren Stiel unmittelbar unterhalb des Riegels eingeführt, für welche die Gleichgewichtszustände $X_1 = 1$ und $X_2 = 1$ in Abb. 173c und e am einfach statisch unbestimmten System ohne weiteres angegeben werden können. Da es sich in beiden Fällen um antisymmetrische Belastungen des zweistieligen Rahmens mit eingespannten Stützen handelt, sind die Gleichgewichtszustände $X_1 = 1$

und $X_2 = 1$ des dreifach statisch unbestimmten Rahmens, Abb. 173d und f leicht zu ermitteln.

Für $X_1 = 1$ ergibt sich als waagrechte Belastung $W = -1$ in Riegelhöhe auf Grund der Gl. (157) und (158), wenn hierin wieder $2l$ statt l eingesetzt wird:

$$M_1 = -M_3 = -\frac{6}{2}\frac{3\cdot 9}{12+6\cdot 9} = -\frac{27}{22}; \quad M_a = -M_c = +\frac{6}{2}\frac{12+3\cdot 9}{12+6\cdot 9} = +\frac{39}{22}.$$

Für $X_2 = 1$ erhält man nach Einführung des Gleichgewichtszustandes $M_1 = +1$ und $M_3 = -1$ (Abb. 165e oder f) die Eckmomente

$$M_1 = -M_3 = -\frac{\frac{2l}{6}\frac{1}{2}}{\frac{2l}{3}+2h'} = -\frac{l}{4(l+3h')} = -\frac{6}{4(6+3\cdot 9)} = -\frac{1}{22}.$$

Nunmehr können die Beiwerte der Elastizitätsgleichungen für X_1 und X_2 sowie die Belastungsglieder für die zu untersuchende antisymmetrische Belastung ermittelt werden. Da sowohl deren Gleichgewichtszustand, Abb. 173b, als auch die Gleichgewichtszustände $X_1 = 1$ und $X_2 = 1$ nach Abb. 173d und f Gleichgewichtszustände des 3-fach statisch unbestimmten Systems darstellen, ergeben sich für die Berechnung der Formänderungen verschiedene Möglichkeiten, unter denen die einfachste Rechnung den Vorzug verdient, andere Möglichkeiten zur Kontrolle benutzt werden können.

So wird δ_{11} am schnellsten aus der Kombination der Zustände c) und d) zu

$$EI_c\,\delta_{11} = \frac{h'}{3}6^2 + 2\frac{h'}{3}\left(3\cdot\frac{39}{22}-\frac{3}{2}\frac{27}{22}\right) = +\frac{2835}{22}$$

gefunden, doch muß sich der gleiche Wert auch mit den Momenten M_1 des Zustandes $X_1 = 1$ der Abb. 173d aus $\int M_1^2\,ds\frac{I_c}{I}$ ergeben.

Gleicherweise wird aus der Kombination der Momente nach e) und f)

$$EI_c\,\delta_{22} = h' + 2\frac{l}{3}\left(\frac{1}{2}\right)^2 - 2\frac{l}{6}\frac{1}{2}\frac{1}{22} = +\frac{219}{22}$$

gewonnen, aber auch durch Kombination der Momente des Zustandes f) mit sich selbst.

Zur Berechnung von δ_{12} können die Zustände c) mit f) oder e) mit d) oder auch d) mit f) kombiniert werden. Die erstgenannte Möglichkeit ergibt

$$EI_c\,\delta_{12} = -2\frac{h'}{2}\cdot 3\cdot\frac{1}{22} + \frac{h'}{2}\cdot 6 = +\frac{567}{22}.$$

Die Belastungsglieder ergeben sich aus der Kombination der Zustände

a) mit d) oder b) mit c) oder b) mit d) für δ_{10}

a) mit f) oder b) mit e) oder b) mit f) für δ_{20}.

a) mit d): $$EI_c\,\delta_{10} = -2\frac{Pl}{8}\frac{l}{2}\frac{27}{44} = -\frac{243}{88}P$$

b) mit c) als Kontrolle: $-2\frac{h'}{2}\cdot 3\cdot\frac{9}{88}P = -\frac{243}{88}P$

a) mit f): $EI_c\,\delta_{20} = +2\frac{Pl}{8}\frac{l}{2}\frac{1}{2}\left(\frac{1}{2}-\frac{1}{22}\right) = +\frac{90}{88}P$

b) mit e) als Kontrolle: $2\frac{Pl}{8}\frac{l}{2}\frac{1}{4} - 2\frac{l}{6}\frac{1}{2}\frac{9}{88}P = +\frac{90}{88}P.$

Werden sämtliche Beiwerte und Belastungsglieder mit 0,88 multipliziert, so erhält man die beiden Elastizitätsgleichungen

$$113{,}40\,X_1 + 22{,}68\,X_2 = +\,2{,}43\,P$$

$$22{,}68\,X_1 + 8{,}76\,X_2 = -\,0{,}90\,P$$

mit der Lösung:

$$X_1 = +\,0{,}08705\,P \quad \text{und} \quad X_2 = -\,0{,}3281\,P.$$

Für den antisymmetrischen Belastungsfall ergeben sich damit die Momente:

$$M_1 = -M_3 = -\frac{9}{88}P - \frac{27}{22}\cdot 0{,}08705\,P + \frac{1}{22}\cdot 0{,}3281\,P = -\,0{,}1942\,P$$

$$M_a = -M_c = -\frac{9}{88}P + \frac{39}{22}\cdot 0{,}08705\,P + \frac{1}{22}\cdot 0{,}3281\,P = +\,0{,}0669\,P$$

$$M_{21} = -M_{23} = -\frac{1}{2}\,0{,}3281\,P = -\,0{,}1641\,P$$

$$M_{2b} = -\,0{,}3281\,P$$

$$M_b = +\,6\cdot 0{,}08705\,P - 0{,}3281\,P = +\,0{,}1942\,P.$$

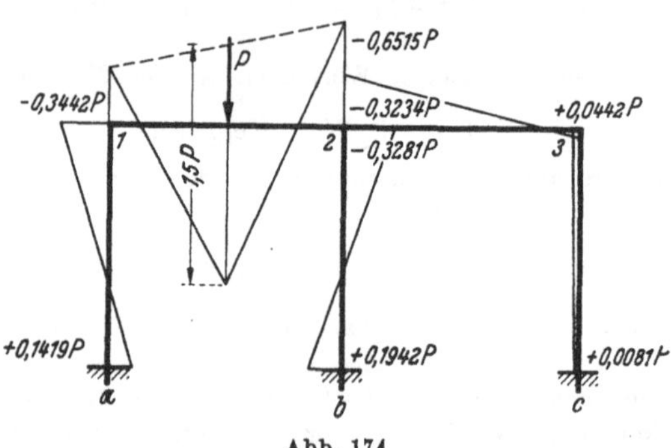

Abb. 174

Nach Überlagerung mit dem symmetrischen Gleichgewichtszustand, Abb. 172, ergeben sich die endgültigen Biegemomente infolge einer Einzellast nach Abb. 174:

$$M_1 = (-\,0{,}15 \quad -\,0{,}1942)\,P = -\,0{,}3442\,P\ \text{mt}$$

$$M_3 = (-\,0{,}15 \quad +\,0{,}1942)\,P = +\,0{,}0442\,P\ \text{mt}$$

$$M_a = (+\,0{,}075 \quad +\,0{,}0669)\,P = +\,0{,}1419\,P\ \text{mt}$$

$$M_c = (+\,0{,}075 \quad -\,0{,}0669)\,P = +\,0{,}0081\,P\ \text{mt}$$

$$M_{21} = (-0{,}4875 - 0{,}1641)\,P = -0{,}6516\,P \text{ mt}$$
$$M_{23} = (-0{,}4875 + 0{,}1641)\,P = -0{,}3234\,P \text{ mt}$$
$$M_{2b} = -0{,}3281\,P \text{ mt}$$
$$M_b = +0{,}1942\,P \text{ mt}.$$

An dem Ergebnis der Zahlenrechnung ist bemerkenswert, daß durch die Einspannung der Stützen gegenüber gelenkiger Lagerung, Abb. 171d, unter der Last P nur eine Abminderung des Biegemomentes um rund 4% eintritt.

Kontrolle der Zahlenrechnung

Für die Kontrolle des Gleichgewichtszustandes im unbestimmten System ergeben sich aus den zu erfüllenden Gleichgewichts- und Formänderungsbedingungen verschiedene Möglichkeiten, von denen einige an dem Zahlenbeispiel durchgeführt werden.

1. Es müssen die Gleichgewichtsbedingungen an jedem Knotenpunkt und für die Gesamtheit der äußeren Kräfte und Momente erfüllt sein, z. B. $\Sigma H = 0$.

Aus den Stabendmomenten in den Stielen werden die Querkräfte in diesen berechnet

$$H = \frac{0{,}3442 + 0{,}1419 - 0{,}3281 - 0{,}1942 + 0{,}0442 - 0{,}0081}{h} = 0.$$

2. Die Riegelverschiebung ergibt sich aus der Verschiebung der Stielköpfe und muß für alle gleiche Größe haben. Die Stiele werden unmittelbar unter dem Riegel geschnitten und mit $P = 1$ belastet, Abb. 175a.

$$\text{Stiel a:}\quad h\frac{9}{3}\left(-0{,}1419 + \frac{1}{2}\,0{,}3442\right)P = 3h \cdot 0{,}0302\,P$$

$$\text{Stiel b:}\quad h\frac{9}{3}\left(+0{,}1942 - \frac{1}{2}\,0{,}3281\right)P = 3h \cdot 0{,}0302\,P$$

$$\text{Stiel c:}\quad h\frac{9}{3}\left(+0{,}0081 + \frac{1}{2}\,0{,}0442\right)P = 3h \cdot 0{,}0302\,P.$$

3. Die Verdrehungen an den Stützenfüßen müssen zu Null werden, da die Füße fest eingespannt sind. Die Einführung einer Belastungseinheit $\overline{M} = 1$ gleichzeitig in **a** und **c** würde eine Kontrolle nur für den symmetrischen Lastanteil ergeben. Es wird deshalb die Belastungseinheit in **a** und **b** oder in **b** und **c** eingeführt, Abb. 175 b und c. Die Kombination der Momentenflächen ergibt:

$$\frac{1{,}5 \cdot 6}{2} - \frac{6}{2}(0{,}3442 + 0{,}6515) + \frac{9}{2}(0{,}1419 - 0{,}3442 + 0{,}1942 - 0{,}3281)$$
$$= 4{,}5 - 3 \cdot 0{,}9957 - 4{,}5 \cdot 0{,}3362 = 0$$

und

$$-\frac{6}{2}(0{,}3234 - 0{,}0442) + \frac{9}{2}(0{,}3281 - 0{,}1942 + 0{,}0442 + 0{,}0081) = 0.$$

4. Gegenseitige Verschiebung der Stützpunkte a und b muß zu Null werden, Belastungseinheit Abb. 175d:

$$-4{,}5+\frac{6}{2}(0{,}3442+0{,}6515)+\frac{6\cdot 1{,}5}{3}\left(0{,}3442-\frac{1}{2}\,0{,}1419+0{,}3281-\frac{1}{2}\,0{,}1932\right)$$

$$=-4{,}5+3(0{,}9957+0{,}5048)=0.$$

5. Im Knotenpunkt *2* müssen die Stabendquerschnitte gleiche Drehung ausführen. Die Riegel werden als einfache Balken, der mittlere

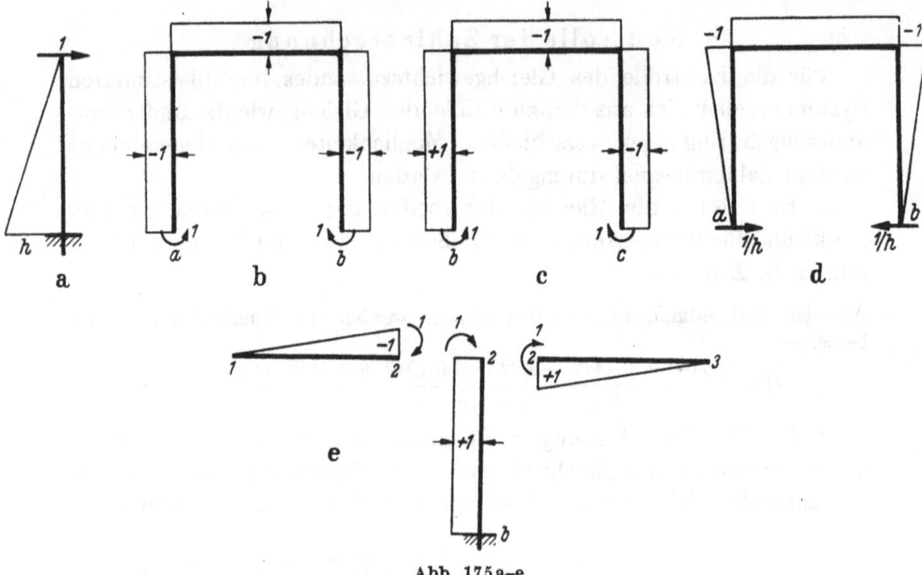

Abb. 175a–e

Stiel in b eingespannt und unterhalb des Riegels geschnitten angenommen. Belastungseinheiten nach Abb. 175e:

$$\text{Riegel } 1-2: \quad -1{,}5P\cdot\frac{6}{2}\,\frac{1}{2}+\frac{6}{3}\left(0{,}6515+\frac{1}{2}\,0{,}3442\right)P=-0{,}6028\,P$$

$$\text{Riegel } 2-3: \quad -\frac{6}{3}\left(0{,}3234-\frac{1}{2}\,0{,}0442\right)P=-0{,}6026\,P$$

$$\text{Stiel } 2-b: \quad -\frac{6\cdot 1{,}5}{2}(0{,}3281-0{,}1942)\,P=-0{,}6026\,P.$$

Im allgemeinen wird man sich mit weniger Kontrollen begnügen als hier durchgeführt sind, wobei man allerdings bestrebt sein muß, solche Formänderungen zu überprüfen, die eine durchgreifende Kontrolle und nicht eine Teilkontrolle, wie unter 3. angedeutet, ergeben.

2. *Waagrechte Last W* in Höhe des Riegels. Abb. 176b. Zur Berechnung werden zwei Wege beschritten. Für das dreifach statisch unbestimmte System mit geschnittenem mittleren Stiel können die Momente

auf Grund der Abb. 173d sofort angegeben werden:

$$M_1 = -M_3 = +\frac{27}{22}W = +1{,}2273\,W;\quad M_a = -M_c = -\frac{39}{22}W = -1{,}7727\,W.$$

Die Einführung der statisch unbestimmten Größen X_1 und X_2 nach Abb. 173 d und f ergibt die Belastungsglieder δ_{10} und δ_{20}, die am einfachsten berechnet werden, indem W nur auf den eingespannten Stiel a wirkend angenommen wird, $M_a = -W\,h$, da die Kombination mit Gleichgewichtszuständen $X_1 = 1$ und $X_2 = 1$ im dreifach statisch unbestimmten Hauptsystem vorzunehmen ist. Auf diese Weise erhält man

$$EI_c\,\delta_{10} = -\frac{h'}{3}W\,h\left(\frac{39}{22}-\frac{27}{44}\right) = -\frac{1836}{88}W$$

$$EI_c\,\delta_{20} = +\frac{h'}{2}W\,h\frac{1}{22} = +\frac{108}{88}W.$$

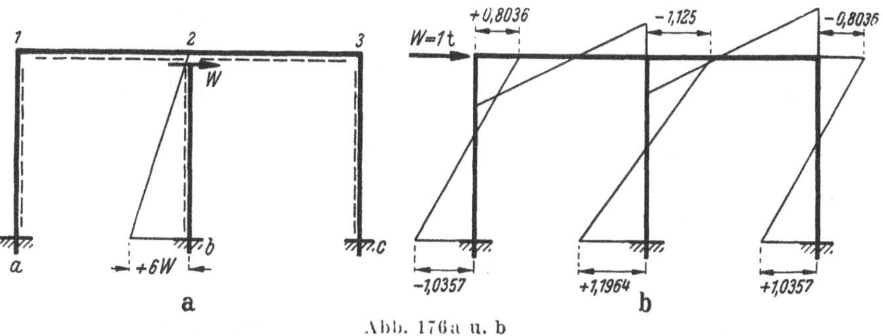

Abb. 176a u. b

Mit 0,88 multipliziert ergeben sich die beiden Elastizitätsgleichungen

$$113{,}4\;X_1 + 22{,}68\,X_2 = +18{,}36\,W$$

$$22{,}68\,X_1 + 8{,}76\,X_2 = -\;1{,}08\,W$$

mit der Lösung:

$$X_1 = +0{,}3869\,W \quad\text{und}\quad X_2 = -1{,}125\,W.$$

Als endgültige Momente erhält man

$$M_1 = +1{,}2273\,W - 1{,}2273\cdot 0{,}3869\,W + \frac{1}{22}1{,}125\,W = +0{,}8036\,W$$

$$M_a = -1{,}7727\,W + 1{,}7727\cdot 0{,}3869\,W + \frac{1}{22}1{,}125\,W = -1{,}0357\,W$$

$$M_3 = -M_1;\quad M_c = -M_a$$

$$M_{21} = -M_{23} = -0{,}5\cdot 1{,}125\,W = -0{,}5625\,W$$

$$M_{2b} = -1{,}125\,W$$

$$M_b = +6\cdot 0{,}3869\,W - 1{,}125\,W = +1{,}1964\,W.$$

Eine zweite Möglichkeit besteht darin, die Last W am Kopf des mittleren Stieles wirkend anzunehmen, Abb. 176a. Dann erstreckt sich die

Momentenfläche aus gegebener Belastung nur über diesen Stiel. Als Belastungsglieder erhält man durch Kombination mit Abb. 173 d und f:

$$EI_c\,\delta_{10} = \frac{h'}{3}\,W\,h^2 = +\,108\;W$$

$$EI_c\,\delta_{20} = \frac{h'}{2}\,W\,h = +\,27\;W.$$

Mit den Belastungsgliedern

$$-\,0{,}88 \cdot 108\;W = -\,95{,}04\;W$$

und

$$-\,0{,}88 \cdot 27\;W = -\,23{,}76\;W$$

ergeben die beiden Elastizitätsgleichungen jetzt die Lösung:

$$X_1 = -\,0{,}6131\;W \quad \text{und} \quad X_2 = -\,1{,}125\;W$$

und damit die endgültigen Momente

$$M_1 = -M_3 = +\,1{,}2273 \cdot 0{,}6131\;W + \frac{1}{22} \cdot 1{,}125\;W = +\,0{,}8035\;W$$

$$M_a = -M_c = -\,1{,}7727 \cdot 0{,}6131\;W + \frac{1}{22} \cdot 1{,}125\;W = -\,1{,}0358\;W$$

$$M_{21} = -M_{23} = -\,0{,}5 \cdot 1{,}125\;W = -\,0{,}5625\;W$$

$$M_{2b} = -\,1{,}125\;W$$

$$M_b = +\,6\;W - 6 \cdot 0{,}6131\;W - 1{,}125\;W = +\,1{,}1964\;W$$

in Übereinstimmung mit der ersten Rechnung.

39. Grundlagen des Momenten- und Drehwinkelausgleichs

Auf den Knotenpunkt a, in welchem r Stäbe von der Länge s_i ($i = 1$ bis r) biegesteif miteinander verbunden sind, wirke ein äußeres Moment M_a; Abb. 177. Gefragt wird nach der *Verteilung* dieses Momentes auf die einzelnen Stäbe. Die Verteilung wird von den Steifigkeiten der Stäbe und von den Randbedingungen der Stabenden in i (gelenkige Stützung, elastische oder volle Einspannung) abhängen. Elastische Einspannung liegt z. B. für einen Stab vor, der in i an einen anderen Knotenpunkt biegesteif angeschlossen ist; Punkt *2* in Abb. 177. Für alle Knotenpunkte werde Unverschieblichkeit vorausgesetzt. Das Trägheitsmoment I_i sei für die Stablänge s_i konstant.

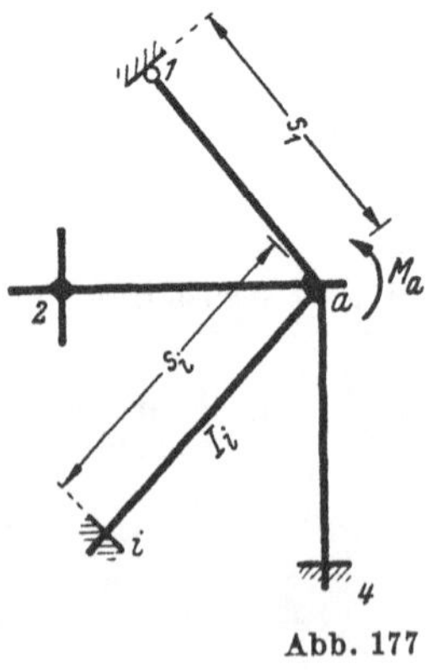

Abb. 177

Wird der auf den Stab i entfallende Anteil mit $M_{ai} = \mu_i\, M_a$ bezeichnet, so ist das Moment in i bei elastischer Einspannung

$$M_{ia} = -\,\alpha_{ia}\, M_{ai}$$

mit $\alpha_{ia} = 0$ bei gelenkigem und $\alpha_{ia} = 0{,}5$ bei voll eingespanntem Stabende i, Abb. 178. Ganz unabhängig von den Randbedingungen in i muß eine solche Verteilung des Momentes M_a eintreten, daß alle Stabenden in a die gleiche Verdrehung erfahren. Da es sich um die Formänderung eines statisch unbestimmten Systems handelt, wird zu ihrer Berechnung der Stab i an beiden Enden frei gestützt angenommen oder bei voller Einspannung in i auch unmittelbar vor dem Knotenpunkt a geschnitten. Als Belastungseinheit wird $\overline{M} = 1$ eingeführt. Dann berechnet sich die Verdrehung des Endquerschnittes in a zu

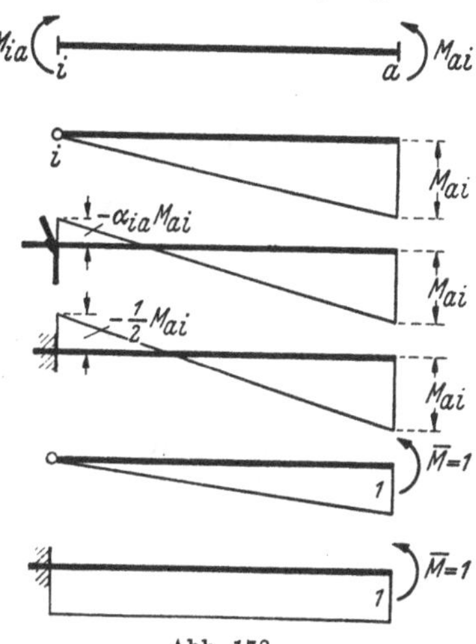

Abb. 178

$$\frac{s_i'}{3} M_{ai} - \frac{s_i'}{6} \alpha_{ia}\; M_{ai} = M_{ai}\, \frac{s_i'}{6}\, (2 - \alpha_{ia}).$$

Aus der Gleichheit der Drehung aller Endquerschnitte in a:

$$M_{a1}\, s_1' \,(2 - \alpha_{1a}) = M_{a2}\, s_2' \,(2 - \alpha_{2a}) = \cdots = M_{ai}\, s_i' \,(2 - \alpha_{ia}) \cdots$$

folgt

$$M_{a1} = \mu_1\, M_a = M_{ai}\, \frac{s_i'\,(2 - \alpha_{ia})}{s_1'\,(2 - \alpha_{1a})}$$

$$M_{a2} = \mu_2\, M_a = M_{ai}\, \frac{s_i'\,(2 - \alpha_{ia})}{s_2'\,(2 - \alpha_{2a})} \qquad \text{usw.}$$

Am Knotenpunkt a muß die Gleichgewichtsbedingung

$$\Sigma\, M_{ai} - M_a = 0$$

erfüllt sein. Man erhält daraus

$$\Sigma\, M_{ai} = M_a\, \Sigma\, \mu_i = M_a \qquad \text{und} \qquad \Sigma\, \mu_i = 1 \tag{167}$$

als Kontrolle für die Verteilungszahlen μ und weiter die Beziehung

$$\sum_{i=1}^{r} M_{ai} = M_{ai}\;\; s_i'\,(2 - \alpha_{ia}) \sum_{i=1}^{r} \frac{1}{s_i'\,(2 - \alpha_{ia})} = M_a,$$

aus welcher sich die Verteilungszahl

$$\mu_i = \frac{\dfrac{1}{s_i'\,(2 - \alpha_{ia})}}{\displaystyle\sum_{i=1}^{r} \frac{1}{s_i'\,(2 - \alpha_{ia})}} \tag{168}$$

ergibt. Der Wert $\frac{1}{s_i'(2-\alpha_{ia})}$ kennzeichnet die Stabsteifigkeit des Stabes i. Im Nenner der Gl. (168) erscheint die Summe der Stabsteifigkeiten aller in a biegesteif angeschlossenen Stäbe.

Weisen alle Stabenden in i Gelenke auf, oder sind alle Stabenden in i fest eingespannt, so folgt mit $\alpha_{ia} = 0$ oder $\alpha_{ia} = 0{,}5$

$$\mu_i = \frac{1/s_i'}{\Sigma\, 1/s_i'}\,. \tag{169}$$

Für den Drehwinkel φ_a des Knotenpunktes a ergibt sich nach Gl. (147)

$$\varphi_a'\left(\Sigma \frac{4}{s'} + \Sigma \frac{3}{s_g'}\right) + M_a = 0\,,$$

somit

$$\varphi_a' = -\frac{M_a}{\Sigma \frac{4}{s'} + \Sigma \frac{3}{s_g'}}\,. \tag{170}$$

Man erhält daraus nach Gl. (139) und (141) die Momente

$$\left.\begin{aligned} M_{ai} &= \frac{4\,\varphi_a'}{s_i'} = -\frac{\frac{4}{s_i'}}{\Sigma \frac{4}{s'} + \Sigma \frac{3}{s_g'}}\,M_a \\ &\text{bzw.} \\ M_{ai} &= \frac{3\,\varphi_a'}{s_i'} = -\frac{\frac{3}{s_i'}}{\Sigma \frac{4}{s'} + \Sigma \frac{3}{s_g'}}\,M_a \end{aligned}\right\} \tag{171}$$

sowie

$$M_{ia} = \frac{2\,\varphi_a'}{s_i'} = \frac{M_{ai}}{2} \quad \text{bzw.} \quad M_{ia} = 0\,,$$

je nachdem, ob das Stabende i fest eingespannt oder gelenkig gestützt ist. Zu den gleichen Formeln führt die allgemeinere Gl. (168), wenn hierin die Randbedingungen durch $\alpha_{ia} = 0{,}5$ bzw. $\alpha_{ia} = 0$ berücksichtigt werden, und Gl. (171) stimmt mit Gl. (169) überein, wenn für alle Stäbe in i gleiche Randbedingungen vorliegen.

Momentenausgleich. Auf den abgeleiteten Gleichungen beruht die Berechnung von Durchlaufträgern und Rahmentragwerken durch Momentenausgleich, indem die Momentenverteilung bei Verdrehung jeweils *eines* Knotens unter der Annahme durchgeführt wird, daß alle anderen steifen Knotenpunkte unverdrehbar und unverschieblich festgehalten werden. Nach Gl. (147) ist für einen festgehaltenen Knotenpunkt ($\varphi = 0$, $\vartheta = 0$) $M_a = \Sigma\, M_{ai}^0$ in Gl. (171) einzuführen und aus den Einspannmomenten zu ermitteln. Den Rechnungsgang zeigt folgendes einfache Beispiel. Für die praktische Durchführung empfiehlt sich eine Systemskizze, in welche die Rechenergebnisse eingetragen werden, oder die Tabellenrechnung, wie sie hier wiedergegeben und im einzelnen erläutert wird.

Für den in Abb. 179 dargestellten Rahmenträger soll der Momentenverlauf unter der angegebenen Belastung ermittelt werden.
Die Einspannmomente sind $M^0_{1a} = 1 \cdot 12^2/8 = +18$ mt; $M^0_{12} = -1{,}5 \cdot 6^2/12 = -4{,}5$ mt und $M^0_{21} = +4{,}5$ mt, so daß sich $M_a = 18 - 4{,}5 = +13{,}5$ mt für Punkt *1* und $M_a = +4{,}5$ mt für Punkt *2* ergibt. Vorzeichenregel nach Abb. 159.

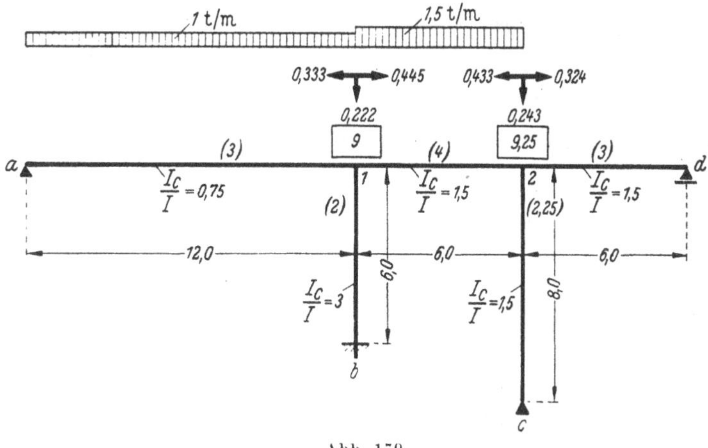

Abb. 179

Auf Grund der eingetragenen Abmessungen und Verhältnisse I_c/I ist nach Gl. (170) mit den folgenden Stabsteifigkeiten zu rechnen:

s_{a1}: $\frac{3}{12 \cdot 0{,}75} = 1/3$ (**3**) s_{1b}: $\frac{4}{6 \cdot 3} = 2/9$ (**2**)

s_{12}: $\frac{4}{6 \cdot 1{,}5} = 4/9$ (**4**) s_{2c}: $\frac{3}{8 \cdot 1{,}5} = 1/4$ (**2,25**).

s_{2d}: $\frac{3}{6 \cdot 1{,}5} = 1/3$ (**3**)

Da für die Verteilung nur die Verhältniswerte maßgebend sind, werden alle Steifigkeiten mit 9 multipliziert (Klammerwerte). An die Knotenpunkte werden die Summen der Steifigkeiten der von ihnen ausgehenden Stäbe angeschrieben, für Punkt *1*: 3 + 4 + 2 = **9**, und für Punkt *2*: 4 + 3 + 2,25 = **9,25**. Für die Verteilung sind maßgebend am Knotenpunkt *1* die Werte: 3/9 = **0,333**; 4/9 = **0,445** und 2/9 = **0,222**; am Knotenpunkt *2*: 4/9,25 = **0,433**; 3/9,25 = **0,324** und 2,25/9,25 = **0,243**, die in die Zeichnung eingetragen werden.

Der Ausgleich beginnt zweckmäßig an dem Knotenpunkt, an dem das auszugleichende Moment am größten ist, hier also am Punkt 1 mit $-13{,}5$ mt:

$$M_{1a} = -13{,}5 \cdot 0{,}333 = \quad 1{,}5$$
$$M_{1b} = -13{,}5 \cdot 0{,}222 = -3{,}0$$
$$M_{12} = -13{,}5 \cdot 0{,}445 = -6{,}0 \quad \rightarrow \quad M_{21} = 0{,}5 \cdot M_{12} = -3{,}0.$$

Damit ist $\Sigma M = 0$ am Knotenpunkt *1* mit $18 - 4{,}5 - 4{,}5 - 6{,}0 - 3{,}0 = 0$ erfüllt.

Ausgleich der Momente

Ausgleich in Pkt.	auszugl. Moment	Knoten 1 M_{1a}	Knoten 1 M_{1b}	Knoten 1 M_{12}	Knoten 2 M_{21}	Knoten 2 M_{2c}	Knoten 2 M_{2d}
		+ 18		− 4,5	+ 4,5		
1	− 13,5	− 4,5	− 3,0	− 6,0	− 3,0		
					+ 1,5		
2	− 1,5			− 0,325	− 0,65	− 0,365	− 0,485
1	+ 0,325	+ 0,108	+ 0,072	+ 0,144	+ 0,072		
2	− 0,072			− 0,015	− 0,031	− 0,018	− 0,023
Ergebnis:		**+ 13,6**	**− 2,93**	**− 10,7**	**+ 0,89**	**− 0,38**	**− 0,51**

Am Knoten *2* ist jetzt $M_a = + 4{,}5 - 3{,}0 = + 1{,}5$. Die Verteilung ergibt:

$$M_{21} = -1{,}5 \cdot 0{,}433 = -0{,}65 \rightarrow M_{12} = 0{,}5 \cdot M_{21} = -0{,}325$$
$$M_{2c} = -1{,}5 \cdot 0{,}243 = -0{,}365$$
$$M_{2d} = -1{,}5 \cdot 0{,}324 = -0{,}485.$$

Während damit in *2* Gleichgewicht besteht, wird es nunmehr wieder in Punkt *1* durch $M_{12} = M_a = -0{,}325$ mt gestört. Der Ausgleich führt zu

$$M_{1a} = +0{,}325 \cdot 0{,}333 = +0{,}108$$
$$M_{1b} = +0{,}325 \cdot 0{,}222 = +0{,}072$$
$$M_{12} = +0{,}325 \cdot 0{,}445 = +0{,}144 \rightarrow M_{21} = +0{,}072$$

und weiter wird

$$M_{21} = -0{,}072 \cdot 0{,}433 = -0{,}031 \rightarrow M_{12} = -0{,}015$$
$$M_{2c} = -0{,}072 \cdot 0{,}243 = -0{,}018$$
$$M_{2d} = -0{,}072 \cdot 0{,}324 = -0{,}023.$$

Damit kann die Iteration abgebrochen werden, und man erhält als endgültige Momente:

$$M_{1a} = +18{,}0 - 4{,}5 + 0{,}108 = \text{rund } +\mathbf{13{,}6}\text{ mt}$$
$$M_{12} = -4{,}5 - 6{,}0 - 0{,}325 + 0{,}144 - 0{,}015 = \text{rund } -\mathbf{10{,}7}\text{ mt}$$
$$M_{1b} = -3{,}0 + 0{,}072 = \text{rund } -\mathbf{2{,}93}\text{ mt} \rightarrow M_b = \text{rund } -\mathbf{1{,}47}\text{ mt}$$
$$M_{21} = +4{,}5 - 3{,}0 - 0{,}65 + 0{,}072 - 0{,}031 = \text{rund } +\mathbf{0{,}89}\text{ mt}$$
$$M_{2d} = -0{,}485 - 0{,}023 = \text{rund } -\mathbf{0{,}51}\text{ mt}$$
$$M_{2c} = -0{,}365 - 0{,}018 = \text{rund } -\mathbf{0{,}38}\text{ mt}.$$

Drehwinkelausgleich. Da sich die Stabendmomente berechnen lassen, sobald sämtliche Knotendrehwinkel für einen bestimmten Belastungsfall bekannt sind, können auch zunächst die Drehwinkel durch Ausgleichsrechnung ermittelt werden. Die Rechnung hat den Vorteil, daß die Verteilung an jedem Knoten entfällt und nur die Weiterleitung der Drehwinkel auf die Nachbarknoten vorzunehmen ist. Die Rechnung beginnt wieder mit der Ermittlung der Einspannmomente für volle

Einspannung. Für einen Knotenpunkt i beträgt der Drehwinkel, sofern die Nachbarknoten keine Drehung erfahren, nach Gl. (170)

$$\varphi_i' = -\frac{\Sigma M_{ik}^0}{\sum \frac{4}{s'} + \sum \frac{3}{s_g'}}.$$

Wird nun der Knoten i in der gedrehten Lage φ_i festgehalten und einem Nachbarknoten k Drehmöglichkeit gegeben, so berechnet sich diese nach Gl. (147) aus

$$\varphi_k'\left(\sum \frac{4}{s'} + \sum \frac{3}{s_g'}\right) + \varphi_i' \frac{2}{s'} = 0$$

zu

$$\varphi_k' = -\frac{2/s'}{\sum \frac{4}{s'} + \sum \frac{3}{s_g'}} \varphi_i'. \qquad (172)$$

Nunmehr wird der Knoten k in seiner gedrehten Lage festgehalten und wieder die Drehung eines Nachbarknotens ermöglicht. Der Ausgleich wird so lange fortgesetzt, bis nennenswerte Änderungen der Drehwinkel nicht mehr eintreten.

Zahlenrechnung für das Beispiel der Abb. 179.

$\sum \frac{4}{s'} + \sum \frac{3}{s_g'}$ beträgt für Punkt *1*: $\frac{4}{6 \cdot 3} + \frac{4}{6 \cdot 1{,}5} + \frac{3}{12 \cdot 0{,}75} = 1$

für Punkt *2*: $\frac{4}{6 \cdot 1{,}5} + \frac{3}{8 \cdot 1{,}5} + \frac{3}{6 \cdot 1{,}5} = \frac{37}{36}.$

Mit $2/s' = 2/9$ für Stab *1–2* wird nach Gl. (172)

$$\varphi_2' = -\frac{2}{9}\frac{36}{37}\varphi_1' = -0{,}216\,\varphi_1' \quad \text{und} \quad \varphi_1' = -\frac{2}{9} \cdot 1 \cdot \varphi_2' = -0{,}222\,\varphi_2'.$$

Aus den Einspannmomenten ergibt sich

$$\varphi_1' = -\frac{18 - 4{,}5}{1} = -13{,}5 \quad \text{und} \quad \varphi_2' = -\frac{4{,}5 \cdot 36}{37} = -4{,}38.$$

Ausgleich der Drehwinkel

φ_1'	**−0,216** ⟶	
	⟵ **−0,222**	φ_2'
−13,5	⟶	−4,38
		+2,92
+0,324	⟵	−1,46
	⟶	
+0,016	⟵	−0,07
	⟶	−0,003
$\varphi_1' =$ **−13,16**		$\varphi_2' =$ **−1,533**

Nach Abbruch der Iteration werden die Stabendmomente nach Gl. (139) berechnet:

$$M_{1a} = +18 - 13{,}16\frac{3}{9} = +\mathbf{13{,}61}\text{ mt}$$

$$M_{12} = -4{,}5 - \frac{2}{9}(2\cdot 13{,}16 + 1{,}533) = -\mathbf{10{,}69}\text{ mt}$$

$$M_{1b} = -\frac{4}{18}\cdot 13{,}16 = -\mathbf{2{,}92}\text{ mt}$$

$$M_{21} = +4{,}5 - \frac{2}{9}(2\cdot 1{,}533 + 13{,}16) = +\mathbf{0{,}89}\text{ mt}$$

$$M_{2d} = -\frac{3}{9}\cdot 1{,}533 = -\mathbf{0{,}51}\text{ mt}$$

$$M_{2c} = -\frac{3}{12}\cdot 1{,}533 = -\mathbf{0{,}38}\text{ mt}.$$

Wenn der Momenten- bzw. Drehwinkelausgleich in dem behandelten Beispiel sehr schnell konvergiert, so ist das in erster Linie in dem System begründet, da nur in zwei Punkten ein Ausgleich vorzunehmen ist. Wenn Momente oder Drehwinkel in einer größeren Anzahl von Punkten auszugleichen sind, wird die Rechnung wesentlich umfangreicher. Da sie ferner für jeden zu untersuchenden Lastfall gesondert durchgeführt werden muß, sind andere Möglichkeiten der Berechnung um so mehr vorzuziehen, je größer die Zahl der Lastfälle ist.

40. Momenten- und Drehwinkelfestpunkte

Bei den Ausgleichsrechnungen wird i. a. jeweils *ein* Knotenpunkt drehbar angenommen, während die abgelegenen Stabenden als *fest* eingespannt angesehen werden. Die Kenntnis der Momenten- und Drehwinkelfestpunkte gestattet, die Verteilung und Weiterleitung unter Berücksichtigung der *elastischen* Einspannung der Stabenden vorzunehmen, wodurch die Iteration völlig entfällt, wenn es sich um offene Stabzüge handelt, oder wesentlich schneller zum Ziele führt, wenn geschlossene Stabzüge wie Stockwerkrahmen u. dgl. vorliegen.

Momentenfestpunkte. In Abb. 178 wurde bereits das Moment in i bei elastischer Einspannung durch $M_{ia} = -\alpha_{ia} M_a$ eingeführt. Durch α_{ia} ist die Lage des Momentennullpunktes, der als Festpunkt bezeichnet wird, bestimmt. Um eine allgemeine Gleichung zur Berechnung von α zu erhalten, werde angenommen, daß das zu verteilende Moment M_a sich aus einer Belastung ergebe, die auf den rechts von b anschließenden Tragwerksteil wirkend das Moment M_b erzeuge, Abb. 180, so daß $M_a = -\alpha_{ab} M_b$ zu setzen ist. Dann behält Gl. (168) ihre Gültigkeit.

Der Stab a—b habe die Länge s, während die von a bzw. b abzweigenden Stäbe allgemein durch s_i bzw. s_k gekennzeichnet seien. Da in a

eine gegenseitige Drehung der Stabquerschnitte nicht eintreten kann, läßt sich dafür die Bedingung

$$\frac{s'}{6}(M_b - 2\alpha_{ab} M_b) + \frac{s'_i}{6}(2 M_{ai} - \alpha_{ia} M_{ai}) = 0$$

aufstellen. Wird hierin

$$M_{ai} = \mu_i M_a = -\mu_i \alpha_{ab} M_b$$

eingeführt, so erhält man

$$s'(1 - 2\alpha_{ab}) - s'_i \mu_i \alpha_{ab} (2 - \alpha_{ia}) = 0 .$$

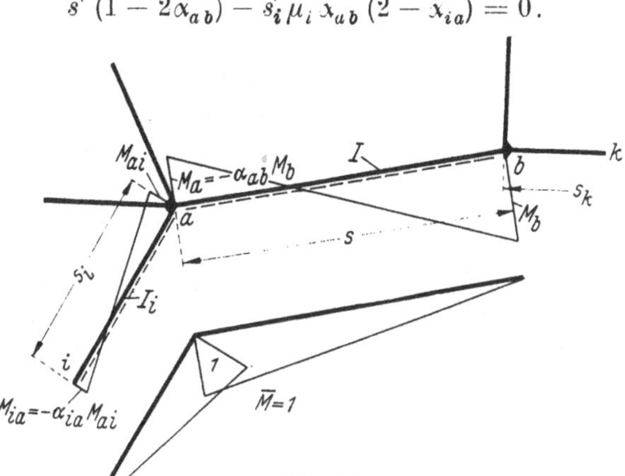

Abb. 180

Unter Beachtung der Gl. (168) wird

$$s'(1 - 2\alpha_{ab}) - \frac{\alpha_{ab}}{\sum_i \frac{1}{s'_i(2 - \alpha_{ia})}} = 0,$$

und daraus ergibt sich die Rekursionsformel für den reziproken Wert von α:

$$\frac{1}{\alpha_{ab}} = 2 + \frac{1}{s' \sum_i \frac{1}{s'_i(2 - \alpha_{ia})}}. \quad (173)$$

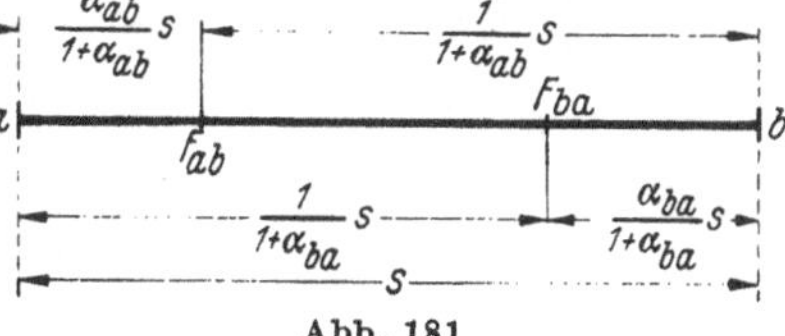

Abb. 181

Somit läßt sich α_{ab} berechnen, sofern die Werte α_{ia} bekannt sind; ihre reziproken Werte werden nach der gleichen Formel aus den Stabsteifigkeiten der in i abzweigenden Stäbe ermittelt. Für jeden Stab bestehen zwei Festpunkte, F_{ab} und F_{ba}, Abb. 181. Letzterer ist durch

$$\frac{1}{\alpha_{ba}} = 2 + \frac{1}{s' \sum_k \frac{1}{s'_k(2 - \alpha_{kb})}}$$

bestimmt. Aus den Gl. (168) und (173) läßt sich noch auf eine einfachere Berechnung der Verteilungszahlen μ schließen. Aus

$$s'\left(\frac{1}{\alpha_{ab}}-2\right)=\frac{1}{\sum\limits_i \frac{1}{s_i'(2-\alpha_{ia})}}=\mu_i\, s_i'(2-\alpha_{ia})$$

folgt

$$\mu_i=\frac{s'\left(\frac{1}{\alpha_{ab}}-2\right)}{s_i'(2-\alpha_{ia})}. \tag{174}$$

Während Gl. (168) allgemeine Gültigkeit für die Verteilung eines angreifenden Momentes auf r Stäbe hat, ist Gl. (174) jedoch nur anwendbar, wenn es sich darum handelt, das von einem anderen Stabende ankommende Moment auf die abzweigenden Stäbe zu verteilen.

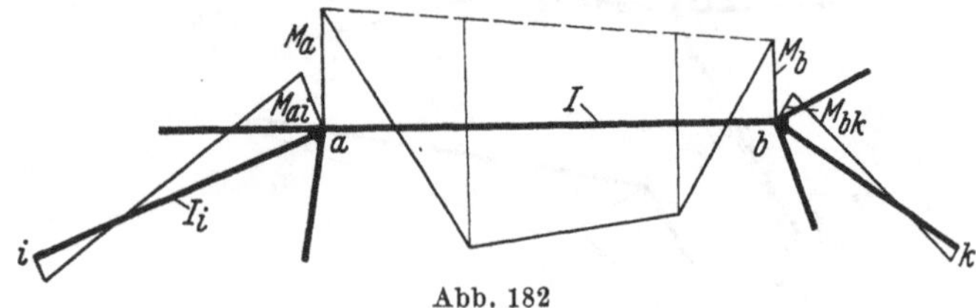

Abb. 182

Ist das Tragwerk nur zwischen den Knotenpunkten a und b belastet, Abb. 182, und wird wieder Unverschieblichkeit der Knotenpunkte vorausgesetzt, so folgt aus den Formänderungsbedingungen in a und b, wenn S_a und S_b die statischen Momente der M_0-Fläche des in a und b frei gestützten Balkens in bezug auf a und b sind,

$$\frac{s_i'}{6}M_{ai}(2-\alpha_{ia})+\frac{s'}{6}(2M_a+M_b)+\frac{1}{s}S_b\frac{I_c}{I}=0$$

und

$$\frac{s_k'}{6}M_{bk}(2-\alpha_{kb})+\frac{s'}{6}(2M_b+M_a)+\frac{1}{s}S_a\frac{I_c}{I}=0.$$

Mit $M_{ai}=\mu_i M_a$ und μ_i nach Gl. (174) erhält man aus der ersten Gleichung

$$M_a s'\frac{1}{\alpha_{ab}}+M_b s'=-\frac{6S_b}{s}\frac{I_c}{I}.$$

Nach Teilung durch s' erscheint auf der rechten Seite

$$\frac{6S_b}{s\,s'}\frac{I_c}{I}=\frac{6S_b}{s^2}.$$

Entsprechend wird die zweite Gleichung mit $M_{bk}=\mu_k M_b$ weiterentwickelt. Man erhält damit für die Stabendmomente M_a und M_b eines beliebigen Stabes, der in einem Stabzug mehrstäbige biegesteife Knotenpunkte a und b miteinander verbindet, sofern Lasten nur auf diesen

Stab wirken und Unverschieblichkeit der Knotenpunkte angenommen werden darf, die beiden Gleichungen:

$$\begin{aligned} \frac{M_a}{\alpha_{ab}} + M_b &= -\frac{6 S_b}{s^2} \\ M_a + \frac{M_b}{\alpha_{ba}} &= -\frac{6 S_a}{s^2}. \end{aligned} \tag{175}$$

Nach ihrer Lösung werden die Momente M_a und M_b mit Hilfe der μ-Werte nach Gl. (174) auf die abzweigenden Stäbe verteilt und auf Grund der α-Werte zu den Nachbarknoten weitergeleitet, wo gegebenenfalls eine weitere Verteilung und Weiterleitung vorzunehmen ist, bis die Momente so klein werden, daß die Rechnung abgebrochen werden darf.

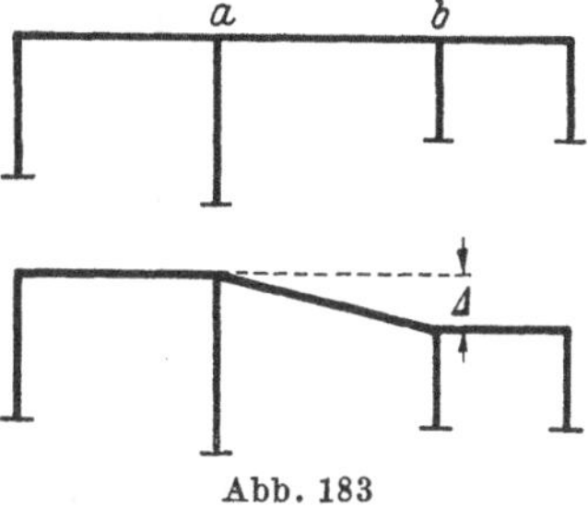

Abb. 183

Da die α-Werte eines Stabes gegen Änderungen der α-Werte abzweigender Stäbe verhältnismäßig unempfindlich sind, können sie nach Schätzung der letzteren ziemlich treffend ermittelt werden, so daß man auf Grund der Gl. (175) sehr schnell gute Näherungswerte für die Stabendmomente elastisch eingespannter Stäbe gewinnen kann.

Erfährt der Punkt b, Abb. 183, eine Verschiebung Δ normal zur Stabachse, positiv im Sinne einer Rechtsdrehung des Stabes, und ändert sich die gegenseitige Lage der Knotenpunkte im übrigen nicht, so ist bei der Ableitung der Gl. (175) im Belastungsglied an Stelle von $\frac{S_b}{s}\frac{I_c}{I}$ die Drehung des Endquerschnittes in a: $+\frac{EI_c\Delta}{s}$ und an Stelle von $\frac{S_a}{s}\frac{I_c}{I}$ die Drehung in b: $-\frac{EI_c\Delta}{s}$ zu setzen. Man erhält damit für die Stabendmomente die beiden Gleichungen:

$$\begin{aligned} \frac{M_a}{\alpha_{ab}} + M_b &= -\frac{6 EI_c\Delta}{s\,s'} = -\frac{6\,EI\,\Delta}{s^2} \\ M_a + \frac{M_b}{\alpha_{ba}} &= +\frac{6 EI_c\Delta}{s\,s'} = +\frac{6\,EI\,\Delta}{s^2}. \end{aligned} \tag{176}$$

Die Gl. (175) und (176) ergeben mit den Grenzwerten $\alpha = 0$ bzw. $\alpha = 0{,}5$ wieder die für den eingespannten Balken (Abschn. VII.36) entwickelten Formeln Gl. (123), (127), (130) und (135).

Bei *geschlossenen* Stabzügen treten gewisse Schwierigkeiten auf. Die α-Werte lassen sich nicht ermitteln, ohne zunächst einen oder auch mehrere Werte zu schätzen. In dem Stockwerkrahmen der Abb. 184 kann α_{13} nicht berechnet werden, ohne α_{21} zu kennen. Eine rohe Schätzung von α_{21} genügt aber, um der Reihe nach α_{13}, α_{34}, α_{42} und schließlich α_{21} mit genügender Genauigkeit zu berechnen.

Weiterhin wird bei geschlossenen Rahmentragwerken theoretisch eine Korrektur der nach Gl. (175) errechneten Momente erforderlich. Sind z. B. M_1 und M_2 für eine Belastung des unteren Riegels nach Gl. (175) berechnet und in den Knotenpunkten *1* und *2* verteilt, so bringt ihre Fortleitung über den oberen Rahmen und erneute Verteilung der weitergeleiteten Momente in *2* und *1* eine Änderung für M_1 und M_2, die allerdings so minimal ist, daß sie vernachlässigt werden darf.

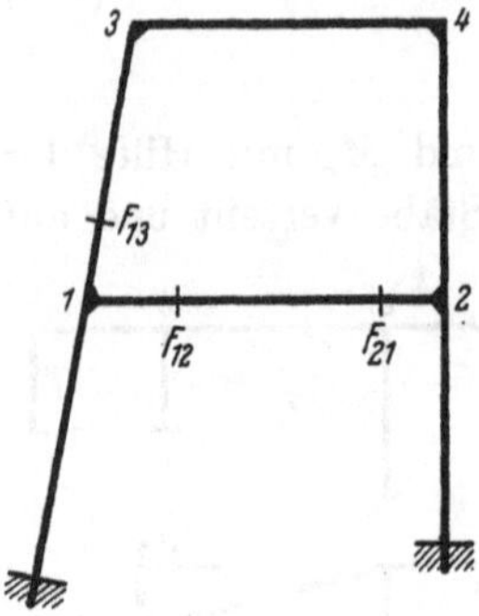

Abb. 184

Da die übrigen Momente sich ebenfalls erst durch Überlagerung der von den Knoten *1* und *2* weitergeleiteten Momente ergeben, ist weiter zu schließen, daß bei geschlossenen Rahmen die vorweg ermittelten α-Werte nicht die tatsächliche Festpunktlage bestimmen. Die Abweichungen wirken sich, wenn auch nur geringfügig, wieder in den Verteilungszahlen aus, so daß eine genauere Lösung auf diesem Wege nur durch Iteration ermöglicht wird. In Sonderfällen, wie z. B. bei symmetrischen Stockwerkrahmen und symmetrischer Riegelbelastung, lassen sich auch die endgültigen Festpunktlagen vorweg bestimmen. (SCHLEICHER, Taschenbuch für Bauingenieure, 2. Aufl., S. 311, 383.)

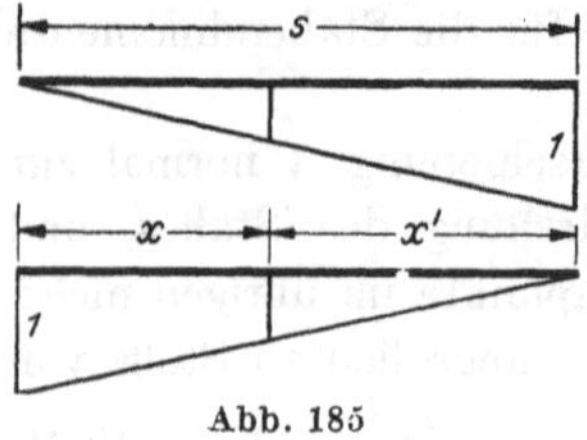

Abb. 185

Veränderliches Trägheitsmoment. Bei der Ableitung der Gleichungen für die Verteilung und Weiterleitung war für die Stablängen s konstantes Trägheitsmoment vorausgesetzt worden. Ist dieses nun zwischen den Knotenpunkten veränderlich, so lassen sich allgemeine Gleichungen gewinnen, wenn man bei den Kombinationen der Momentenflächen nach Abb. 185 die Werte

$$\left.\begin{aligned} \int_0^s \left(\frac{x}{s}\right)^2 dx\,\frac{I_c}{I} &= s\int_0^1 \xi^2\, d\xi\,\frac{I_c}{I} = c_1\, s \\ \int_0^s \left(\frac{x'}{s}\right)^2 dx'\,\frac{I_c}{I} &= s\int_0^1 \xi'^2\, d\xi'\,\frac{I_c}{I} = c_1'\, s \\ \int_0^s \frac{x\,x'}{s^2}\, dx\,\frac{I_c}{I} &= s\int_0^1 \xi\,\xi'\, d\xi\,\frac{I_c}{I} = c_2\, s \end{aligned}\right\} \qquad (177)$$

(mit den Grenzwerten $c_1 = c_1' = \frac{1}{3}\frac{I_c}{I}$ und $c_2 = \frac{1}{6}\frac{I_c}{I}$ bei konstantem I) und an Stelle von S_a und S_b die statischen Momente S_a' und S_b' der verzerrten Momentenflächen einführt. Für zweistäbige Knotenpunkte sind die entsprechenden Gleichungen im Taschenbuch für Bauingenieure, 2. Aufl. zu finden.

Zweistäbige Knotenpunkte. Sind in einem Knotenpunkt nur zwei Stäbe biegesteif miteinander verbunden, während weitere Stäbe gelenkig

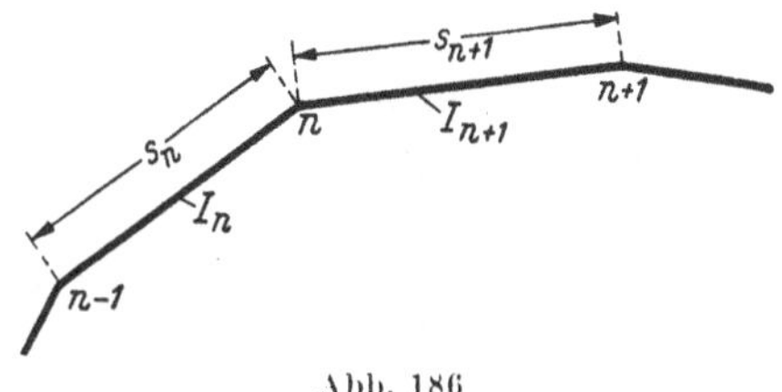

Abb. 186

angeschlossen sein dürfen, so vereinfacht sich Gl. (173) mit den Bezeichnungen der Abb. 186 zu:

$$\frac{1}{\alpha_{n,\,n+1}} = 2 + \frac{s'_n}{s'_{n+1}}\,(2 - \alpha_{n-1,\,n})\,. \tag{178}$$

Aus

$$\frac{s'_{n+1}}{\alpha_{n,\,n+1}} = 2\,s'_{n+1} + s'_n\,(2 - \alpha_{n-1,\,n})$$

und der entsprechenden Gleichung für $F_{n,\,n-1}$:

$$\frac{s'_n}{\alpha_{n,\,n-1}} = 2\,s'_n + s'_{n+1}\,(2 - \alpha_{n+1,\,n})$$

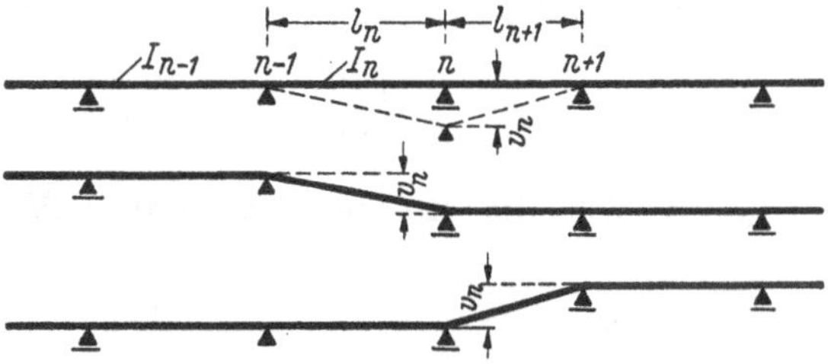

Abb. 187

ergibt sich durch Bildung der Differenz als Kontrollgleichung:

$$s'_n\left(\frac{1}{\alpha_{n,\,n-1}} - \alpha_{n-1,\,n}\right) = s'_{n+1}\left(\frac{1}{\alpha_{n,\,n+1}} - \alpha_{n+1,\,n}\right). \tag{179}$$

Außerdem kann Gl. (174) mit $\mu_i = 1$ zur Kontrolle der α-Werte dienen. Die Gl. (175) und (176) behalten ihre Gültigkeit.

Für den *durchlaufenden Balken* soll noch der Einfluß einer *Stützensenkung* v untersucht werden. Die Lösung kann auf Grund der Gl. (176) erfolgen, indem nacheinander die Verschiebungen nach Abb. 187 angenommen werden. Rechtsdrehung des Balkens n erzeuge die Momente

M' und Linksdrehung des Balkens $n+1$ die Momente M''. Dann gelten die Gleichungen:

$$\frac{M'_{n-1}}{\alpha_{n-1,n}} + M'_n = -\frac{6\,EI_c\,v_n}{l_n\,l'_n}$$

$$M'_{n-1} + \frac{M'_n}{\alpha_{n,n-1}} = +\frac{6\,EI_c\,v_n}{l_n\,l'_n}; \qquad M'_{n+1} = -\alpha_{n+1,n}\,M'_n$$

$$\frac{M''_n}{\alpha_{n,n+1}} + M''_{n+1} = +\frac{6\,EI_c\,v_n}{l_{n+1}\,l'_{n+1}}$$

$$M''_n + \frac{M''_{n+1}}{\alpha_{n+1,n}} = -\frac{6\,EI_c\,v_n}{l_{n+1}\,l'_{n+1}}; \qquad M''_{n-1} = -\alpha_{n-1,n}\,M''_n.$$

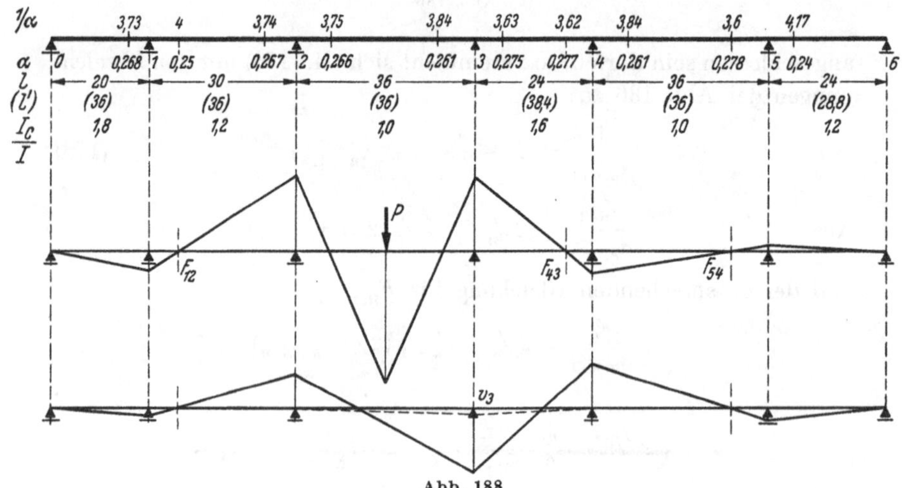

Abb. 188

Aus ihnen ergeben sich die Momente $M = M' + M''$ über den Stützen zu:

$$\left.\begin{aligned}
M_n &= 6\,EI_c\,v_n\left[\frac{\dfrac{1}{\alpha_{n-1,n}}+1}{l_n\,l'_n\left(\dfrac{1}{\alpha_{n-1,n}}\,\dfrac{1}{\alpha_{n,n-1}}-1\right)} + \frac{\dfrac{1}{\alpha_{n+1,n}}+1}{l_{n+1}\,l'_{n+1}\left(\dfrac{1}{\alpha_{n,n+1}}\,\dfrac{1}{\alpha_{n+1,n}}-1\right)}\right]\\
M_{n-1} &= -\alpha_{n-1,n}\left(\frac{6\,EI_c\,v_n}{l_n\,l'_n} + M'_n + M''_n\right)\\
M_{n-1} &= -\alpha_{n-1,n}\left(M_n + \frac{6\,EI_c\,v_n}{l_n\,l'_n}\right)\\
&\text{entsprechend:}\\
M_{n+1} &= -\alpha_{n+1,n}\left(M_n + \frac{6\,EI_c\,v_n}{l_{n+1}\,l'_{n+1}}\right).
\end{aligned}\right\}\quad(180)$$

Beispiel. Für den durchlaufenden Balken mit den aus Abb. 188 ersichtlichen Stützweiten und Steifigkeitsverhältnissen sollen die Momente infolge einer Einzellast in Mitte der dritten Öffnung sowie diejenigen infolge einer Senkung der Stütze *3* ermittelt werden.

Berechnung der Festpunktlage:

$$\alpha_{01} = 0$$

$$1/\alpha_{12} = 2 + \frac{36}{36} \cdot 2 = \mathbf{4}; \qquad (\alpha_{12} = \mathbf{0{,}25})$$

$$1/\alpha_{23} = 2 + \frac{36}{36} \cdot 1{,}75 = \mathbf{3{,}75}; \qquad (\alpha_{23} = \mathbf{0{,}266})$$

$$1/\alpha_{34} = 2 + \frac{36}{38{,}4} \cdot 1{,}734 = \mathbf{3{,}63}; \qquad (\alpha_{34} = \mathbf{0{,}275})$$

$$1/\alpha_{45} = 2 + \frac{38{,}4}{36} \cdot 1{,}725 = \mathbf{3{,}84}; \qquad (\alpha_{45} = \mathbf{0{,}261})$$

$$1/\alpha_{56} = 2 + \frac{36}{28{,}8} \cdot 1{,}739 = \mathbf{4{,}17}; \qquad (\alpha_{56} = \mathbf{0{,}24})$$

$$\alpha_{65} = 0$$

$$1/\alpha_{54} = 2 + \frac{28{,}8}{36} \cdot 2 = \mathbf{3{,}6}; \qquad (\alpha_{54} = \mathbf{0{,}278})$$

$$1/\alpha_{43} = 2 + \frac{36}{38{,}4} \cdot 1{,}722 = \mathbf{3{,}62}; \qquad (\alpha_{43} = \mathbf{0{,}277})$$

$$1/\alpha_{32} = 2 + \frac{38{,}4}{36} \cdot 1{,}723 = \mathbf{3{,}84}; \qquad (\alpha_{32} = \mathbf{0{,}261})$$

$$1/\alpha_{21} = 2 + \frac{36}{36} \cdot 1{,}739 = \mathbf{3{,}74}; \qquad (\alpha_{21} = \mathbf{0{,}267})$$

$$1/\alpha_{10} = 2 + \frac{36}{36} \cdot 1{,}733 = \mathbf{3{,}73}; \qquad (\alpha_{10} = \mathbf{0{,}268}).$$

Belastung der Öffnung *2 – 3* ergibt als Belastungsglied ($S_2 = S_3$)

$$\frac{6S}{l^2} = \frac{6}{l^2} \frac{Pl}{4} \frac{l}{2} \frac{l}{2} = \frac{3Pl}{8} = 13{,}5P.$$

Somit erhält man die beiden Gleichungen

$$\begin{aligned} 3{,}75\,M_2 + \qquad M_3 &= -13{,}5P \\ M_2 + 3{,}84\,M_3 &= -13{,}5P \end{aligned}$$

mit der Lösung

$$M_2 = -\frac{3{,}84 - 1}{3{,}75 \cdot 3{,}84 - 1} \cdot 13{,}5P = -2{,}86P$$

$$M_3 = -\frac{3{,}75 - 1}{13{,}4} \cdot 13{,}5P = -2{,}77P.$$

Die Weiterleitung ergibt:

$$\begin{aligned} M_1 &= +0{,}25 \cdot 2{,}86P = +0{,}715P \\ M_4 &- +0{,}277 \cdot 2{,}77P = +0{,}767P \\ M_5 &= -0{,}278 \cdot 0{,}767P = -0{,}213P. \end{aligned}$$

Für jede Belastung in der Öffnung *2 – 3* ist der Momentenverlauf in den anschließenden Feldern durch die Nullpunkte an gleicher Stelle gekennzeichnet.

Einfluß einer Stützensenkung v_3: Nach Gl. (180) wird

$$M_3 = 6\,EI_c\,v_3\left(\frac{3{,}75+1}{36\cdot 36\,(3{,}75\cdot 3{,}84-1)}+\frac{3{,}62+1}{24\cdot 38{,}4\,(3{,}63\cdot 3{,}62-1)}\right)$$

$$= +\,0{,}00412\,EI_c\,v_3$$

$$M_2 = -\,0{,}266\left(0{,}00412+\frac{6}{36\cdot 36}\right)EI_c\,v_3 = -\,0{,}00233\,EI_c\,v_3$$

$$M_4 = -\,0{,}277\left(0{,}00412+\frac{6}{24\cdot 38{,}4}\right)EI_c\,v_3 = -\,0{,}00295\,EI_c\,v_3.$$

Der weitere Verlauf ist durch die Festpunkte bestimmt, Abb. 188.

Durchführung der Rechnung. Für die praktische Durchführung der Berechnung bestehen zwei Möglichkeiten:

1. Den Gl. (175) liegt die Annahme zugrunde, daß nur der Stab *a—b* belastet ist, und Ausgangspunkt der Rechnung ist der in *a* und *b* frei gestützte Balken. Dieser Weg wird in der Regel zu bevorzugen sein, wenn eine größere Anzahl von Lastfällen zu untersuchen ist und erst aus den Ergebnissen die ungünstigsten Lastkombinationen zu entnehmen sind.

2. Werden mehrere Stäbe gleichzeitig belastet, so muß die Rechnung vom eingespannten Stab ausgehen, und die Differenzen der Stabendmomente sind zu verteilen und weiterzuleiten.

Beide Wege werden anschließend für das bereits mit Ausgleichsrechnung behandelte Beispiel, Abb. 189, durchgeführt.

Ermittlung der α-Werte nach Gl. (173):

$$\alpha_{a1} = 0;\quad \alpha_{b1} = 0{,}5;\quad \alpha_{c2} = 0;\quad \alpha_{d2} = 0$$

$$\frac{1}{\alpha_{12}} = 2+\frac{1}{9\left(\frac{1}{9\cdot 2}+\frac{1}{8\cdot 1{,}5}\right)} = \mathbf{3{,}2};\qquad (\alpha_{12} = \mathbf{0{,}312})$$

$$\frac{1}{\alpha_{2d}} = 2+\frac{1}{9\left(\frac{1}{9\cdot 1{,}688}+\frac{1}{12\cdot 2}\right)} = \mathbf{3{,}03};\qquad (\alpha_{2d} = \mathbf{0{,}33})$$

$$\frac{1}{\alpha_{21}} = 2+\frac{1}{9\left(\frac{1}{9\cdot 2}+\frac{1}{12\cdot 2}\right)} = \mathbf{3{,}14};\qquad (\alpha_{21} = \mathbf{0{,}318})$$

$$\frac{1}{\alpha_{1a}} = 2+\frac{1}{9\left(\frac{1}{18\cdot 1{,}5}+\frac{1}{9\cdot 1{,}682}\right)} = \mathbf{3{,}08};\qquad (\alpha_{1a} = \mathbf{0{,}325})$$

Ermittlung der Verteilungszahlen nach Gl. (174):

in Punkt *1* vom linken Riegel *a – 1*

auf Riegel *1 – 2*: $\frac{9\,(3{,}08-2)}{9\,(2-0{,}318)} = \mathbf{0{,}64}$; auf Stiel *1 – b*: $\frac{9\,(3{,}08-2)}{18\,(2-0{,}5)} = \mathbf{0{,}36}$

vom mittleren Riegel *1 – 2*

auf Riegel *1 – a*: $\frac{9\,(3{,}2-2)}{9 \cdot 2} = \mathbf{0{,}6}$; auf Stiel *1 – b*: $\frac{9\,(3{,}2-2)}{18\,(2-0{,}5)} = \mathbf{0{,}4}$

im Punkt *2*

von *1 – 2* auf *2 – d*: $\frac{9\,(3{,}14-2)}{9 \cdot 2} = \mathbf{0{,}57}$; auf *2 – c*: $\frac{9\,(3{,}14-2)}{12 \cdot 2} = \mathbf{0{,}43}$

von *2 – d* auf *2 – 1*: $\frac{9\,(3{,}03-2)}{9\,(2-0{,}312)} = \mathbf{0{,}612}$; auf *2 – c*: $\frac{9\,(3{,}03-2)}{12 \cdot 2} = \mathbf{0{,}388}$.

Belastung des Riegels a – 1 mit $p = 1$ t/m: $\frac{6S}{l^2} = \frac{p\,l^2}{4} = 36$ mt.

Nach Gl. (175):

$$M_{a1} = 0; \quad M_{1a} = -0{,}325 \cdot 36 = -11{,}7 \text{ mt}.$$

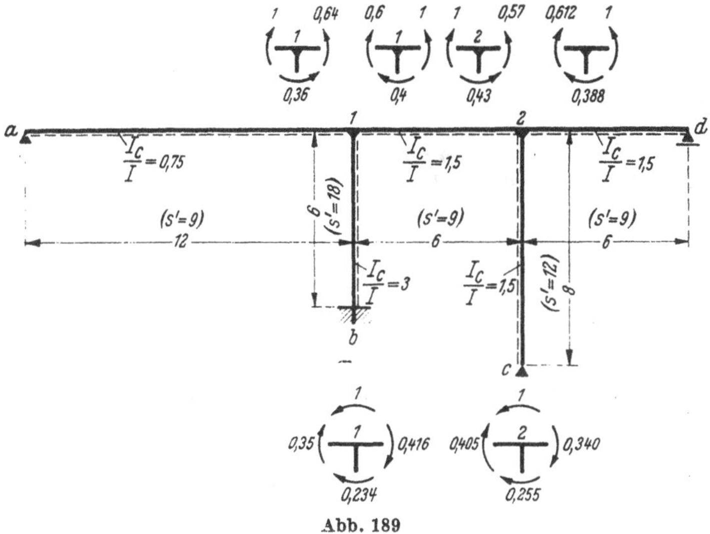

Abb. 189

Bei der Verteilung sind die durch Strichelung gekennzeichneten Vorzeichen der Momente zu beachten.

Verteilung in Punkt *1*:

$$M_{12} = -0{,}64 \cdot 11{,}7 = -7{,}5 \text{ mt}$$
$$M_{1b} = +0{,}36 \cdot 11{,}7 = +4{,}2 \text{ mt}$$

Weiterleitung von M_{12}:

$$M_{21} = +0{,}318 \cdot 7{,}5 = +2{,}38 \text{ mt}$$

Verteilung von M_{21} in Punkt *2*:

$$M_{2d} = +0{,}57 \cdot 2{,}38 = +1{,}36 \text{ mt}$$
$$M_{2c} = +0{,}43 \cdot 2{,}38 = +1{,}02 \text{ mt}.$$

Belastung des Riegels 1 – 2 mit $p = 1{,}5$ t/m: $\frac{p\,l^2}{4} = 13{,}5$ mt.

$$3{,}2\,M_{12} + \quad M_{21} = -13{,}5$$
$$M_{12} + 3{,}14\,M_{21} = -13{,}5$$

$$M_{12} = -3{,}19 \text{ mt} \qquad M_{21} = -3{,}28 \text{ mt}$$

Verteilung in Punkt *1*:

$$M_{1a} = -0{,}6 \cdot 3{,}19 = -1{,}91 \text{ mt}$$
$$M_{1b} = -0{,}4 \cdot 3{,}19 = -1{,}28 \text{ mt}$$

Verteilung in Punkt *2*:

$$M_{2d} = -0{,}57 \cdot 3{,}28 = -1{,}87 \text{ mt}$$
$$M_{2c} = -0{,}43 \cdot 3{,}28 = -1{,}41 \text{ mt.}$$

Gleichzeitige Belastung beider Felder ergibt die Momente:

$$M_{1a} = -11{,}7 - 1{,}91 = -\mathbf{13{,}61} \text{ mt} \qquad M_{21} = +2{,}38 - 3{,}28 = -\mathbf{0{,}9} \text{ mt}$$
$$M_{12} = -7{,}5 - 3{,}19 = -\mathbf{10{,}69} \text{ mt} \qquad M_{2d} = +1{,}36 - 1{,}87 = -\mathbf{0{,}51} \text{ mt}$$
$$M_{1b} = +4{,}2 - 1{,}28 = +\mathbf{2{,}92} \text{ mt} \qquad M_{2c} = +1{,}02 - 1{,}41 = -\mathbf{0{,}39} \text{ mt.}$$

Werden nach dem 2. Rechnungsgang beide Felder gleichzeitig belastet, so beginnt die Rechnung mit den Einspannmomenten

$$M_{1a} = -\frac{1 \cdot 12^2}{8} = -18 \text{ mt} \quad \text{und} \quad M_{12} = M_{21} = -\frac{1{,}5 \cdot 6^2}{12} = -4{,}5 \text{ mt.}$$

Als äußere Momente sind zu verteilen und weiterzuleiten

in Punkt *1*: $-18 + 4{,}5 = -13{,}5$ mt

in Punkt *2*: $-4{,}5$ mt.

Dazu werden die Verteilungszahlen für ein angreifendes äußeres Moment benötigt. Nach Gl. (168) entfällt

$$\text{mit dem Nenner } \frac{1}{9 \cdot 2} + \frac{1}{18 \cdot 1{,}5} + \frac{1}{9 \cdot 1{,}682} = 0{,}1586$$

$$\text{auf } M_{1a}\text{: } \frac{1}{9 \cdot 2 \cdot 0{,}1586} = \mathbf{0{,}35}$$

$$\text{auf } M_{12}\text{: } \frac{1}{9 \cdot 1{,}682 \cdot 0{,}1586} = \mathbf{0{,}416}$$

$$\text{auf } M_{1b}\text{: } \frac{1}{18 \cdot 1{,}5 \cdot 0{,}1586} = \mathbf{0{,}234}$$

$$\text{und mit dem Nenner } \frac{1}{9 \cdot 1{,}688} + \frac{1}{12 \cdot 2} + \frac{1}{9 \cdot 2} = 0{,}1632$$

$$\text{auf } M_{21}\text{: } \frac{1}{9 \cdot 1{,}688 \cdot 0{,}1632} = \mathbf{0{,}405}$$

$$\text{auf } M_{2d}\text{: } \frac{1}{9 \cdot 2 \cdot 0{,}1632} = \mathbf{0{,}34}$$

$$\text{auf } M_{2c}\text{: } \frac{1}{12 \cdot 2 \cdot 0{,}1632} = \mathbf{0{,}255.}$$

Die weitere Rechnung ist in nachstehender Tabelle durchgeführt.

zu verteilen:	*Punkt 1* $M_1 = -13{,}5$ mt M_{1a}	M_{1b}	M_{12}	*Punkt 2* $M_2 = -4{,}5$ mt M_{21}	M_{2c}	M_{2d}
aus voller Einspannung	$-$ **18**		$-$ **4,5**	$-$ **4,5**		
Verteilung von M_1	$+0{,}35 \cdot 13{,}5$ $= +$ **4,73**	$+0{,}234 \cdot 13{,}5$ $= +$ **3,16**	$-0{,}416 \cdot 13{,}5$ $= -$ **5,61**			
Weiterleitg. von M_{12}				$+0{,}318 \cdot 5{,}61$ $= +$ **1,78**		
Verteilung von M_{21}					$+0{,}43 \cdot 1{,}78$ $= +$ **0,76**	$+0{,}57 \cdot 1{,}78$ $= +$ **1,02**
Verteilung von M_2				$+0{,}405 \cdot 4{,}5$ $= +$ **1,82**	$-0{,}255 \cdot 4{,}5$ $= -$ **1,15**	$-0{,}34 \cdot 4{,}5$ $= -$ **1,53**
Weiterleitg. von M_{21}			$-0{,}312 \cdot 1{,}82$ $= -$ **0,567**			
Verteilung von M_{12}	$-0{,}6 \cdot 0{,}567$ $= -$ **0,34**	$-0{,}4 \cdot 0{,}567$ $= -$ **0,227**				
Ergebnis:	$-$ **13,61**	$+$ **2,93**	$-$ **10,68**	$-$ **0,9**	$-$ **0,39**	$-$ **0,51**

Aus dem Beispiel geht hervor, daß die Vorberechnung der α- und μ-Werte i. a. etwas mehr Zeit beansprucht als die Ermittlung der Verteilungszahlen bei den Ausgleichsrechnungen. Der Vorteil des Fortfalles der Iteration ist aber einleuchtend und wirkt sich vor allem aus, wenn eine größere Zahl von Lastfällen zu untersuchen ist. Die Rechnung ist aber auch leichter prüfbar als das Gewirre von Zahlen, das sich bei Ausgleichsrechnungen häufig nicht vermeiden läßt.

Drehwinkelfestpunkte. Werden Drehwinkel als Unbekannte eingeführt, so haben die Drehwinkelfestpunkte für die Rechnung die gleiche Bedeutung wie die Momentenfestpunkte beim Kraftgrößenverfahren. Sie bestimmen allerdings nur das Verhältnis der Drehwinkel an den Stabenden, ohne daß unmittelbar auch Aussagen über die Querschnittsdrehung an beliebiger Stelle des Stabes gemacht werden können, während durch die Momentenfestpunkte der Verlauf der Momente im Stab selbst gegeben ist. Da die Endquerschnitte aller in einem Knotenpunkt biegesteif miteinander verbundenen Stäbe die gleiche Drehung erfahren, entfällt die Verteilungszahl, worin ein Vorteil gesehen werden muß. Andrerseits müssen die Momente nachträglich aus den Drehwinkeln errechnet werden.

Aus
$$M_{ab} = \frac{2}{s'}\,(2\varphi_a' + \varphi_b')$$

$$M_{ba} = \frac{2}{s'}\,(2\varphi_b' + \varphi_a')$$

$$M_{ab} = \alpha_{ab}\, M_{ba}$$

erhält man für den zwischen a und b nicht belasteten Stab:

$$2\varphi_a' + \varphi_b' = \alpha_{ab}\,(2\varphi_b' + \varphi_a')$$

oder

$$\varphi_a' = -\frac{1 - 2\alpha_{ab}}{2 - \alpha_{ab}}\,\varphi_b' = -\beta_{ab}\,\varphi_b'. \tag{181}$$

Die für die Weiterleitung der Drehwinkel maßgebenden Verhältniszahlen β können somit aus den α-Werten gewonnen werden. Für gelenkige Stützung ist $\alpha = 0$, $\beta = 0{,}5$ und für volle Einspannung $\alpha = 0{,}5$ und $\beta = 0$.

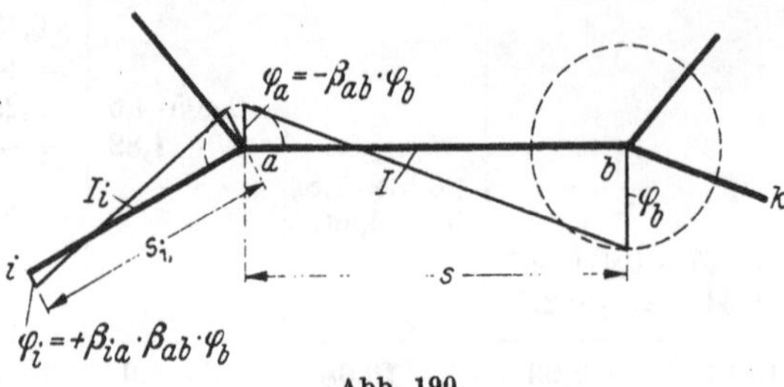

Abb. 190

Eine Rekursionsformel zur unmittelbaren Berechnung von β erhält man an Hand der Abb. 190. Es ist

$$M_{ab} = \frac{2}{s'}\,(2\varphi_a' + \varphi_b') = \frac{2}{s'}\,\varphi_b'\,(-2\beta_{ab} + 1)$$

$$M_{ai} = \frac{2}{s_i'}\,(2\varphi_a' + \varphi_i') = \frac{2}{s_i'}\,\beta_{ab}\,\varphi_b'\,(-2 + \beta_{ia}).$$

Für den Knotenpunkt a liefert die Bedingung $\Sigma M = 0$ die Beziehung

$$2\beta_{ab} - 1 + s'\,\beta_{ab}\sum_i \frac{2 - \beta_{ia}}{s_i'} = 0,$$

woraus sich

$$\frac{1}{\beta_{ab}} = 2 + s'\sum_i \frac{2 - \beta_{ia}}{s_i'} \tag{182}$$

ergibt. Für zweistäbige Knotenpunkte $n-1$, n, $n+1$ wird

$$\frac{1}{\beta_{n,n+1}} = 2 + \frac{s_{n+1}'}{s_n'}\,(2 - \beta_{n-1,n}) \tag{183}$$

mit der Kontrollgleichung

$$s_n'\left(\frac{1}{\beta_{n,n+1}} - \beta_{n+1,n}\right) = s_{n+1}'\left(\frac{1}{\beta_{n,n-1}} - \beta_{n-1,n}\right). \tag{184}$$

Wie für die Stabendmomente nach Gl. (175) und (176) lassen sich auch für die Drehwinkel φ_a und φ_b zwei Gleichungen gewinnen. Ist nur der Stab von der Länge s zwischen den Knotenpunkten a und b

belastet, so sind die Stabendmomente nach Gl. (139)

$$M_{ab} = \frac{2}{s'}(2\varphi_a' + \varphi_b') - \frac{2}{s\,s'}(2S_b' - S_a')$$

$$M_{ai} = \frac{2}{s_i'}(2\varphi_a' + \varphi_i') \quad \text{und} \quad \sum_i M_{ai} = \varphi_a' \sum_i \frac{2}{s_i'}(2 - \beta_{ia})$$

$M_{ab} + \Sigma M_{ai} = 0$ führt zu

$$\varphi_a' \left[\frac{4}{s'} + \sum_i \frac{2}{s_i'}(2 - \beta_{ia})\right] + \varphi_b' \frac{2}{s'} = \frac{2}{s\,s'}(2S_b' - S_a')$$

oder

$$\frac{\varphi_a'}{\beta_{ab}} + \varphi_b' = \frac{1}{s}(2S_b' - S_a')$$

und entsprechend: (185)

$$\varphi_a' + \frac{\varphi_b'}{\beta_{ba}} = \frac{1}{s}(S_b' - 2S_a').$$

Eine Verschiebung Δ des Punktes b normal zur Stabachse im Sinne einer Linksdrehung des Stabes, $\vartheta = +\Delta/s$, ergibt

$$M_{ab} = \frac{2}{s'}(2\varphi_a' + \varphi_b' + 3\vartheta')$$

$$M_{ai} = \frac{2}{s_i'}(2\varphi_a' + \varphi_i') = \frac{2}{s_i'}\varphi_a'(2 - \beta_{ia}).$$

Aus $M_{ab} + \Sigma M_{ai} = 0$:

$$\varphi_a' \left[\frac{4}{s'} + 2\sum_i \frac{2 - \beta_{ia}}{s_i'}\right] + \varphi_b' \frac{2}{s'} = -\frac{6\,E\,I_c\,\Delta}{s\,s'}$$

erhält man

$$\frac{\varphi_a'}{\beta_{ab}} + \varphi_b' = -\frac{3\,E\,I_c\,\Delta}{s}$$

und entsprechend: (186)

$$\varphi_a' + \frac{\varphi_b'}{\beta_{ba}} = -\frac{3\,E\,I_c\,\Delta}{s}.$$

Beispiel. Für die Anwendung wird wiederum das Tragwerk der Abb. 191 gewählt.

Berechnung der β-Werte nach Gl. (182): $(\beta_{a1} = 0{,}5)$

$$\frac{1}{\beta_{12}} = 2 + 9\left(\frac{2-0{,}5}{9} + \frac{2}{18}\right) = \mathbf{4{,}5}; \qquad (\beta_{12} = \mathbf{0{,}222})$$

$$\frac{1}{\beta_{21}} = 2 + 9\left(\frac{2-0{,}5}{9} + \frac{2-0{,}5}{12}\right) = \mathbf{4{,}625}; \qquad (\beta_{21} = \mathbf{0{,}216})$$

$$\frac{1}{\beta_{1a}} = 2 + 9\left(\frac{2}{18} + \frac{2-0{,}216}{9}\right) = \mathbf{4{,}784}; \qquad (\beta_{1a} = \mathbf{0{,}208})$$

$$\frac{1}{\beta_{1b}} = 2 + 18\left(\frac{2-0{,}5}{9} + \frac{2-0{,}216}{9}\right) = \mathbf{8{,}568}; \qquad (\beta_{1b} = \mathbf{0{,}117})$$

$$\frac{1}{\beta_{2c}} = 2 + 12\left(\frac{2-0{,}5}{9} + \frac{2-0{,}222}{9}\right) = \mathbf{6{,}37}; \qquad (\beta_{2c} = \mathbf{0{,}157}).$$

Die Belastung des Riegels gibt das Belastungsglied mit $S'_a = S'_b$ zu

$$\frac{1}{s} p \frac{s^2}{8} \frac{2}{3} s \frac{s}{2} \frac{I_c}{I} = p \frac{s^2}{24} s' = 54 \quad \text{bzw.} \quad 20{,}25$$

für $p = 1$ t/m auf dem Riegel $a - 1$ und $p = 1{,}5$ t/m auf dem Riegel $1 - 2$. Die Gleichungen

$$\begin{aligned} 2\varphi'_a + \varphi'_1 &= +54 \\ \varphi'_a + 4{,}784\varphi'_1 &= -54 \end{aligned} \qquad \begin{aligned} 4{,}5\varphi'_1 + \varphi'_2 &= +20{,}25 \\ \varphi'_1 + 4{,}625\varphi'_2 &= -20{,}25 \end{aligned}$$

ergeben

$$\begin{aligned} \varphi'_a &= +36{,}4 \\ \varphi'_1 &= -18{,}9 \end{aligned} \qquad \begin{aligned} \varphi'_1 &= +5{,}75 \\ \varphi'_2 &= -5{,}625 \end{aligned}$$

und als endgültige Drehwinkel erhält man

$$\varphi'_1 = -18{,}9 + 5{,}75 = \mathbf{-13{,}15}$$

$$\varphi'_2 = -5{,}625 + 0{,}216 \cdot 18{,}9 = \mathbf{-1{,}54}.$$

Sie zeigen gute Übereinstimmung mit den durch Drehwinkelausgleich erhaltenen Werten auf S. 175.

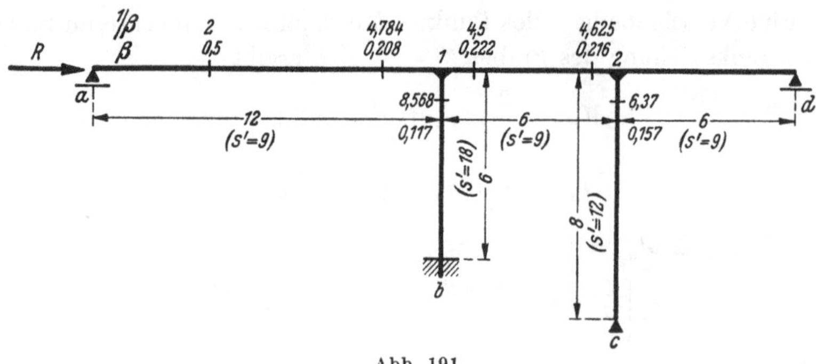

Abb. 191

Einfluß einer Riegelverschiebung. In dem behandelten Beispiel ist in a ein festes Lager angenommen worden, so daß eine Riegelverschiebung nicht eintreten kann. Es soll nun weiter untersucht werden, welche Änderung die Stabendmomente erfahren, wenn in a ein waagrecht verschiebliches Lager angeordnet wird.

Aus den am Stützenkopf und Stützenfuß gefundenen Momenten (S. 187) ergibt sich für den linken Stiel eine nach links gerichtete Querkraft von $\frac{2{,}93 + 1{,}465}{6} = 0{,}7325$ t und für den rechten Stiel eine ebenfalls nach links gerichtete Querkraft von $\frac{0{,}39}{8} = 0{,}04875$ t, zusammen also 0,7813 t. Das Gleichgewicht bedingt im festen Lager a somit eine nach rechts gerichtete Stützkraft R gleicher Größe. Kann diese bei beweglichem Lager nicht auftreten, so muß sich der Riegel so weit nach links verschieben, bis die Querkräfte in den Stielen die Bedingung $\Sigma H = 0$ erfüllen. Es werde nun eine Riegelverschiebung $EI_c \Delta = \Delta'$ nach links und damit eine Linksdrehung der Stiele angenommen. Nach Gl. (186) ergibt sich für den linken Stiel, da $\varphi_b = 0$ ist (feste Einspannung):

$$\varphi'_1 = \beta_{1b}(-3\Delta'/6) = -0{,}117\,\Delta'/2 = -0{,}0585\,\Delta'$$

und für den rechten Stiel aus den beiden Gleichungen

$$
\begin{aligned}
2\varphi_c' + \quad \varphi_2' &= -\frac{3}{8}\Delta' \\
\varphi_c' + 6{,}37\varphi_2' &= -\frac{3}{8}\Delta' \\
\hline
\varphi_2' \qquad\quad &= -0{,}032\Delta'.
\end{aligned}
$$

Die endgültigen Knotendrehwinkel infolge Stabdrehung beider Stiele sind

$$
\begin{aligned}
\varphi_1' &= (-0{,}0585 + 0{,}222 \cdot 0{,}032)\;\Delta' = -0{,}0514\,\Delta' \\
\varphi_2' &= (-0{,}032 \;\; + 0{,}216 \cdot 0{,}0585)\,\Delta' = -0{,}0194\,\Delta'.
\end{aligned}
$$

Damit ergeben sich aus der Riegelverschiebung Δ die folgenden Momente nach Gl. (139) und (141):

$$
\begin{aligned}
M_{1a} &= -\frac{3}{9}\,0{,}0514\,\Delta' = -0{,}0171\,\Delta' \\
M_{1b} &= +\frac{2}{18}\left(-2 \cdot 0{,}0514 + \frac{3}{6}\right)\Delta' = +0{,}0441\,\Delta' \\
M_{12} &= -\frac{2}{9}\,(2 \cdot 0{,}0514 + 0{,}0194)\,\Delta' = -0{,}0271\,\Delta' \\
M_{21} &= -\frac{2}{9}\,(2 \cdot 0{,}0194 + 0{,}0514)\,\Delta' = -0{,}02\,\Delta' \\
M_{2c} &= +\frac{3}{12}\left(-0{,}0194 + \frac{1}{8}\right)\Delta' = +0{,}0264\,\Delta' \\
M_{2d} &= -\frac{3}{9} \cdot 0{,}0194\,\Delta' = -0{,}0065\,\Delta' \\
M_b &= +\frac{2}{18}\left(-0{,}0514 + \frac{3}{6}\right)\Delta' = +0{,}05\,\Delta'.
\end{aligned}
$$

Man erhält aus den Stielmomenten die Querkräfte

$$
\frac{0{,}0441 + 0{,}05}{6}\,\Delta' + \frac{0{,}0264}{8}\,\Delta' = (0{,}0157 + 0{,}0033)\,\Delta' = 0{,}019\,\Delta'
$$

nach rechts gerichtet. Die waagrechte Stützkraft in a wird zu Null, wenn eine solche Verschiebung eintritt, daß

$$
0{,}019\,\Delta' = 0{,}7813\ \mathrm{t} \quad \text{also} \quad \Delta' = 41{,}2
$$

wird. Damit ergibt sich aus den vorstehend als Funktion der Riegelverschiebung ermittelten Momenten der Einfluß der Verschiebung bei fehlender waagrechter Stützung.

Zusammenstellung der Momente
(Vorzeichen entsprechend Abb. 159)

	M_{1a}	M_{1b}	M_b	M_{12}	M_{21}	M_{2c}	M_{2d}
ohne Riegelverschiebung	+ 13,6	− 2,93	− 1,465	− 10,7	+ 0,89	− 0,39	− 0,51
Einfluß der Riegelversch.	− 0,705	+ 1,815	+ 2,05	− 1,115	− 0,825	+ 1,085	− 0,267
zusammen:	+ 12,9	− 1,11	+ 0,59	− 11,8	+ 0,07	+ 0,7	− 0,78

Das Ergebnis zeigt, daß der Einfluß der Riegelverschiebung aus lotrechter Belastung nicht ohne weiteres zu vernachlässigen ist.

Auf Grund der durchgeführten Rechnungen wird die Benutzung der Momenten- und Drehwinkelfestpunkte immer zu erwägen sein, wenn mehrere Lastfälle zu untersuchen sind, wobei Drehwinkelfestpunkte wieder den Vorzug verdienen, wenn eine größere Anzahl *mehrstäbiger* Knotenpunkte vorliegt.

41. Allgemeine Lösung der Elastizitätsgleichungen

Wenn in den letzten Abschnitten Möglichkeiten zur Berechnung statisch unbestimmter Tragwerke besprochen wurden, die die allgemeine Aufstellung und Lösung der Elastizitätsgleichungen Gl. (118) oder der Bedingungsgleichungen Gl. (147) entbehrlich machen, so wird sich doch in vielen Fällen eine allgemeinere Behandlung nicht umgehen lassen, und sie wird auch immer dann zu erwägen sein, wenn zahlreiche Lastfälle zu untersuchen sind, oder wenn Einflußlinien benötigt werden. Die Möglichkeiten der Lösung linearer Gleichungssysteme sollen hier nur kurz erörtert werden, ohne auf Einzelheiten näher einzugehen.

1. Iteration. Die Lösung durch Iteration ist nur dann angezeigt, wenn für die Unbekannten gute Näherungswerte vorliegen, wie sie sich aus einer ersten Berechnung ergeben, die infolge von Änderungen einiger Querschnittsgrößen wiederholt werden muß. Mit einer schnellen Konvergenz kann i. a. auch dann gerechnet werden, wenn die Beiwerte in der Diagonalen des Gleichungssystems wesentlich größer sind als die übrigen Beiwerte und infolgedessen im ersten Schritt der Iteration bereits gute Näherungswerte erhalten werden.

2. Lösung durch Determinanten. Aus der Matrix der Elastizitätsgleichungen

	X_1	X_2	X_3		X_i		X_n		
	λ_{i1}	λ_{i2}	λ_{i3}		λ_{ii}		λ_{in}		
1	δ_{11}	δ_{12}	δ_{13}		δ_{1i}		δ_{1n}	0	B_1
2	δ_{21}	δ_{22}	δ_{23}		δ_{2i}		δ_{2n}	0	B_2
3	δ_{31}	δ_{32}	δ_{33}		δ_{3i}		δ_{3n}	0	B_3
i	δ_{i1}	δ_{i2}	δ_{i3}		δ_{ii}		δ_{in}	1	B_i
n	δ_{n1}	δ_{n2}	δ_{n3}		δ_{ni}		δ_{nn}	0	B_n

(187)

erhält man die allgemeine Lösung, d. h. jede statisch unbestimmte Größe X_i als Funktion der Belastungsglieder B_i, in

$$X_i = \lambda_{i1} B_1 + \lambda_{i2} B_2 \cdots + \lambda_{ii} B_i \cdots + \lambda_{in} B_n = \sum_{k=1}^{n} \lambda_{ik} B_k. \qquad (188)$$

Ist D die Nennerdeterminante, so erhält man aus ihr die Zählerdeterminante D_{ik} zur Berechnung der Vorzahlen λ_{ik} der *reziproken* Matrix durch Streichung der i. Spalte und k. Zeile oder auch der i. Zeile und k. Spalte. Das Vorzeichen von λ_{ik} ergibt sich mit $(-1)^{i+k}$ positiv oder negativ, je nachdem $i + k$ eine gerade oder ungerade Zahl ist.

$$\lambda_{ik} = \lambda_{ki} = (-1)^{i+k} \frac{D_{ik}}{D} . \tag{189}$$

Wie aus der Matrix hervorgeht, stellen die Werte λ_{ik} die Lösung des Gleichungssystems und damit die Werte der statisch unbestimmten Größen X_i für den Fall dar, daß alle Belastungsglieder bis auf $B_i = 1$ zu Null werden. Man kann demnach eine ganz bestimmte Vorstellung mit ihnen verbinden: sie stellen in einem $(n-1)$-fach statisch unbestimmten System einen *Selbstspannungszustand* ohne äußere Lasten dar, der sich einstellt, wenn der Größe X_i der Weg „1" vorgeschrieben wird. Dieser Weg wird im $(n-1)$-fach statisch unbestimmten System durch die Wirkung von

$$X_i = \frac{1}{\delta_{ii}^{(n-1)}} = \lambda_{ii}$$

hervorgerufen, wenn $\delta_{ii}^{(n-1)}$ den Weg infolge $X_i = 1$ bezeichnet. Weiterhin ergibt sich aus dem Gleichungssatz der λ-Werte für diese die Kontrollgleichung

$$\lambda_{ik}\, \delta_{ik} = 1 \qquad \text{und} \qquad \lambda_{ik}\, \delta_{hk} = 0 . \tag{190}$$

Die Summe der Produkte gleicher Zeilen (oder gleicher Spalten) der Matrix und ihrer reziproken Matrix muß 1 ergeben. Werden dagegen die Produkte verschiedener Zeilen gebildet, so muß deren Summe zu Null werden.

Die Ermittlung der Vorzahlen nach Gl. (189) wird bei einem Satz von mehr als drei Gleichungen unübersichtlich und erfolgt dann besser durch Elimination.

3. Elimination nach Gauß. Sie besteht darin, daß der Gleichungssatz für die Vorzahlen λ_{in} mit B_a bis $B_{n-1} = 0$ und $B_n = 1$ gelöst wird, indem nacheinander λ_{1n}, λ_{2n}, ... λ_{in} bis $\lambda_{n-1,n}$ eliminiert werden. Die Elimination von λ_{1n} erfolgt in der Weise, daß stets die erste Gleichung der Reihe nach mit $\frac{\delta_{i1}}{\delta_{11}}$ $(i = 2$ bis $n)$ multipliziert und von der i. Gleichung abgezogen wird. Man erhält dadurch einen Satz von $(n-1)$ Gleichungen mit den Beiwerten

$$\delta_{ik}^{(1)} = \delta_{ik} - \frac{\delta_{1k}\, \delta_{i1}}{\delta_{11}} .$$

Zur laufenden Kontrolle wird aus der Quersumme Q_i jeder Gleichung die neue Quersumme

$$Q_i^{(1)} = Q_i - \frac{Q_1 \delta_{i1}}{\delta_{11}}$$

berechnet, die in der Gleichung $i^{(1)}$ bestätigt werden muß. Mit dem neu gewonnenen Satz wird in gleicher Weise verfahren und

$$\delta_{ik}^{(2)} = \delta_{ik}^{(1)} - \frac{\delta_{2k}^{(1)} \delta_{i2}^{(1)}}{\delta_{22}^{(1)}}$$

berechnet, um λ_{2n} zu eliminieren. So fortfahrend bis zur Elimination von $\lambda_{n-1,n}$ gewinnt man schließlich die Gleichung

$$\lambda_{nn}\, \delta_{nn}^{(n-1)} = 1 \quad \text{und} \quad \lambda_{nn} = \frac{1}{\delta_{nn}^{(n-1)}}$$

und kann nun aus den ersten Gleichungen der reduzierten Sätze nacheinander $\lambda_{n-1,n}$; $\lambda_{n-2,n}$ bis λ_{1n} ermitteln.

Diese ersten Gleichungen werden zweckmäßig in einem neuen Satz zusammengestellt, da sich aus ihnen nicht nur λ_{in} sondern sämtliche λ_{ik} berechnen lassen, denn die Gleichungen der reduzierten Sätze haben für λ_{ik} bis zur k. Gleichung mit $B_k = 1$ Gültigkeit. Schließlich ist noch darauf hinzuweisen, daß die Beiwerte $\delta_{ik}^{(\nu)}$ der reduzierten Sätze als Beiwerte der Elastizitätsgleichungen für das ν-fach statisch unbestimmte Hauptsystem anzusprechen sind.

Dreigliedrige Elastizitätsgleichungen. Die dreigliedrigen Elastizitätsgleichungen, in der Matrix Gl. (191a) für $n = 5$ angegeben, sind dadurch gekennzeichnet, daß sie je drei aufeinander folgende Unbekannte enthalten, und daß in der ersten und letzten Gleichung nur zwei Unbekannte auftreten.

λ_{15}	λ_{25}	λ_{35}	λ_{45}	λ_{55}	
δ_{11}	δ_{12}				0
δ_{21}	δ_{22}	δ_{23}			0
	δ_{32}	δ_{33}	δ_{34}		0
		δ_{43}	δ_{44}	δ_{45}	0
			δ_{54}	δ_{55}	1

(191a)

Ihre Lösung gestaltet sich besonders einfach, da bei der Bildung der reduzierten Sätze sich immer nur die Glieder in der Diagonalen ändern,

λ_{1k}	λ_{2k}	λ_{3k}	λ_{4k}	λ_{5k}	$k=$ 5	4	3	2	1
δ_{11}	δ_{12}				0	0	0	0	1
	$\delta_{22}^{(1)}$	δ_{23}			0	0	0	1	
		$\delta_{33}^{(2)}$	δ_{34}		0	0	1		
			$\delta_{44}^{(3)}$	δ_{45}	0	1			
				$\delta_{55}^{(4)}$	1				

(191b)

so daß der Satz Gl. (191b) mit den Diagonalwerten

$$\delta_{22}^{(1)} = \delta_{22} - \frac{\delta_{12}\,\delta_{21}}{\delta_{11}}$$

$$\delta_{33}^{(2)} = \delta_{33} - \frac{\delta_{23}\,\delta_{32}}{\delta_{22}^{(1)}} \qquad \text{usw.}$$

schnell gewonnen ist. Aus ihm wird gefolgert, daß die λ-Werte nebeneinander stehender Spalten unterhalb der Diagonalen und untereinander stehender Zeilen oberhalb der Diagonalen in festen Verhältnissen zueinander stehen, in welchen die bei der Behandlung der Momentenfestpunkte eingeführten α-Werte wieder angetroffen werden:

$$\frac{\lambda_{15}}{\lambda_{25}} = \frac{\lambda_{14}}{\lambda_{24}} = \frac{\lambda_{13}}{\lambda_{23}} = \frac{\lambda_{12}}{\lambda_{22}} = -\frac{\delta_{12}}{\delta_{11}} = -\alpha_{12}$$

$$\frac{\lambda_{25}}{\lambda_{35}} = \frac{\lambda_{24}}{\lambda_{34}} = \frac{\lambda_{23}}{\lambda_{33}} = -\frac{\delta_{23}}{\delta_{22}^{(1)}} = -\alpha_{23}$$

$$\frac{\lambda_{35}}{\lambda_{45}} = \frac{\lambda_{34}}{\lambda_{44}} = -\frac{\delta_{34}}{\delta_{33}^{(2)}} = -\alpha_{34} \quad \text{und} \quad \frac{\lambda_{45}}{\lambda_{55}} = -\frac{\delta_{45}}{\delta_{44}^{(3)}} = -\alpha_{45}.$$

Wird die Reduktion der Gleichungen in umgekehrter Reihenfolge durchgeführt, indem zunächst für die erste Gleichung $B_1 = 1$ gesetzt wird, so erhält man daraus $\alpha_{i+1,i}$ als Verhältnisse der Spalten oberhalb und der Zeilen unterhalb der Diagonalen. Mit Hilfe dieser Festwerte werden sämtliche Vorzahlen λ in einem Zahlenquadrat Gl. (192) berechnet, nachdem die Diagonalwerte aus Gl. (191b) vorweg ermittelt werden. So ergibt sich z. B. λ_{33} mit $k = 3$ und $k = 4$ aus den beiden Gl. (191b)

$$\lambda_{33}\,\delta_{33}^{(2)} + \lambda_{43}\,\delta_{34} = 1$$

$$\lambda_{34}\,\delta_{33}^{(2)} + \lambda_{44}\,\delta_{34} = 0$$

zu

$$\lambda_{33} = \frac{1}{\delta_{33}^{(2)}} + \lambda_{44}\left(\frac{\delta_{34}}{\delta_{33}^{(2)}}\right)^2 = \frac{1}{\delta_{33}^{(2)}} + \lambda_{44}\,\alpha_{34}^2.$$

Mit $\lambda_{55} = 1/\delta_{55}^{(4)}$ beginnend können die übrigen Diagonalwerte vorweg berechnet werden.

Aus der Matrix der Vorzahlen λ lassen sich ebenfalls einfache Beziehungen zwischen den Diagonalwerten ableiten.

Aus
$$\lambda_{34} = -\lambda_{33}\,\alpha_{43} = -\lambda_{44}\,\alpha_{34}$$
folgt
$$\lambda_{33} = \lambda_{44}\frac{\alpha_{34}}{\alpha_{43}}.$$

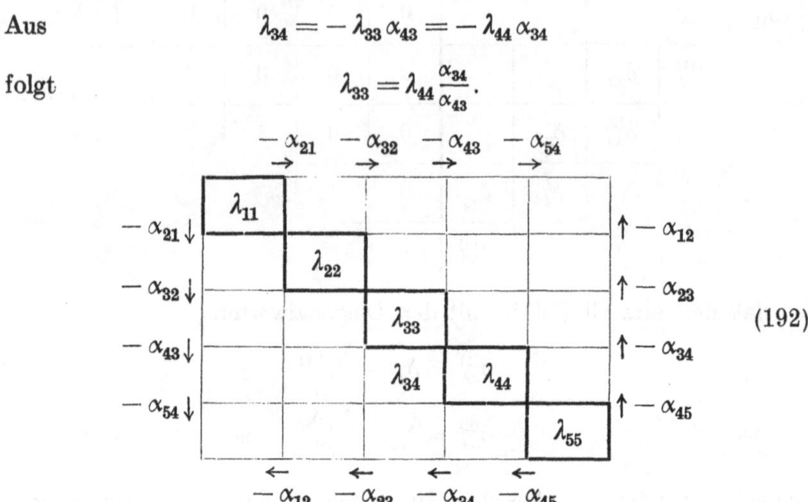

(192)

Das bekannteste statisch unbestimmte Tragwerk, dessen Berechnung zu dreigliedrigen Elastizitätsgleichungen führt, ist der durchlaufende Balken ohne Gelenke, wenn die Momente über den Stützen als statisch unbestimmte Größen eingeführt werden. Nach Abb. 192 erhält man

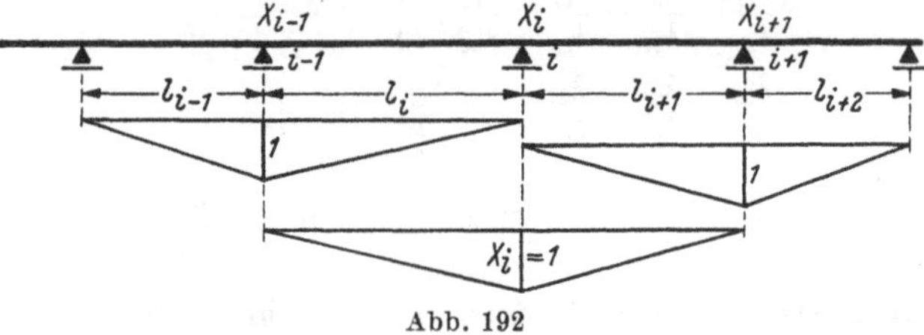

Abb. 192

aus den Gleichgewichtszuständen $X_{i-1} = 1$, $X_i = 1$ und $X_{i+1} = 1$ als Bedingung dafür, daß eine gegenseitige Drehung in i nicht eintritt, die Gleichung

$$X_{i-1}\,\delta_{i,i-1} + X_i\,\delta_{ii} + X_{i+1}\,\delta_{i,i+1} = B_i = -\delta_{i0} - \delta_{it} + L_i \qquad (193)$$

mit

$$EI_c\,\delta_{i0} = \frac{S'_{i-1}}{l_i} + \frac{S'_{i+1}}{l_{i+1}} \quad \text{(infolge lotrechter Belastung)},$$

$$\delta_{it} = \alpha_t\frac{\Delta t}{h}\frac{l_i + l_{i+1}}{2} \quad \text{(bei konstanter Trägerhöhe } h\text{)},$$

$\delta_{it} = 0$ (bei gleichmäßiger Temperaturänderung und gleicher Lagerhöhe),

$$L_i = -\frac{1}{l_i} v_{i-1} + \left(\frac{1}{l_i} + \frac{1}{l_{i+1}}\right) v_i - \frac{1}{l_{i+1}} v_{i+1} \quad \text{(bei Stützensenkungen } v\text{)}.$$

Wird konstantes Trägheitsmoment innerhalb jeder Stützweite angenommen, so ist

$$EI_c\,\delta_{ii} = \frac{l'_i + l'_{i+1}}{3}; \quad EI_c\,\delta_{i,i-1} = \frac{l'_i}{6}; \quad EI_c\,\delta_{i,i+1} = \frac{l'_{i+1}}{6}.$$

Beispiel. Für das bereits mit Hilfe von Festpunkten behandelte Beispiel der Abb. 188 erhält man die EI_c-fachen Beiwerte

$$\delta_{11} = \frac{36}{3} + \frac{36}{3} = 24 \qquad \delta_{12} = \frac{36}{6} = 6$$

$$\delta_{22} = \frac{36}{3} + \frac{36}{3} = 24 \qquad \delta_{23} = \frac{36}{6} = 6$$

$$\delta_{33} = \frac{36}{3} + \frac{38{,}4}{3} = 24{,}8 \qquad \delta_{34} = \frac{38{,}4}{6} = 6{,}4$$

$$\delta_{44} = \frac{38{,}4}{3} + \frac{36}{3} = 24{,}8 \qquad \delta_{45} = \frac{36}{6} = 6$$

$$\delta_{55} = \frac{36}{3} + \frac{28{,}8}{3} = 21{,}6.$$

Durch die Gl. (191 a, b) und (192) ist der folgende Rechnungsgang festgelegt:

					Quersumme
24	6				30
6	24	6			36
	6	24,8	6,4		37,2
		6,4	24,8	6	37,2
			6	21,6	27,6

24	6				30	
	22,5	6			28,5	← $36 - \frac{30 \cdot 6}{24}$
		23,2	6,4		29,6	
			23,0345	6	29,0345	← $37{,}2 - \frac{29{,}6 \cdot 6{,}4}{23{,}2}$
				20,0371	20,0731	

(22,5 ↑ $24 - \frac{6 \cdot 6}{24}$; 20,0371 ↑ $21{,}6 - \frac{6 \cdot 6}{23{,}0345}$)

$$\frac{6}{24} = \alpha_{12} = 0{,}25; \qquad \frac{6}{22{,}5} = \alpha_{23} = 0{,}2667$$

$$\frac{6{,}4}{23{,}2} = \alpha_{34} = 0{,}2759; \qquad \frac{6}{23{,}0345} = \alpha_{45} = 0{,}2605$$

	−0,2674 →	−0,2605 →	−0,2767 →	−0,2778 →	
1	+ 0,04465	− 0,01194	+ 0,00311	− 0,00086	+ 0,00024
2	− 0,01194	+ 0,04776	− 0,01244	+ 0,00344	− 0,00096
3	+ 0,00311	− 0,01244	+ 0,04666	− 0,01291	+ 0,00359
4	− 0,00086	+ 0,00344	− 0,01291	+ 0,04680	− 0,01300
5	+ 0,00024	− 0,00096	+ 0,00359	− 0,01300	+ 0,04991
	← −0,25	← −0,2667	← −0,2759	← −0,2605	

$$\lambda_{55} = \frac{1}{20{,}0371} = 0{,}04991$$

$$\lambda_{44} = \frac{1}{23{,}0345} + 0{,}04991 \cdot 0{,}2605^2 = 0{,}0468$$

oder
$$\lambda_{44} = \lambda_{55} \frac{0{,}2605}{0{,}2778} \quad \text{usw.}$$

Die hier mit der Maschine durchgeführte Zahlenrechnung weist gegenüber der mit dem Rechenschieber durchgeführten Rechnung in den α-Werten (S. 183) keine nennenswerten Unterschiede auf. Die Zahlenwerte $\alpha_{i+1,i}$ sind in das Zahlenquadrat — ohne Wiedergabe der Elimination in umgekehrter Folge — eingetragen.

Anschließend erfolgt die Berechnung der Stützmomente für eine Einzellast P und eine Stützensenkung entsprechend den Annahmen auf S. 183 u. 184.

Belastungsglied für Einzellast:

$$B = -\frac{1}{l}\frac{Pl}{4}\frac{l}{2}\frac{l'}{2} = -\frac{Pll'}{16}$$

$$B_2 = B_3 = -81P$$

$$M_2 = \lambda_{22} B_2 + \lambda_{23} B_3 = -81P\,(+0{,}04776 - 0{,}01244) = -2{,}86P$$

$$M_3 = \lambda_{32} B_2 + \lambda_{33} B_3 = -81P\,(-0{,}01244 + 0{,}04666) = -2{,}77P$$

entsprechend dem Ergebnis S. 183.

Stützensenkung v_3:

$$L_2 = -\frac{1}{l_3} EI_c v_3 = -0{,}0278\, v_3'$$

$$L_3 = +\left(\frac{1}{l_3} + \frac{1}{l_4}\right) EI_c v_3 = +0{,}0695\, v_3'$$

$$L_4 = -\frac{1}{l_4} EI_c v_3 = -0{,}0417\, v_3'$$

$$M_2 = (-0{,}04776 \cdot 0{,}0278 - 0{,}01244 \cdot 0{,}0695 - 0{,}00344 \cdot 0{,}0417)\, v_3' = -0{,}00233\, v_3'$$

$$M_3 = (+0{,}01244 \cdot 0{,}0278 + 0{,}04666 \cdot 0{,}0695 + 0{,}01291 \cdot 0{,}0417)\, v_3' = +0{,}00412\, v_3'$$

$$M_4 = (-0{,}00344 \cdot 0{,}0278 - 0{,}01291 \cdot 0{,}0695 - 0{,}0468 \cdot 0{,}0417)\, v_3' = -0{,}00295\, v_3'.$$

Die Einfachheit der Lösung dreigliedriger Gleichungen, die sich auch für drei aufeinander folgende Drehwinkel ergeben können, legt es nahe, derartige Gleichungen anzustreben. Möglichkeiten dazu bieten z. B. der zweistielige Stockwerkrahmen, Abb. 193, und der durchlaufende Rahmen, Abb. 194. Die Aufspaltung in symmetrische und antisymmetrische Belastungen des Stockwerkrahmens führt zu dreigliedrigen Elastizitätsgleichungen, wenn für erstere das System der Abb. 193b und für letztere das System der Abb. 193c gewählt wird.

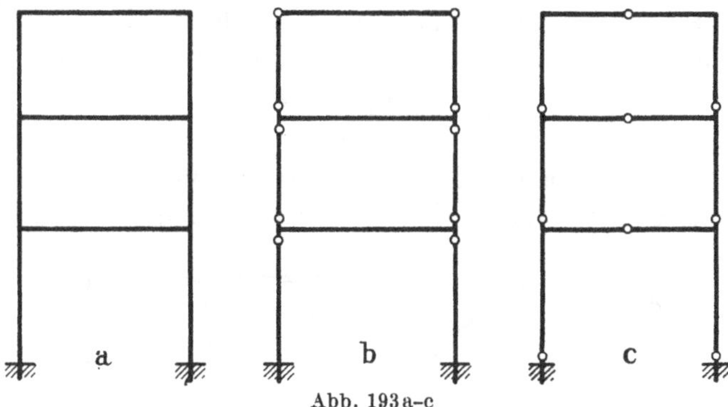

Abb. 193a–c

Beim durchlaufenden Rahmen wird die Untersuchung zweckmäßig zunächst für unverschieblichen Riegel vorgenommen, obwohl man den Grad der statischen Unbestimmtheit durch Annahme einer waagrechten Stützkraft R erhöht, und nachträglich eine Stützenverschiebung von

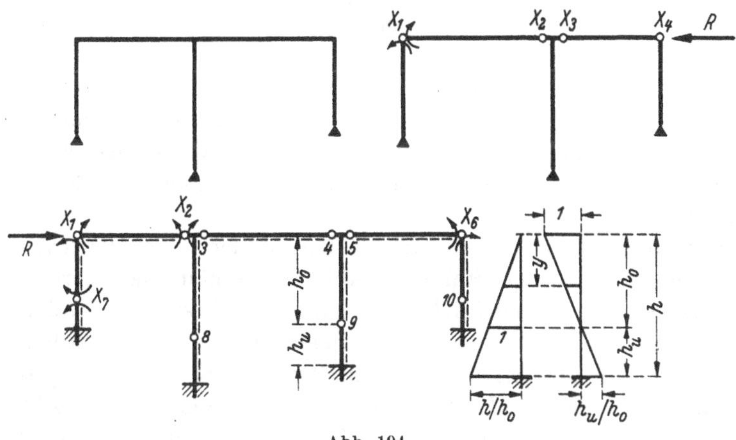

Abb. 194

solcher Größe eingeführt, daß R zu Null wird (vergl. Abschn. VII. 40, S. 190). Für die Stabendmomente der Riegel erhält man dann wieder dreigliedrige Elastizitätsgleichungen. Das gilt auch bei eingespannten Stützenfüßen. In den Stielen sind Gelenke in den Drittelpunkten anzunehmen, wenn ihr Trägheitsmoment konstant ist, andernfalls wird ihre Lage aus $\int_0^h \frac{y}{h_o}\left(1-\frac{y}{h_o}\right) dy \frac{I_c}{I} = 0$ bestimmt, wodurch erreicht wird, daß für lotrechte Riegelbelastung X_7 bis X_{10} als statisch unbestimmte Größen ausfallen, Abb. 194.

42. Elastizitätsgleichungen gegenseitiger Unabhängigkeit

Elastizitätsgleichungen gegenseitiger Unabhängigkeit liegen vor, wenn jede statisch unbestimmte Größe X_i unmittelbar aus

$$X_i = \frac{-\delta_{i0} - \delta_{it} + L_i}{\delta_{ii}}$$

berechnet werden kann, wenn also sämtliche Beiwerte δ_{ik} mit ungleichen Zeigern zu Null werden. Das kann in Ausnahmefällen durch

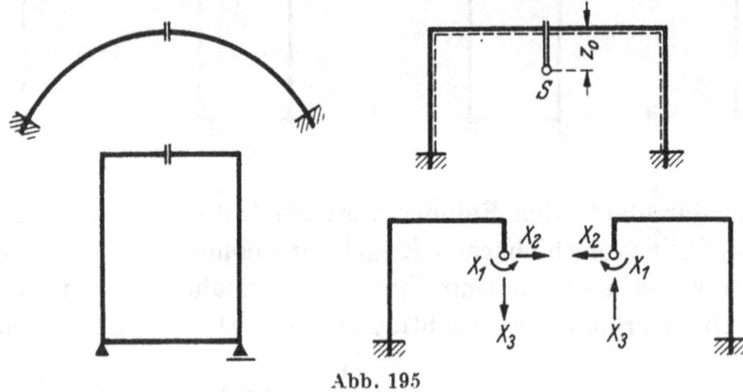

Abb. 195

geeignete Wahl des Hauptsystems und allgemein dadurch erreicht werden, daß man *Gruppen* statisch unbestimmter Größen einführt, wovon bei der Behandlung von Sonderfällen und durch die Benutzung statisch unbestimmter Hauptsysteme bereits Gebrauch gemacht wurde, Abschn. VII. 38.

Für den beiderseits eingespannten Bogen oder zweistieligen Rahmen und den geschlossenen Rahmen, Abb. 195, erhält man durch einen Schnitt in der Symmetrieachse als statisch unbestimmte Größen ein Moment M, eine Normalkraft N und eine Querkraft Q. Werden diese nicht an der Schnittstelle sondern im Punkt S im Abstande z_0 an den Enden starrer Stäbe ($I = \infty$) wirkend angenommen, so ergibt sich $M = X_1 + X_2 z_0$, $N = X_2$ und $Q = X_3$, was durch die folgende Matrix zum Ausdruck gebracht wird:

	X_1	X_2	X_3
M	1	z_0	0
N	0	1	0
Q	0	0	1

(194)

Daraus ist ersichtlich, daß der Wirkung von $X_1 = 1$ die Einzelwirkung $M = 1$, der Wirkung von $X_3 = 1$ die Einzelwirkung $Q = 1$, der Wirkung von $X_2 = 1$ aber die gleichzeitige Wirkung $M = 1 \cdot z_0$ und $N = 1$, also einer Gruppe von Einzelwirkungen bestimmter Größe entspricht.

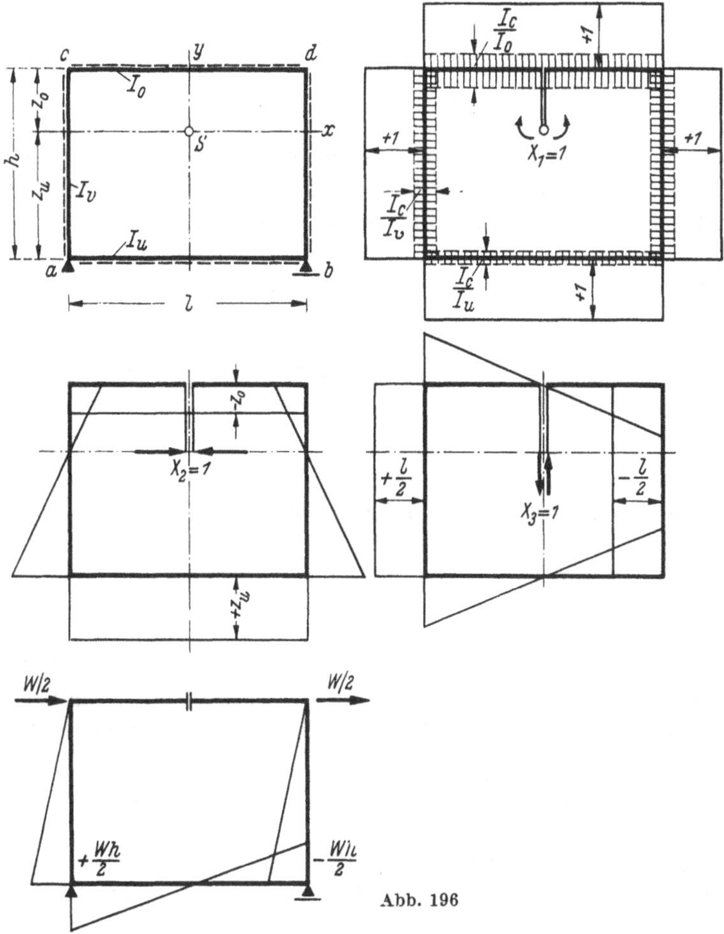

Abb. 196

Infolge der Symmetrie der Zustände $X_1 = 1$ und $X_2 = 1$ und der Antisymmetrie von $X_3 = 1$ werden die Beiwerte δ_{13} und δ_{23} ohne weiteres zu Null. Die Lage des Punktes S, des *elastischen Schwerpunktes*, ist nun aus der Bedingung $\delta_{12} = 0$ zu bestimmen, und man erhält auf diese Weise drei Gleichungen mit je einer Unbekannten, die für den geschlossenen Rahmen abgeleitet werden, Abb. 196.

Wird für Riegel und Pfosten konstantes Trägheitsmoment vorausgesetzt, so ergibt sich aus

$$EI_c\, \delta_{12} = l'_u z_u - l'_o z_o + 2h' \frac{z_u - z_o}{2} = 0$$

oder

$$z_u (l'_u + l'_o + 2h') = h (l'_o + h')$$

die Lage des elastischen Schwerpunktes durch

$$z_u = \frac{l'_o + h'}{G} h \qquad \text{und} \qquad z_o = \frac{l'_u + h'}{G} h, \tag{195}$$

wenn mit

$$G = l'_u + l'_o + 2h'$$

das elastische Gewicht des Rahmens eingeführt wird. Die Abstände z_o und z_u lassen sich auch aus der Lage des Schwerpunktes der schraffierten Fläche sofort angeben. Für die Beiwerte erhält man

$$EI_c\, \delta_{11} = \int ds \frac{I_c}{I} = \int dg = G = l'_u + l'_o + 2h'$$

$$EI_c\, \delta_{22} = \int y^2\, dy \frac{I_c}{I} = \int y^2\, dg = T_x = l'_u z_u^2 + l'_o z_o^2 + \frac{z'_u}{3} z_u^2 + \frac{z'_o}{3} z_o^2$$

$$= G\, z_o\, z_u - \frac{h^2 h'}{3}$$

als Trägheitsmoment der elastischen Gewichte in bezug auf die waagrechte Schwerpunktsachse,

$$EI_c\, \delta_{33} = \int x^2\, dg = T_y = (l'_u + l'_o + 6h') \frac{l^2}{12}$$

als Trägheitsmoment in bezug auf die lotrechte Schwerpunktsachse.

Symmetrische Belastung des unteren Riegels ergibt mit F'_0 als Inhalt der verzerrten M_0-Fläche des in a und b frei gestützten Balkens

$$X_1 = -\frac{F'_0}{G}; \qquad X_2 = -\frac{F'_0\, z_u}{T_x}; \qquad X_3 = 0. \tag{196}$$

Für eine waagrechte Belastung W in Höhe des oberen Riegels, die zweckmäßig je zur Hälfte in c und d wirkend anzunehmen ist, wird

$$X_1 = 0; \qquad X_2 = 0$$

$$X_3 = -\frac{\frac{W\,h}{2} \frac{l}{2} \left(\frac{l'_u}{3} + \frac{2h'}{2}\right)}{T_y} = -\frac{W\,h}{l} \frac{l'_u + 3h'}{l'_u + l'_o + 6h'}. \tag{197}$$

Damit lassen sich die Momente an beliebiger Stelle, insbesondere in den Rahmenecken bestimmen.

Die Einführung von Gruppen statisch unbestimmter Größen wird nun allgemein in der Weise vorgenommen, daß die Einzelwirkungen X

entsprechend nachstehender Matrix als lineare Funktionen der Gruppenzustände Y dargestellt werden.

	Y_1	Y_2	Y_3		Y_k		Y_n
X_1	y_{11}	y_{12}	y_{13}		y_{1k}		y_{1n}
X_2	y_{21}	y_{22}	y_{23}		y_{2k}		y_{2n}
X_3	y_{31}	y_{32}	y_{33}		y_{3k}		y_{3n}
X_i	y_{i1}	y_{i2}	y_{i3}		y_{ik}		y_{in}
X_n	y_{n1}	y_{n2}	y_{n3}		y_{nk}		y_{nn}

(198)

Die Gruppe $Y_k = 1$ ist durch gleichzeitige Wirkung von $X_1 = y_{1k}$; $X_2 = y_{2k}$; $X_3 = y_{3k}$; ... $X_i = y_{ik}$ ... $X_n = y_{nk}$ gekennzeichnet. Die Konstanten der Matrix sind nun so zu bestimmen, daß die Beiwerte der Elastizitätsgleichungen als Kombination zweier Gruppenzustände $Y_i = 1$ und $Y_k = 1$ zu Null werden. Sie werden zur Unterscheidung von δ_{ik}, dessen Zeiger auf Einzelwirkungen hinweisen, mit $\mu_{ik} = \mu_{ki}$ bezeichnet. Ist die Bedingung $\mu_{ik} = 0$ für alle möglichen Kombinationen $(i \neq k)$ erfüllt, so ist Y_k selbst zu berechnen aus

$$Y_k = \frac{-\mu_{k0} - \mu_{kt} + L_k}{\mu_{kk}}. \qquad (199)$$

Die Belastungsglieder μ_{k0}, μ_{kt} und L_k sind hier die Arbeiten aller in der Gruppe $Y_k = 1$ zusammengefaßten Einzelwirkungen auf den Wegen, die durch äußere Lasten, durch Temperaturänderungen oder durch Stützenverschiebungen am statisch bestimmten System hervorgerufen werden. Die statischen Größen des Zustandes $Y_k = 1$ werden durch den Index k gekennzeichnet, und für eine beliebige Größe Z gilt auch hier die Gl. (117) eben mit dem Unterschied, daß Z_k den Wert der statischen Größe in dem Gleichgewichtszustand der Gruppe $Y_k = 1$ darstellt.

Die Beiwerte μ_{ik} sind als die Arbeiten der Einzelwirkungen des Zustandes $Y_i = 1$ auf den durch $Y_k = 1$ erzeugten Wegen zu definieren. Da die Zeiger vertauschbar sind, $\mu_{ik} = \mu_{ki}$, so sind durch die Gruppenzustände $\frac{n^2 - n}{2}$ Bedingungen $\mu_{ik} = 0$ zu erfüllen; d. h. von den insgesamt n^2 Konstanten der Matrix Gl. (198) müssen $\frac{n^2 + n}{2}$, das sind alle Werte in und unterhalb der Diagonalen, vorweg gewählt werden. Falls nicht zur Ausnutzung vorliegender Symmetrie eine andere Festsetzung zweckmäßig ist, werden sämtliche Diagonalwerte $y_{kk} = 1$ und alle unter der Diagonalen liegenden Werte zu Null gewählt.

	Y_1	Y_2	Y_3	Y_k		Y_n
X_1	1	y_{12}	y_{13}	y_{1k}		y_{1n}
X_2	0	1	y_{23}	y_{2k}		y_{2n}
X_3	0	0	1	y_{3k}		y_{3n}
X_k	0	0	0	1		y_{kn}
X_n	0	0	0	0		1

(200)

In einer so aufgebauten Matrix stellt $Y_k = 1$ den Gleichgewichtszustand dar, der in dem $(k-1)$-fach statisch unbestimmten System durch $X_k = 1$ erzeugt wird. Daraus ergibt sich eine Möglichkeit zur Berechnung der Matrixkonstanten, indem diese Gleichgewichtszustände $X_k = 1$, beginnend mit $k = 1$, nacheinander vom statisch bestimmten zum $(n-1)$-fach statisch unbestimmten System fortschreitend ermittelt werden, worauf bereits auf S. 141 hingewiesen wurde. Weiter ergibt sich daraus, daß Zähler und Nenner in Gl. (199) als Wege in Richtung $X_k = 1$ am $(k-1)$-fach statisch unbestimmten System aufzufassen sind, so daß Gl. (199) inhaltlich mit Gl. (121) übereinstimmt.

Sollen die Bedingungen $\mu_{ik} = 0$ zur Berechnung der Gruppen benutzt werden, so wird zweckmäßig

$$\vartheta_{ik} = y_{1k}\,\delta_{1i} + y_{2k}\,\delta_{2i} + y_{3k}\,\delta_{3i} \cdots + 1 \cdot \delta_{ki} \tag{201}$$

als Arbeit der Einzelwirkungen des Zustandes $Y_k = 1$ auf den durch $X_i = 1$ in 1 bis k erzeugten Wegen eingeführt. Die Arbeit ϑ_{ik} kann auch als Weg in i, erzeugt durch $Y_k = 1$, gedeutet werden, denn es ist die Kombination von $Y_k = 1$ mit $X_i = 1$. Der erste Zeiger kennzeichnet die Einzelwirkung, der zweite die Gruppe. Die Zeiger sind daher nicht vertauschbar, $\vartheta_{ik} \neq \vartheta_{ki}$.

Dann lauten die Bedingungen $\mu_{ik} = \mu_{ki} = 0$, indem die Einzelwirkungen einer Gruppe mit den durch eine andere Gruppe erzeugten Wegen multipliziert werden:

$$\left.\begin{aligned} \mu_{ki} &= y_{1k}\,\vartheta_{1i} + y_{2k}\,\vartheta_{2i} + y_{3k}\,\vartheta_{3i} + \cdots + 1 \cdot \vartheta_{ki} = 0 \\ \mu_{ik} &= y_{1i}\,\vartheta_{1k} + y_{2i}\,\vartheta_{2k} + y_{3i}\,\vartheta_{3k} + \cdots + 1 \cdot \vartheta_{ik} = 0. \end{aligned}\right\} \tag{202}$$

Der Zustand $Y_1 = 1$ ist identisch dem Zustand $X_1 = 1$. Es ist

$$\mu_{11} = \vartheta_{11} = \delta_{11}.$$

Für den Zustand $Y_2 = 1$ erhält man aus der Bedingung

$$\mu_{21} = y_{12}\vartheta_{11} + 1\cdot\vartheta_{21} = 0 \text{ den Wert } y_{12} = -\frac{\vartheta_{21}}{\vartheta_{11}}.$$

Aus $\quad \mu_{12} = 1\cdot\vartheta_{12} = 0$

folgt eine Aussage über den Formänderungszustand: Der Weg in *1* infolge $Y_2 = 1$ wird zu Null, d. h. $Y_2 = 1$ ist ein Gleichgewichtszustand in einem einfach statisch unbestimmten Tragwerk, in welchem das Glied *1* nicht entfernt ist.

Weiterhin ergibt sich

$$\mu_{22} = y_{12}\vartheta_{12} + 1\cdot\vartheta_{22} = 1\cdot\vartheta_{22},$$

d. h. μ_{22} wird durch Kombination von $Y_2 = 1$ mit $X_2 = 1$ gewonnen. Die Rechnung ist einfacher durchzuführen als die Kombination von $Y_2 = 1$ mit $Y_2 = 1$ und wieder darin begründet, daß in $Y_2 = 1$ ein Gleichgewichtszustand eines statisch unbestimmten Systems vorliegt. Es folgen weiter die Gleichungen für den Zustand $Y_3 = 1$:

$$\mu_{32} = y_{13}\vartheta_{12} + y_{23}\vartheta_{22} + 1\cdot\vartheta_{32} = 0$$

$$\mu_{31} = y_{13}\vartheta_{11} + y_{23}\vartheta_{21} + 1\cdot\vartheta_{31} = 0.$$

Da $\vartheta_{12} = 0$, folgt daraus

$$y_{23} = -\frac{\vartheta_{32}}{\vartheta_{22}} = k_{23}$$

$$y_{13} = -\frac{\vartheta_{31}}{\vartheta_{11}} - y_{23}\frac{\vartheta_{21}}{\vartheta_{11}} = k_{13} + y_{12}k_{23}.$$

Nunmehr ergeben sich wieder Aussagen über den Formänderungszustand $Y_3 = 1$:

$$\mu_{13} = 1\cdot\vartheta_{13} = 0$$

$$\mu_{23} = y_{12}\vartheta_{13} + 1\cdot\vartheta_{23} = 0, \quad \text{somit auch } \vartheta_{23} = 0$$

$$\mu_{33} = y_{13}\vartheta_{13} + y_{23}\vartheta_{23} + 1\cdot\vartheta_{33}; \quad \text{somit } \mu_{33} = 1\cdot\vartheta_{33}.$$

Zustand $Y_4 = 1$:

$$\mu_{43} = y_{14}\vartheta_{13} + y_{24}\vartheta_{23} + y_{34}\vartheta_{33} + 1\cdot\vartheta_{43} = 0$$

$$\mu_{42} = y_{14}\vartheta_{12} + y_{24}\vartheta_{22} + y_{34}\vartheta_{32} + 1\cdot\vartheta_{42} = 0$$

$$\mu_{41} = y_{14}\vartheta_{11} + y_{24}\vartheta_{21} + y_{34}\vartheta_{31} + 1\cdot\vartheta_{41} = 0.$$

Lösung:

$$y_{34} = -\frac{\vartheta_{43}}{\vartheta_{33}} = k_{34}$$

$$y_{24} = -\frac{\vartheta_{42}}{\vartheta_{22}} - y_{34}\frac{\vartheta_{32}}{\vartheta_{22}} = k_{24} + y_{23}\,k_{34}$$

$$y_{14} = -\frac{\vartheta_{14}}{\vartheta_{11}} - y_{34}\frac{\vartheta_{31}}{\vartheta_{11}} - y_{24}\frac{\vartheta_{21}}{\vartheta_{11}}$$

$$= k_{14} + k_{34}\,k_{13} + y_{12}\,(k_{24} + k_{23}\,k_{34}) = k_{14} + y_{12}\,k_{24} + y_{13}\,k_{34}.$$

Die Umkehrung der Zeiger von μ führt zu den Aussagen:

$$\vartheta_{14} = \vartheta_{24} = \vartheta_{34} = 0 \quad \text{und} \quad \mu_{44} = 1 \cdot \vartheta_{44}.$$

Für alle Beiwerte mit gleichen Zeigern ist $\mu_{kk} = 1 \cdot \vartheta_{kk}$.

Damit ist das Bildungsgesetz für die Matrixkonstanten klar zu erkennen. Die für $n = 4$ angegebene Matrix Gl. (203) läßt sich beliebig erweitern.

	Y_1	Y_2	Y_3	Y_4 (203)
X_1	$y_{11} = 1$	$y_{12} = k_{12}$	$y_{13} = k_{13} + y_{12}\,k_{23}$	$y_{14} = k_{14} + y_{12}\,k_{24} + y_{13}\,k_{34}$
X_2	0	$y_{22} = 1$	$y_{23} = k_{23}$	$y_{24} = k_{24} + y_{23}\,k_{34}$
X_3	0	0	$y_{33} = 1$	$y_{34} = k_{34}$
X_4	0	0	0	$y_{44} = 1$

Die darin auftretenden Werte k_{ik} sind der Reihe nach aus

$$k_{ik} = -\frac{\vartheta_{ki}}{\vartheta_{ii}} \quad (k > i) \text{ für jede Gruppe } k$$

zu berechnen. Dazu sind die Kombinationen $Y_i = 1$ mit $X_k = 1$ (für den Zähler) und $Y_i = 1$ mit $X_i = 1$ (für den Nenner) durchzuführen, doch kann auf Grund der Gl. (201) auch auf die Werte δ_{ik} zurückgegriffen werden, was sich in der Regel empfiehlt, da dann die Darstellung der Zustände $Y = 1$ entbehrlich ist. In dem durchgerechneten Beispiel ist in dieser Weise verfahren.

Um das oben gewonnene Bildungsgesetz noch einmal zu bestätigen, soll die Matrix für den Zustand $Y_5 = 1$ erweitert werden, indem von der bereits erwähnten Möglichkeit Gebrauch gemacht wird, aus der Belastung des 4-fach statisch unbestimmten Systems mit $X_5 = 1$ die Werte y_{i5} zu berechnen. Als Belastungsglieder infolge $X_5 = 1$ erhält man

$$\mu_{10} = \vartheta_{51};\ \mu_{20} = \vartheta_{52};\ \mu_{30} = \vartheta_{53};\ \mu_{40} = \vartheta_{54};$$

damit im Kopf der Matrix für diesen Lastfall

$$Y_1 = -\frac{\vartheta_{51}}{\vartheta_{11}};\quad Y_2 = -\frac{\vartheta_{52}}{\vartheta_{22}};\quad Y_3 = -\frac{\vartheta_{53}}{\vartheta_{33}};\quad Y_4 = -\frac{\vartheta_{54}}{\vartheta_{44}};$$

$$Y_1 = k_{15};\quad Y_2 = k_{25};\quad Y_3 = k_{35};\quad Y_4 = k_{45}.$$

Damit ist aus der vorstehenden Matrix abzulesen:

$$\begin{aligned} X_1 &= y_{15} = k_{15} + y_{12}\,k_{25} + y_{13}\,k_{35} + y_{14}\,k_{45} \\ X_2 &= y_{25} = \phantom{k_{15} + y_{12}\,}k_{25} + y_{23}\,k_{35} + y_{24}\,k_{45} \\ X_3 &= y_{35} = \phantom{k_{15} + y_{12}\,k_{25} + y_{23}\,}k_{35} + y_{34}\,k_{45} \\ X_4 &= y_{45} = \phantom{k_{15} + y_{12}\,k_{25} + y_{23}\,k_{35} + y_{34}\,}k_{45} \end{aligned}$$

und $$X_5 = y_{55} = 1.$$

Zahlenbeispiel. Das wiederholt behandelte Beispiel (Abb. 197) soll auch hier — mit beweglichem Lager in a — aufgegriffen werden. Als statisch unbestimmte Größen sind die Stabendmomente

$$M_{1a} = X_1; \quad M_{12} = X_2; \quad M_{21} = X_3 \quad \text{und} \quad M_{2d} = X_4$$

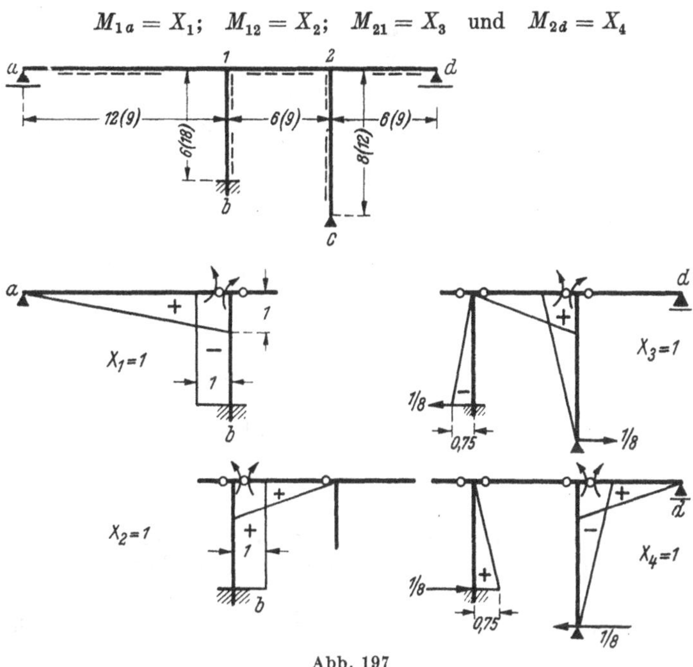

Abb. 197

gewählt worden. Die Gleichgewichtszustände $X_i = 1$ sind durch ihre Momentenflächen in Abb. 197 wiedergegeben. Man erhält daraus die EI_c-fachen Beiwerte δ zu

$$\begin{array}{llll} \delta_{11} = +\,21 & \delta_{12} = -\,18 & \delta_{13} = +\,6{,}75 & \delta_{14} = -\,6{,}75 \\ & \delta_{22} = +\,21 & \delta_{23} = -\,5{,}25 & \delta_{24} = +\,6{,}75 \\ & & \delta_{33} = +\,10{,}375 & \delta_{34} = -\,7{,}375 \\ & & & \delta_{44} = +\,10{,}375 \end{array}$$

Gruppe Y_1: $\quad y_{11} = 1: \quad \vartheta_{11} = +\,21$

Gruppe Y_2: $\quad y_{12} = -\dfrac{-\,18}{21} = +\,0{,}857$

$$\vartheta_{22} = y_{12}\,\delta_{12} + 1\cdot\delta_{22} = +\,5{,}574$$

Gruppe Y_3:

$$k_{13} = -\frac{\vartheta_{31}}{\vartheta_{11}} = -\frac{\delta_{31}}{\delta_{11}} = -\frac{6,75}{21} = -0,321$$

$$y_{23} = k_{23} = -\frac{\vartheta_{32}}{\vartheta_{22}} = -\frac{y_{12}\,\delta_{13} + 1\cdot\vartheta_{23}}{\vartheta_{22}} = -0,096$$

$$y_{13} = -0,321 - 0,857\cdot 0,096 = -0,404$$

$$\vartheta_{33} = y_{13}\,\delta_{13} + y_{23}\,\vartheta_{23} + 1\cdot\delta_{33} = +8,152$$

Gruppe Y_4:

$$k_{14} = -\frac{\vartheta_{41}}{\vartheta_{11}} = -\frac{-6,75}{21} = +0,321$$

$$k_{24} = -\frac{\vartheta_{42}}{\vartheta_{22}} = -\frac{y_{12}\,\delta_{14} + 1\cdot\delta_{24}}{\vartheta_{22}} = -0,173$$

$$y_{34} = k_{34} = -\frac{\vartheta_{43}}{\vartheta_{33}} = -\frac{y_{13}\,\delta_{14} + y_{23}\,\delta_{24} + 1\cdot\delta_{34}}{\delta_{33}} = +0,65$$

$$y_{24} = -0,173 - 0,096\cdot 0,65 = -0,235$$

$$y_{14} = +0,321 - 0,857\cdot 0,173 - 0,404\cdot 0,65 = -0,09$$

$$\vartheta_{44} = y_{14}\,\delta_{14} + y_{24}\,\delta_{24} + y_{34}\,\delta_{34} + 1\cdot\delta_{44} = +4,603.$$

Damit erhält man die folgende Matrix:

	Y_1	Y_2	Y_3	Y_4
X_1	1	+ 0,857	− 0,404	− 0,09
X_2	0	1	− 0,096	− 0,235
X_3	0	0	1	+ 0,65
X_4	0	0	0	1

Für Belastung des Riegels zwischen *a* und *2* mit $p = 1$ t/m bzw. $p = 1,5$ t/m, Abb. 179, werden zunächst die Belastungsglieder δ_{i0} berechnet:

$$\delta_{10} = 1\cdot\frac{12^2}{8}\,\frac{2}{3}\,9\cdot\frac{1}{2} = 54; \qquad \delta_{20} = 1,5\cdot\frac{6^2}{8}\,\frac{2}{3}\,9\cdot\frac{1}{2} = 20,25 = \delta_{30}; \qquad \delta_{40} = 0.$$

Damit wird

$$\mu_{10} = 1\cdot\delta_{10} = 54$$

$$\mu_{20} = y_{12}\,\delta_{10} + 1\cdot\delta_{20} = +0,857\cdot 54 + 20,25 = +66,53$$

$$\mu_{30} = y_{13}\,\delta_{10} + y_{23}\,\delta_{20} + 1\cdot\delta_{30} = -3,51$$

$$\mu_{40} = y_{14}\,\delta_{10} + y_{24}\,\delta_{20} + y_{34}\,\delta_{30} + 1\cdot\delta_{40} = +3,544.$$

Es folgt die Berechnung der Y_i:

$$Y_1 = \frac{-54}{21} = -2,571 \qquad Y_2 = \frac{-66,53}{5,574} = -11,94$$

$$Y_3 = \frac{+3,51}{8,152} = +0,431 \qquad Y_4 = \frac{-3,544}{4,603} = -0,77$$

und damit die Berechnung der Einzelwirkungen X_i:

$$X_1 = -2{,}571 - 0{,}857 \cdot 11{,}94 - 0{,}404 \cdot 0{,}431 + 0{,}09 \cdot 0{,}77 = -12{,}9 \text{ mt}$$

$$X_2 = -11{,}94 - 0{,}096 \cdot 0{,}431 + 0{,}235 \cdot 0{,}77 = -11{,}8 \text{ mt}$$

$$X_3 = +0{,}431 - 0{,}65 \cdot 0{,}77 = -0{,}07 \text{ mt}$$

$$X_4 = -1 \cdot 0{,}77 = -0{,}77 \text{ mt.}$$

Das Ergebnis stimmt mit den auf S. 191 ermittelten Werten überein.

Symmetrische Tragwerke

Die Matrix Gl. (203) der Gruppenlasten hat allgemeine Gültigkeit, wenn von den Diagonalwerten $y_{kk} = 1$ ausgegangen wird und alle anderen Matrixkonstanten auf dem vorgeschriebenen Weg bestimmt werden, was bei unregelmäßigem, unsymmetrischem Aufbau eines Tragwerkes die Regel ist.

Nun bietet aber die Einführung von Gruppen statisch unbestimmter Größen besondere Vorteile, wenn symmetrische Tragwerke zu berechnen sind. In solchen Fällen läßt sich ein allgemein gültiges Schema für die Matrix nicht angeben; sie muß von Fall zu Fall und in Abhängigkeit von dem gewählten Hauptsystem entwickelt werden. Dadurch, daß die statisch unbestimmten Größen in der Symmetrieachse und paarweise symmetrisch dazu gelegen gewählt werden, läßt sich stets erreichen, daß nur symmetrische und antisymmetrische Gruppenzustände vorkommen, wozu auch Matrixkonstante unterhalb der Diagonalen von Null verschieden anzunehmen sind.

Als Beispiel soll die Matrix für ein 6-fach statisch unbestimmtes System entwickelt werden unter der Voraussetzung, daß 3 symmetrisch gelegene Paare als unbekannte Einzelwirkungen X_1 bis X_6 eingeführt werden. Unter dieser Voraussetzung haben die Entwicklungen wieder allgemeine Gültigkeit. Im Anschluß an die allgemeine Ableitung der Matrix wird die Zahlenrechnung für den Rahmen Abb. 198 durchgeführt, der bereits im Abschn. 38, S. 164 behandelt wurde. Als statisch unbestimmte Einzelwirkungen werden die Momente in den Ecken, X_1 und X_2, die Einspannmomente der äußeren Stiele, X_3 und X_4, und die Stabendmomente der Riegel am Mittelstiel, X_5 und X_6, eingeführt, so daß die Ergebnisse wieder unmittelbar mit den früher erhaltenen Werten verglichen werden können.

Für das später behandelte Zahlenbeispiel sind alle Gleichgewichtszustände, die für die Rechnung benötigt werden, in Abb. 198 zusammengestellt.

In der Matrix Gl. (204) werden wieder alle Werte der Diagonalen $y_{kk} = 1$ gesetzt. Darüber hinaus werden die Werte y_{21} der Gruppe 1, y_{43} der Gruppe 3 und y_{65} der Gruppe 5 zu 1 gewählt, wodurch erreicht wird, daß diese Gruppen symmetrische Gleichgewichtszustände darstellen. Die Gruppen 2, 4 und 6 werden sich sodann zwangläufig als antisymmetrische herausstellen. Aus diesen Überlegungen sind bereits gewisse Schlußfolgerungen möglich, doch soll der Entwicklung nicht vorgegriffen werden.

	Y_1	Y_2	Y_3	Y_4	Y_5	Y_6
X_1	1	y_{12}	y_{13}	y_{14}	y_{15}	y_{16}
X_2	1	1	y_{23}	y_{24}	y_{25}	y_{26}
X_3	0	0	1	y_{34}	y_{35}	y_{36}
X_4	0	0	1	1	y_{45}	y_{46}
X_5	0	0	0	0	1	y_{56}
X_6	0	0	0	0	1	1

(204)

Gruppe $Y_1 = 1$:

$$\mu_{11} = 1 \cdot \vartheta_{11} + 1 \cdot \vartheta_{21} \; (= 2\vartheta_{11})$$

Da X_1 und X_2 symmetrisch gelegene Größen sind und $Y_1 = 1$ ein symmetrischer Gleichgewichtszustand ist, ist $\vartheta_{21} = \vartheta_{11}$. Für die Berechnung von μ_{11} ist es aber nicht zweckmäßig davon Gebrauch zu machen, da die Summe einfacher zu berechnen ist. (Gleichzeitige Wirkung von $X_1 = 1$ und $X_2 = 1$ gibt symmetrischen Gleichgewichtszustand!)

Gruppe $Y_2 = 1$:

$$\mu_{21} = y_{12}\vartheta_{11} + 1 \cdot \vartheta_{21} = 0; \qquad y_{12} = -\frac{\vartheta_{21}}{\vartheta_{11}} = -1$$

$$\mu_{12} = 1 \cdot \vartheta_{12} + 1 \cdot \vartheta_{22} = 0; \qquad \vartheta_{12} = -\vartheta_{22}$$

$$\mu_{22} = -1 \cdot \vartheta_{12} + 1 \cdot \vartheta_{22}$$

Gruppe $Y_3 = 1$:

$$\mu_{32} = y_{13}\vartheta_{12} + y_{23}\vartheta_{22} + 1 \cdot \vartheta_{32} + 1 \cdot \vartheta_{42} = 0$$

$1 \cdot \vartheta_{32} + 1 \cdot \vartheta_{42} = 0$ (da 3 u. 4 symmetrisch gelegen, $Y_2 = 1$ antisymmetrisch),

somit $y_{13} = -y_{23}\dfrac{\vartheta_{22}}{\vartheta_{12}} = y_{23}$

$$\mu_{31} = y_{13}(\vartheta_{11} + \vartheta_{21}) + 1 \cdot \vartheta_{31} + 1 \cdot \vartheta_{41} = 0$$

$$y_{13} = y_{23} = -\frac{\vartheta_{31} + \vartheta_{41}}{\vartheta_{11} + \vartheta_{21}} = -\frac{\vartheta_{31} + \vartheta_{41}}{\mu_{11}}$$

$$\left.\begin{aligned} \mu_{13} &= 1 \cdot \vartheta_{13} + 1 \cdot \vartheta_{23} = 0 \\ \mu_{23} &= -1 \cdot \vartheta_{13} + 1 \cdot \vartheta_{23} = 0 \end{aligned}\right\} \vartheta_{13} = \vartheta_{23} = 0$$

$$\mu_{33} = y_{13}\vartheta_{13} + y_{23}\vartheta_{23} + 1 \cdot \vartheta_{33} + 1 \cdot \vartheta_{43}$$

$$\mu_{33} = 1 \cdot \vartheta_{33} + 1 \cdot \vartheta_{43}$$

Gruppe $Y_4 = 1$:

$$\mu_{43} = y_{14}\vartheta_{13} + y_{24}\vartheta_{23} + y_{34}\vartheta_{33} + 1\cdot\vartheta_{43} = 0$$

daraus $y_{34} = -\frac{\vartheta_{43}}{\vartheta_{33}} = -1$ (da 3 u. 4 symmetrisch gelegen und $Y_3 = 1$ symmetrisch!)

$$\mu_{42} = y_{14}\vartheta_{12} + y_{24}\vartheta_{22} - 1\cdot\vartheta_{32} + 1\cdot\vartheta_{42} = 0$$

$$\mu_{41} = y_{14}\vartheta_{11} + y_{24}\vartheta_{21} - 1\cdot\vartheta_{31} + 1\cdot\vartheta_{41} = 0; \qquad y_{14} = -y_{24}$$

(da $\vartheta_{31} = \vartheta_{41}$ und $\vartheta_{11} = \vartheta_{21}$)

$$y_{14} = -\frac{(-\vartheta_{32} + \vartheta_{42})}{\vartheta_{12} - \vartheta_{22}} = \frac{-\vartheta_{32} + \vartheta_{42}}{\mu_{22}}$$

$$\left.\begin{aligned}\mu_{14} &= 1\cdot\vartheta_{14} + 1\cdot\vartheta_{24} = 0\\ \mu_{24} &= -1\cdot\vartheta_{14} + 1\cdot\vartheta_{24} = 0\end{aligned}\right\}\ \vartheta_{14} = \vartheta_{24} = 0$$

$$\mu_{34} = y_{13}\vartheta_{14} + y_{23}\vartheta_{24} + 1\cdot\vartheta_{34} + 1\cdot\vartheta_{44} = 0; \qquad 1\cdot\vartheta_{34} + 1\cdot\vartheta_{44} = 0$$

$$\mu_{44} = -1\cdot\vartheta_{34} + 1\cdot\vartheta_{44}$$

Gruppe $Y_5 = 1$:

$$\mu_{54} = y_{15}\vartheta_{14} + y_{25}\vartheta_{24} + y_{35}\vartheta_{34} + y_{45}\vartheta_{44} + 1\cdot\vartheta_{54} + 1\cdot\vartheta_{64} = 0,$$

da $\vartheta_{54} = -\vartheta_{64}$, wird $y_{35} = -y_{45}\frac{\vartheta_{34}}{\vartheta_{44}} = y_{45}$

$$\mu_{53} = y_{15}\vartheta_{13} + y_{25}\vartheta_{23} + y_{35}(\vartheta_{33} + \vartheta_{43}) + 1\cdot\vartheta_{53} + 1\cdot\vartheta_{63} = 0$$

$$y_{35} = y_{45} = -\frac{\vartheta_{53} + \vartheta_{63}}{\mu_{33}}$$

$$\mu_{52} = y_{15}\vartheta_{12} + y_{25}\vartheta_{22} + y_{35}(\vartheta_{32} + \vartheta_{42}) + 1(\vartheta_{52} + \vartheta_{62}) = 0$$

Da beide Klammerwerte Null sind, wird

$$y_{15} = -y_{25}\frac{\vartheta_{22}}{\vartheta_{12}} = y_{25}$$

$$\mu_{51} = y_{15}(\vartheta_{11} + \vartheta_{21}) + y_{35}(\vartheta_{31} + \vartheta_{41}) + 1\cdot(\vartheta_{51} + \vartheta_{61}) = 0$$

$$y_{15} = y_{25} = -\frac{\vartheta_{51} + \vartheta_{61}}{\mu_{11}} + y_{35}\,y_{13}$$

$$\left.\begin{aligned}\mu_{15} &= 1\cdot\vartheta_{15} + 1\cdot\vartheta_{25} = 0\\ \mu_{25} &= -1\cdot\vartheta_{15} + 1\cdot\vartheta_{25} = 0\end{aligned}\right\}\ \vartheta_{15} = \vartheta_{25} = 0$$

$$\left.\begin{aligned}\mu_{35} &= y_{13}\vartheta_{15} + y_{23}\vartheta_{25} + 1\cdot\vartheta_{35} + 1\cdot\vartheta_{45} = 0\\ \mu_{45} &= y_{14}\vartheta_{15} + y_{24}\vartheta_{25} - 1\cdot\vartheta_{35} + 1\cdot\vartheta_{45} = 0\end{aligned}\right\}\ \vartheta_{35} = \vartheta_{45} = 0$$

$$\mu_{55} = 1\cdot\vartheta_{55} + 1\cdot\vartheta_{65}$$

I=I_c
6,0
I_c/I=1,5
6,0
a
b
c
P/2
M_0
W
X_1=1
X_2=1
5
6
3
4
Y_1=1
X_1=-1
Y_2=1
+2
X_3=1
X_4=1
-0,3
Y_3=1
+1
X_3=-1
-2
-9/22
+9/22
Y_4=1
-1
-26/22
X_5=1
X_6=1
-4/17
+2/17
Y_5=1
X_6=+1
X_5=-1
-0,4
+0,4
+0,8
+0,4
-0,8
Y_6=1

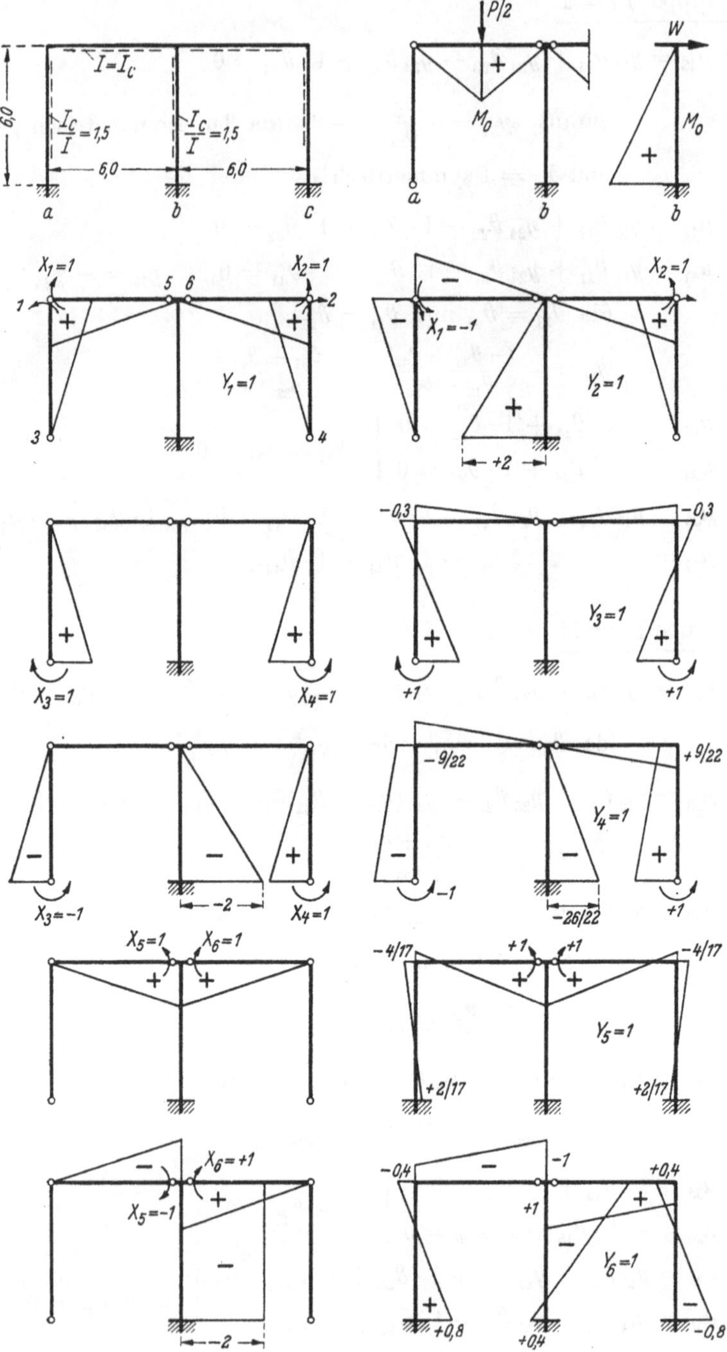

Abb. 198

Gruppe $Y_6 = 1$:

$$\mu_{65} = y_{16}\vartheta_{15} + y_{26}\vartheta_{25} + y_{36}\vartheta_{35} + y_{46}\vartheta_{45} + y_{56}\vartheta_{55} + 1\cdot\vartheta_{65} = 0$$

$$y_{56} = -\frac{\vartheta_{65}}{\vartheta_{55}} = -1$$

$$\mu_{64} = y_{16}\vartheta_{14} + y_{26}\vartheta_{24} + y_{36}\vartheta_{34} + y_{46}\vartheta_{44} - 1\cdot\vartheta_{54} + 1\cdot\vartheta_{64} = 0$$

$$\mu_{63} = y_{16}\vartheta_{13} + y_{26}\vartheta_{23} + y_{36}\vartheta_{33} + y_{46}\vartheta_{43} - 1\cdot\vartheta_{53} + 1\cdot\vartheta_{63} = 0$$

$$y_{36} = -y_{46}\frac{\vartheta_{43}}{\vartheta_{33}} = -y_{46}$$

$$y_{36}(\vartheta_{34} - \vartheta_{44}) - 1\cdot\vartheta_{54} + 1\cdot\vartheta_{64} = 0;$$

$$y_{36} = -y_{46} = \frac{-\vartheta_{54} + \vartheta_{64}}{\mu_{44}}$$

$$\mu_{62} = y_{16}\vartheta_{12} + y_{26}\vartheta_{22} + y_{36}(\vartheta_{32} - \vartheta_{42}) - 1\cdot\vartheta_{52} + 1\cdot\vartheta_{62} = 0$$

$$\mu_{61} = y_{16}\vartheta_{11} + y_{26}\vartheta_{21} + y_{36}(\vartheta_{31} - \vartheta_{41}) - 1\cdot(\vartheta_{51} - \vartheta_{61}) = 0$$

$$y_{16} = -y_{26}\frac{\vartheta_{21}}{\vartheta_{11}} = -y_{26}$$

$$y_{16} = -y_{26} = \frac{-\vartheta_{52} + \vartheta_{62}}{\mu_{22}} - y_{36}\,y_{14}$$

$$\mu_{66} = -1\cdot\vartheta_{56} + 1\cdot\vartheta_{66}.$$

Damit ist die Matrix für das 6-fach statisch unbestimmte System, sofern Symmetrie vorliegt und die statisch unbestimmten Einzelwirkungen paarweise symmetrisch gelegen eingeführt werden, vollständig berechnet. Durch geeignete Wahl des Hauptsystems kann man erreichen, daß einige der zu berechnenden Konstanten zu Null werden, was für die weitere Zahlenrechnung von Vorteil ist.

Da sich abwechselnd symmetrische und antisymmetrische Gleichgewichtszustände $Y_k = 1$ ergeben, wird man auch die zu untersuchenden Belastungsfälle wieder aufspalten, wodurch eine wesentliche Vereinfachung der Zahlenrechnung erreicht wird.

Zahlenbeispiel. Für den dreistieligen Rahmen soll die Rechnung für die Belastung durch zwei Einzellasten $P/2$ in Riegelmitte und für Windlast in Riegelhöhe durchgeführt werden, Abb. 198.

Zustand $Y_1 = 1$: $\quad \mu_{11} = \frac{2\cdot 6}{3} + \frac{2\cdot 9}{3} = 10$

Zustand $Y_2 = 1$:

$y_{12} = -1 \quad \mu_{22} = \frac{2\cdot 6}{3} + \frac{2\cdot 9}{3} + \frac{9}{3}\cdot 4 = 22$

Zustand $Y_3 = 1$:

$$y_{13} = y_{23} = \frac{-2\cdot\frac{9}{6}}{10} = -0{,}3 \qquad \mu_{33} = \frac{2\cdot 9}{3}\left(1 - \frac{0{,}3}{2}\right) = 5{,}10$$

Zustand $Y_4 = 1$:

$$y_{14} = -y_{24} = +\frac{2\cdot\frac{9}{6}-\frac{9}{3}\cdot 4}{22} = -\frac{9}{22}$$

$$\mu_{44} = 2\cdot\frac{9}{3}\left(1+\frac{9}{44}\right)+\frac{9}{3}\cdot 2\cdot\frac{26}{22} = \frac{315}{22}$$

Zustand $Y_5 = 1$:

$$y_{35} = y_{45} = -\frac{-2\cdot\frac{6}{6}\cdot 0{,}3}{5{,}1} = +\frac{2}{17}$$

$$y_{15} = y_{25} = -\frac{2\cdot\frac{6}{6}}{10} - 0{,}3\cdot\frac{2}{17} = -\frac{4}{17}$$

$$\mu_{55} = \frac{2\cdot 6}{3}\left(1-\frac{2}{17}\right) = \frac{60}{17}$$

Zustand $Y_6 = 1$:

$$y_{36} = -y_{46} = \left(2\cdot\frac{6}{6}\cdot\frac{9}{22}+\frac{9}{2}\cdot 2\cdot\frac{26}{22}\right)\frac{22}{315} = +0{,}8$$

$$y_{16} = -y_{26} = \frac{2\cdot\frac{6}{6}-\frac{9}{2}\cdot 4}{22} + 0{,}8\cdot\frac{9}{22} = -0{,}4$$

$$\mu_{66} = 2\cdot\frac{6}{3}(1+0{,}2)+\frac{9}{2}(2-0{,}4)\,2 = 19{,}2$$

Man erhält somit die nachstehende Matrix:

	Y_1	Y_2	Y_3	Y_4	Y_5	Y_6
X_1	+ 1	− 1	− 0,3	− 9/22	− 4/17	− 0,4
X_2	+ 1	+ 1	− 0,3	+ 9/22	− 4/17	+ 0,4
X_3	0	0	+ 1	− 1	+ 2/17	+ 0,8
X_4	0	0	+ 1	+ 1	+ 2/17	− 0,8
X_5	0	0	0	0	+ 1	− 1
X_6	0	0	0	0	+ 1	+ 1

1. *Einzellasten:*

$$\mu_{10} = 2\cdot\frac{P}{2}\cdot\frac{6}{4}\cdot\frac{6}{2}\cdot\frac{1}{2} = +2{,}25\,P \qquad \mu_{20} = 0$$

$$\mu_{30} = -2{,}25\,P\cdot 0{,}3 \quad = -0{,}675\,P \qquad \mu_{40} = 0$$

$$\mu_{50} = 2{,}25\,P\left(1-\frac{4}{17}\right) \quad = 2{,}25\cdot\frac{13}{17}\,P \qquad \mu_{60} = 0$$

$$Y_1 = -\frac{2{,}25}{10}\,P = -0{,}225\,P; \qquad Y_3 = +\frac{0{,}675}{5{,}1}\,P = +0{,}1325\,P;$$

$$Y_5 = -\frac{2{,}25\cdot 13}{60} = -0{,}488\,P.$$

Auf Grund der Matrix wird

$$X_1 = X_2 = -0{,}225P - 0{,}3\cdot 0{,}1325P + 4/17\cdot 0{,}488P = -0{,}15P$$

$$X_3 = X_4 = \qquad +0{,}1325P - 2/17\cdot 0{,}488P = +0{,}075P$$

$$X_5 = X_6 = \qquad -0{,}488P.$$

2. *Windlast:*

M_0-Fläche nach Abb. 198.

$$\mu_{10} = \mu_{30} = \mu_{50} = 0$$

$$\mu_{20} = +\frac{9}{3}\cdot 6\,W\cdot 2 = +36\,W \qquad Y_2 = -\frac{36}{22}W = -1{,}635\,W$$

$$\mu_{40} = -\frac{36\,W}{2}\cdot\frac{26}{22} = -\frac{468}{22}W \qquad Y_4 = \frac{468}{315}W = +1{,}485\,W$$

$$\mu_{60} = \frac{9}{3}(0{,}4-1)\,6\,W = -10{,}8\,W \qquad Y_6 = \frac{10{,}8}{19{,}2}W = +0{,}565\,W$$

$$X_1 = -X_2 = +1{,}635\,W - \frac{9}{22}\cdot 1{,}485\,W - 0{,}4\cdot 0{,}565\,W = +0{,}804\,W$$

$$X_3 = -X_4 = -1{,}485\,W + 0{,}8\cdot 0{,}565\,W = -1{,}033\,W$$

$$X_5 = -X_6 = -0{,}565\,W.$$

Die Ergebnisse stimmen mit den früher errechneten und in Abb. 172 bzw. 176 wiedergegebenen Momenten überein.

43. Einflußlinien statisch unbestimmter Tragwerke

Werden zur Berechnung eines statisch unbestimmten Tragwerkes Einflußlinien benötigt, so erscheint als Belastungsglied δ_{im} für eine Last $P_m = 1$ in m an Stelle von δ_{i0}. Nun ist nach dem Maxwellschen Satz $\delta_{im} = \delta_{mi}$, und in δ_{mi} erkennt man die durch $X_i = 1$ erzeugte Biegelinie des Lastgurtes, über den die Last P_m wandert. Die Einflußlinie für X_i ergibt sich somit nach Gl. (188) aus

$$X_i = -\sum_{k=1}^{n}\lambda_{ik}\,\delta_{mk}$$
$$= -\lambda_{i1}\,\delta_{m1} - \lambda_{i2}\,\delta_{m2} - \ldots - \lambda_{ii}\,\delta_{mi}\ldots - \lambda_{in}\,\delta_{mn}, \qquad (205)$$

indem die mit $-\lambda_{ik}$ multiplizierten Biegelinien δ_{mk} überlagert werden. Um die Einflußlinie für eine beliebige statische Größe Z zu erhalten, ist die Überlagerung der Einflußlinie für Z_0 am statisch bestimmten Hauptsystem mit den Einflußlinien für X_i nach Gl. (117) vorzunehmen.

Ohne auf weitere Einzelheiten der Berechnung von Einflußlinien statisch unbestimmter Tragwerke einzugehen, sollen nur einige allgemeine Hinweise gegeben werden, die vielleicht von Nutzen sein können, und die die Verbindung zu den Einflußlinien statischer Größen in statisch bestimmten Tragwerken herstellen.

Beim einfach statisch unbestimmten System ist

$$X_1 = -\frac{\delta_{m1}}{\delta_{11}} = -\lambda_{11}\,\delta_{m1},$$

d. h.: die durch δ_{11} dividierte Biegelinie infolge $X_1 = -1$ ist die Einflußlinie für die statisch unbestimmte Größe. Man kann auch die Einflußlinie als diejenige Biegelinie definieren, die sich infolge einer Belastung $X_1 = -1/\delta_{11} = -\lambda_{11}$ einstellt. Da δ_{11} der Weg in 1 infolge $X_1 = 1$ ist, wird durch $X_1 = -1/\delta_{11} = -\lambda_{11}$ der Weg $\Delta = -1$ hervorgerufen. Diese Feststellung ist nun nicht auf das einfach statisch unbestimmte System beschränkt, sondern gilt ganz allgemein für jede Einflußlinie einer beliebigen statischen Größe $Z = X_i$ ohne Rücksicht auf den Grad der statischen Unbestimmtheit. Im $(n-1)$-fach statisch unbestimmten System erzeugt $X_i = 1$ den Weg $\delta_{ii}^{(n-1)}$ und $X_i = \frac{1}{\delta_{ii}^{(n-1)}} = \lambda_{ii}$ den Weg $\Delta = 1$.

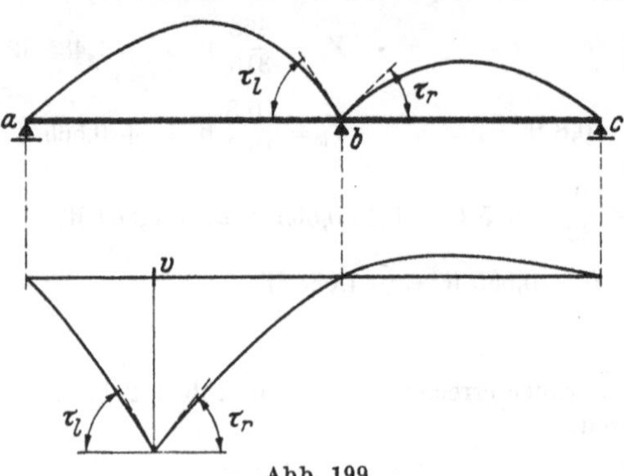

Abb. 199

Durch diese Überlegung ist völlige Übereinstimmung mit den auf kinetischem Wege gefundenen Einflußlinien statisch bestimmter Tragwerke festzustellen. Die Gl. (50), die der kinematischen Ermittlung von Einflußlinien zugrunde liegt, behält auch für statisch unbestimmte Tragwerke Gültigkeit. Während bei statisch bestimmten Systemen die „Biegelinie“ infolge $\overline{\Delta} = +1$ sich aus der Bewegung der zwangläufigen kinematischen Kette ergibt und aus einzelnen Geraden besteht, erhält man die Einflußlinie in einem statisch unbestimmten System in der Biegelinie, die mit dem Weg $\Delta = -1$ der gesuchten statischen Größe zwangläufig verbunden ist. Der Unterschied im Vorzeichen von Δ ist darin begründet, daß bei der Berechnung statisch unbestimmter Systeme die Wege in Richtung $X = +1$ positiv eingeführt wurden, während bei der Anwendung des Prinzips der virtuellen Verrückungen diejenigen Wege als positiv bezeichnet wurden, die der Formänderung bei positiven Werten Z entsprachen.

Als Folgerung, gegebenenfalls als Kontrolle für die Einflußlinien ergibt sich daraus, daß z. B. in der Einflußlinie für das Stützmoment des Balkens auf drei Stützen die Summe der Tangentenneigungen oder auch die gegenseitige Drehung der Querschnitte in b gleich -1 sein muß, $\tau_l + \tau_r = -1$, Abb. 199. Das gleiche trifft für die Einflußlinie des Momentes an beliebiger Stelle v zu. Unterschiede treten nur auf, wenn die Einflußlinie nicht als stetig gekrümmte Biegelinie, sondern mit Hilfe von w-Gewichten als Polygon ermittelt wird. Der Unterschied ergibt sich dann aus dem durch δ_{11} dividierten w-Gewicht, welches für den Zustand $X = 1$ in b bzw. in v unter der Annahme errechnet wird, daß kein Gelenk vorhanden ist.

Bei den Ausführungen zur allgemeinen Lösung der Elastizitätsgleichungen wurde bereits darauf hingewiesen, daß die Vorzahlen λ_{ik} jeder statischen Größe X_i einen Selbstspannungszustand in einem $(n-1)$-fach statisch unbestimmten System darstellen. Die Biegelinie, die durch diesen Selbstspannungszustand erzeugt wird, stellt die Einflußlinie dar, wie in Abb. 200 für den durchlaufenden Balken veranschaulicht ist, wenn -1 als Multiplikator eingeführt wird.

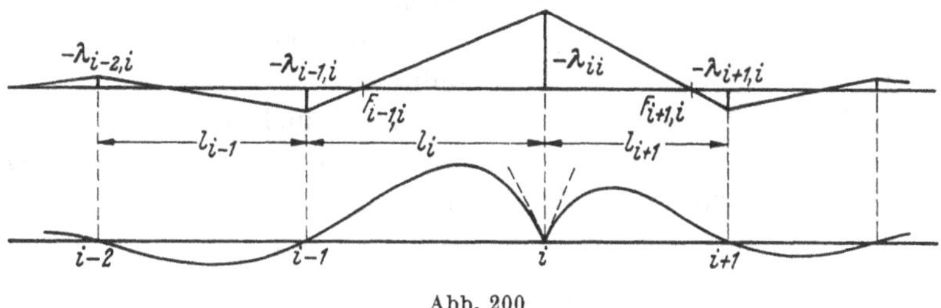

Abb. 200

Wird mit Lastgruppen gerechnet, so stellt jeder Gruppenzustand $Y_k = 1$ einen Selbstspannungszustand am $(k-1)$-fach statisch unbestimmten System dar, und die Einflußlinie für Y_k ist die durch die Wirkung der Gruppe k erzeugte Biegelinie mit dem Multiplikator $-\frac{1}{\mu_{kk}}$. Aus den Einflußlinien für Y_k werden diejenigen für die Einzelwirkungen X durch die Überlagerungen gefunden, die durch die Matrix vorgeschrieben sind.

Einflußlinien für geometrische Größen — Formänderungen — werden grundsätzlich in gleicher Weise wie bei statisch bestimmten Tragwerken in den Biegelinien des Lastgurtes infolge der einzuführenden Belastungseinheiten gewonnen, wozu deren Gleichgewichtszustände im statisch unbestimmten System benötigt werden.

In allen Fällen stellen somit die Einflußlinien Biegelinien dar: für eine statische Größe die Biegelinie infolge der Wegeinheit, für eine Formänderung die Biegelinie infolge der Belastungseinheit der gesuchten Größe.

VIII. Stabilität räumlicher Tragwerke

44. Bedingungen der inneren Stabilität

Bei räumlichen *Fachwerken* mit k Knotenpunkten gibt die Bedingung

$$s \geqq 3k - 6 \quad \text{oder} \quad s = 3k - 6 + n \tag{206}$$

Aufschluß über die zur inneren Stabilität erforderliche Anzahl der einfachen Stäbe. Die Bildung räumlicher Fachwerke kann dadurch erfolgen, daß an eine aus 3 Stäben bestehende Fachwerkscheibe weitere Knotenpunkte durch je 3 nicht in einer Ebene liegende Stäbe angeschlossen werden. Ein innerlich stabiles räumliches Fachwerk entsteht auch, wenn zwischen zwei nicht in einer Ebene liegende Dreieckscheiben 6 Stäbe so eingezogen werden, daß es keine Gerade gibt, die diese 6 Stäbe schneidet. Wie beim ebenen Fachwerk können wieder einzelne Stäbe entfernt und durch die gleiche Anzahl anderer Stäbe ersetzt werden, wenn dadurch nicht die Stabilität verloren geht.

Bestehen räumliche Tragwerke aus s *biege-* und *drillsteifen* Stäben, die in k Knotenpunkten steif miteinander verbunden sind, so liegt innere Stabilität vor, wenn die Bedingung

$$e \geqq 3k - 6 \quad \text{oder} \quad e = 3k - 6 + n \tag{207}$$

erfüllt ist. Darin ist e die Gesamtzahl der biege- und drillsteifen Bindungen in den Knotenpunkten. In Gl. (206) treten zu den s Stäben der linken Seite e Bindungen als innere Glieder, während auf der rechten Seite zu den Bewegungsfreiheiten der Knotenpunkte eines Fachwerkes noch s Verdrehungen der Stäbe um die eigene Achse hinzukommen, so daß sich aus $s + e = 3k - 6 + s + n$ Gl. (207) ergibt.

Besteht ein räumliches Tragwerk aus s_1 einfachen Stäben und s_2 biege- und drillsteifen Stäben, und ist e die Zahl der Bindungen in steifen Knotenpunkten, so gibt

$$s_1 + e = 3k - 6 + n \tag{208}$$

Aufschluß über die erforderliche Anzahl der inneren Glieder. Zu beachten ist dabei, daß in s_1 auch diejenigen biegesteifen Stäbe zu erfassen sind, die an beiden Stabenden gelenkig angeschlossen sind und somit keine Drillmomente aufnehmen können.

Sind i Stäbe in einem räumlichen Knotenpunkt k steif miteinander verbunden, so beträgt die Anzahl der biege- und drillsteifen Bindungen

$$e_k = 3\,(i - 1). \tag{209}$$

Die Knotenpunkte *1*, *2* und *3* sind nach Abb. 201 durch 3 Stäbe, die in k steif verbunden sind, im Raume gegeneinander unverschieblich festgelegt. Wird durch die Verbindung auch eine Drehung der Stäbe um die eigene Achse unterbunden, so ist die Bedingung Gl. (207) mit

$e_k = 3(3-1) = 6$ und $k = 4$ erfüllt. Jeder weitere in k vollkommen steif angeschlossenen Stab liefert 3 neue Bindungen. Werden die Stäbe im Knotenpunkt k mit einem Gewinde versehen, so daß sie sich um ihre Achse drehen können, so entfallen 3 innere Glieder. Die verbleibenden biegesteifen Ecken können durch 3 einfache Stäbe ersetzt werden (Abb. 201), wodurch man zu einem Raumwerk gelangt, für welches wieder Gl. (206) maßgebend ist.

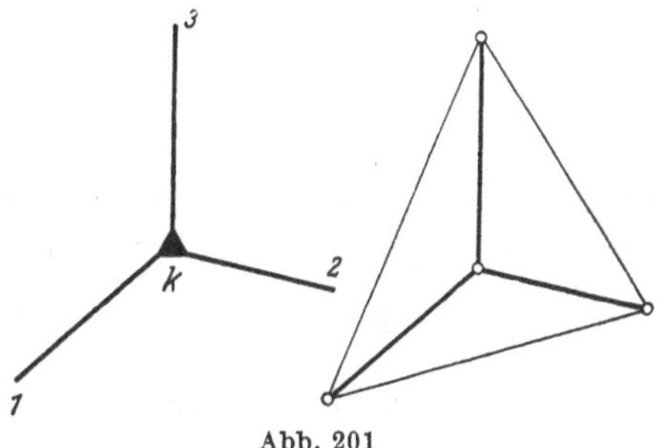

Abb. 201

In dem Raumwerk der Abb. 202 ist $e = 4 \cdot 3(3-1) = 24$ die Zahl der biege- und drillsteifen Bindungen. Mit $k = 8$ und $3k - 6 = 18$ ergibt sich die innere statische Unbestimmtheit zu $n = 6$.

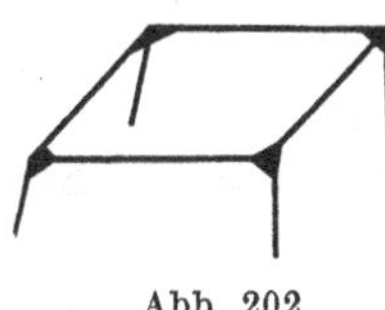
Abb. 202

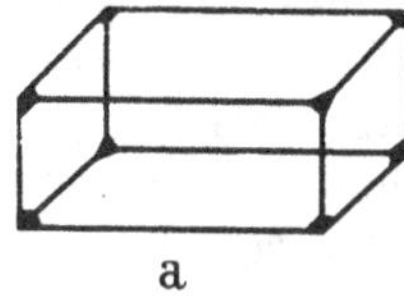
a

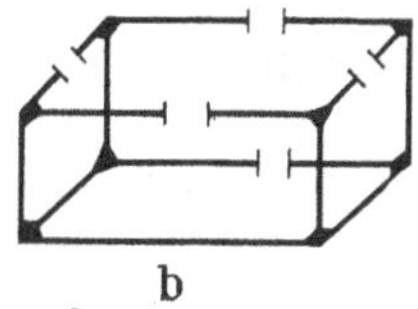
b

Abb. 203 a u. b

Werden die Stäbe mit freiem Stabende (Kragarme) nicht mitgezählt, so ist $e = 4 \cdot 3(2-1) = 12$ und $k = 4$. Mit $3k - 6 = 6$ folgt wiederum $n = 6$. Der geschlossene Rahmen unter räumlichem Kraftangriff ist somit innerlich 6-fach statisch unbestimmt.

Für das Raumwerk nach Abb. 203a ergibt die Abzählung:

$$e = 8 \cdot 3(3-1) = 48$$

und $k = 8$.

Mit $3k - 6 = 18$ folgt $n = 30$.

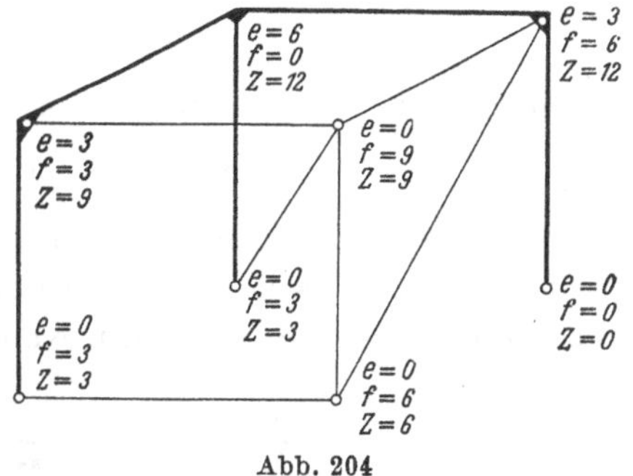

Abb. 204

Zum gleichen Ergebnis führen die in Abb. 203b angegebenen 5 Schnitte, da durch jeden Schnitt 6 innere statische Größen ausgeschaltet werden. Da sich durch die Schnitte die Zahl der Knotenpunkte auf $8 + 10 = 18$ erhöht, ist Gl. (207) mit $e = 3 \cdot 18 - 6 = 48$ erfüllt.

Abb. 204 zeigt ein räumliches Tragwerk mit $s_1 = 6$ einfachen Stäben und $k = 8$ Knotenpunkten. Die Anzahl der Bindungen beträgt

$$e = 3(3-1) + 2 \cdot 3(2-1) = 12.$$

Mit $s_1 + e = 6 + 12 = 18$ und $3k - 6 = 24 - 6 = 18$ ist die Bedingung der inneren Stabilität erfüllt.

Liegen in einem Knotenpunkt k, von dem i Stäbe ausgehen, nur teilweise steife Anschlüsse vor, und ist f_k die Zahl der zu einer völlig steifen Ausbildung fehlenden Bindungen, so ist

$$e_k + f_k = 3\,(i - 1). \tag{210}$$

Die Summierung über sämtliche Knotenpunkte liefert, da jeder Stab dann zweimal gezählt wird, die Gleichung

$$e + f = \Sigma\, e_k + \Sigma\, f_k = 3 \sum_k (i - 1) = 6s - 3k. \tag{211}$$

Man erhält damit aus Gl. (208) als weitere Bedingung der inneren Stabilität

$$s_1 + 6s - f = 6\,(k - 1) + n, \tag{212}$$

wobei zu beachten ist, daß s die Gesamtzahl der Stäbe darstellt, während in s_1 die einfachen Stäbe und die an beiden Enden gelenkig angeschlossenen biegesteifen Stäbe zu erfassen sind.

Die Anwendung auf Abb. 204 ergibt $s = 11$ und $s_1 = 6$, ferner die Zahl der fehlenden Bindungen $f = 3 \cdot 3 + 2 \cdot 6 + 9 = 30$. Somit ist $s_1 + 6s - f = 6 + 6 \cdot 11 - 30 = 42$ gegenüber $6\,(k - 1) = 42$.

Eine weitere Stabilitätsbedingung wird gewonnen, wenn die in den Knotenpunkten auftretenden Zwischenreaktionen in die Rechnung eingeführt werden. Für ein reines Gelenk k_1, in dem i einfache oder biege- und drillsteife Stäbe oder auch i innerlich stabile Raumwerke zusammentreffen, ist die Zahl der Zwischenreaktionen

$$z_1 = 3\,(i - 1). \tag{213}$$

Für einen steifen Knotenpunkt k_2 ist

$$z_2 = 6\,(i - 1) - 3 i_1, \tag{214}$$

wenn in i *alle* vom Knotenpunkt ausgehenden Stäbe und in i_1 die in k_2 gelenkig angeschlossenen Stäbe erfaßt werden. Die Gesamtzahl der Zwischenreaktionen in sämtlichen Knotenpunkten $k = k_1 + k_2$ beträgt dann

$$z = 3 \sum_{k_1} (i - 1) + 6 \sum_{k_2} (i - 1) - 3 \sum_{k_2} i_1.$$

Nun ist

$$3 \sum_{k_2} (i - 1) - 3 \sum_{k_2} i_1 = e$$

und nach Gl. (211)

$$3 \sum_k (i - 1) = 6s - 3k.$$

Daraus folgt

$$z = e + 6s - 3k \quad \text{oder} \quad e = z - 6s + 3k, \tag{215}$$

und unter Beachtung der Gl. (211) erhält man die Beziehung

$$z - e = e + f, \quad \text{somit} \quad z = 2e + f. \tag{216}$$

Wird e nach Gl. (215) in Gl. (208) eingeführt, so ergibt sich als weitere Bedingung der inneren Stabilität

$$s_1 + z = 6\,(s - 1) + n. \tag{217}$$

Die Anwendung der Gleichung auf Abb. 204 liefert die Zahl der Zwischenreaktionen zu

$$z = 2 \cdot 12 + 2 \cdot 9 + 6 + 2 \cdot 3 = 54,$$

somit ist $s_1 + z = 60$ und $6\,(s - 1) = 6 \cdot (11 - 1) = 60$.

45. Bedingungen der äußeren Stabilität

Äußere oder vollkommene Stabilität wird durch mindestens 6 äußere Glieder erzielt, und die Stabilitätsbedingungen lauten für das räumliche Fachwerk mit a Stützungen

$$a + s = 3k + n \quad \text{mit} \quad a \geqq 6 \tag{218}$$

und allgemein

$$a + s_1 + e = 3k + n \quad \text{mit} \quad a = a_1 + a_2 \geqq 6, \tag{219}$$

wenn a_1 Stützungen und a_2 Einspannungen vorliegen.

Aus den Gl. (212) und (217) ergeben sich für die äußere Stabilität unmittelbar die Bedingungen, die den Gl. (7) und (10) für ebene Tragwerke entsprechen:

$$a + s_1 + 6s - f = 6k + n \tag{220}$$

und

$$a + s_1 + z = 6s + n. \tag{221}$$

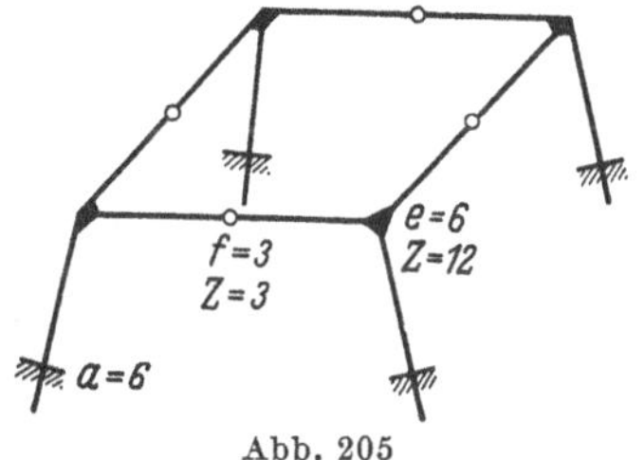

Abb. 205

Aus ihnen wird durch Addition und unter Beachtung der Gl. (216) wieder die Bedingung Gl. (219) erhalten.

Die Anwendung der Stabilitätsbedingungen Gl. (219) bis (221) zeigen die folgenden Beispiele.

Abb. 205. Stiele eingespannt, biege- und drillsteife Verbindungen in den 4 Ecken.
Zahl der Stützungen: $a = 4 \cdot 6 = 24$
Zahl der Stäbe: $s = 12$ $(s_1 = 0)$
Zahl der Knotenpunkte: $k = 12$
Zahl der Bindungen: $e = 4 \cdot 3\,(3 - 1) = 24$
Zahl der fehlenden Bindungen in den Gelenken: $f = 4 \cdot 3 = 12$

Nach Gl. (219): $a + e = 48$; $3k = 36$, somit $n = 12$
Gl. (220): $a + 6s - f = 84$; $6k = 72$, somit $n = 12$.

Die Zahl der Zwischenreaktionen beträgt in den Ecken $4 \cdot 6\,(3 - 1) = 48$ und in den Gelenken $4 \cdot 3 = 12$, insgesamt $z = 60$. Nach Gl. (221) ist $a + z = 84$ und $6s = 72$, womit $n = 12$ bestätigt wird.

Einfacher ist im vorliegenden Fall die Anwendung der Gl. (221), wenn die 4 Ecken mit den von ihnen ausgehenden Stäben als innerlich stabile Raumwerke betrachtet werden. Dann ist $s = 4$ zu setzen, und als Zwischenreaktionen sind nur die in den Gelenken mit $z = 12$ einzuführen. Es ergibt sich $a + z = 36$ und $6s = 24$, also ebenfalls $n = 12$.

Abb. 206. $a = 4 \cdot 3 = 12;\quad s = 20;\quad k = 16$

$e = 4 \cdot 3\,(4 - 1) + 4 \cdot 3\,(3 - 1) = 60;\quad f = 4 \cdot 3 = 12$

Gl. (219) $a + e = 72;\quad 3k = 48;\quad n = 24$

Gl. (220) $a + 6s - f = 12 + 120 - 12 = 120;\quad 6k = 96;\quad n = 24.$

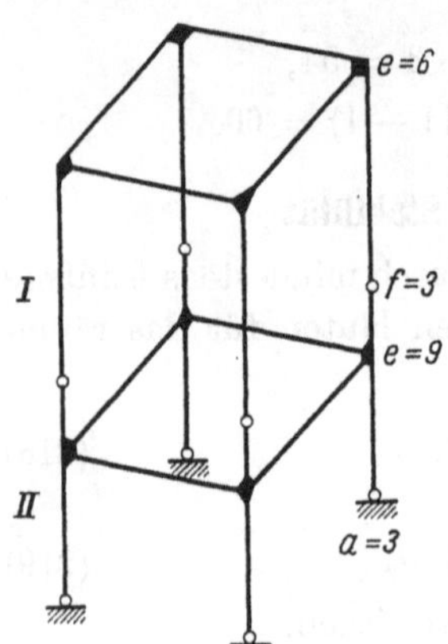

Abb. 206

Wird Gl. (221) benutzt, so bestehen zwei innerlich stabile Raumwerke *I* und *II*, nach den Ausführungen zu Abb. 202 jedes 6-fach statisch unbestimmt. Mit $z = 4 \cdot 3 = 12$ Zwischenreaktionen in den Gelenken und $s = 2$ wird $a + z = 24$ und $6s = 12$, so daß sich $n = 12$ und unter Beachtung der überzähligen Glieder der beiden Raumwerke wieder $n = 24$ ergibt.

Abb. 207. Auch hier führt Gl. (221) am schnellsten zum Ziel, wenn die beiden innerlich stabilen Raumwerke *I* und *II* in den Gelenken g verbunden betrachtet werden. Mit $s = 2$, $z = 2 \cdot 3 = 6$

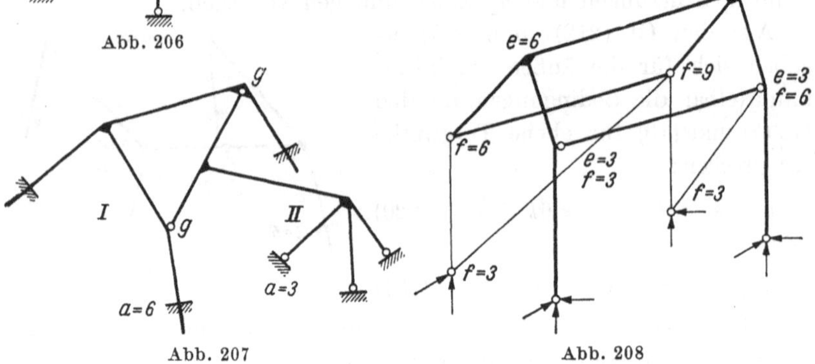

Abb. 207 Abb. 208

und $a = 3 \cdot 6 + 3 \cdot 3 = 27$ wird

$$a + z = 33 \text{ und } 6s = 12, \text{ somit } n = 21.$$

Abb. 208. $a = 10;\quad s = 13;\quad s_1 = 6;\quad k = 10$

$e = 18;\quad f = 30$

Gl. (219) $a + s_1 + e = 34;\quad 3k = 30;\quad n = 4$

Gl. (220) $a + s_1 + 6s - f = 10 + 6 + 78 - 30 = 64;\quad 6k = 60;\quad n = 4.$

Wie in der ebenen Statik geben die Stabilitätsbedingungen Aufschluß über die Anzahl der erforderlichen inneren und äußeren Glieder. Die Brauchbarkeit eines räumlichen Tragwerkes bedarf, falls sie nicht zweifelsfrei feststeht, einer besonderen Untersuchung.

Sachverzeichnis

(721/34/56)

Zeitfracht Medien GmbH
Ferdinand-Jühlke-Straße 7
99095 Erfurt, Deutschland
produktsicherheit@kolibri360.de